# ASP.NET

# 网站设计

## 教学做 一体化教程

李绍华 冯晶莹◎编著

清华大学出版社

北京

## 内 容 简 介

ASP. NET 技术是基于 C♯语言的一种动态交互式网页技术,它是 Microsoft 公司在 2000 年发布的。本书采用"教、学、做"一体化的方式撰写,合理地组织学习单元,并将每个单元分解为核心知识、能力目标、任务驱动、实践环节四个模块。全书共分 9 章,内容包括:ASP. NET 网站设计基础,C♯语言基础,C♯语言进阶,网页制作基础,服务器端控件,ADO. NET 数据访问模型,数据绑定技术,ASP. NET 内置对象,网上商城系统等重要内容。书中实例侧重实用性和启发性,趣味性强,通俗易懂,使读者能够快速掌握ASP. NET网站设计的基础知识与编程技巧,为适应实战应用打下坚实的基础。

本书适合作为高等院校相关专业的"教、学、做"一体化教材,也适合作为 ASP. NET 网站设计培训教材,还可以作为 ASP. NET 网站设计爱好者的自学读物。

**图书在版编目(CIP)数据**

ASP. NET 网站设计教学做一体化教程/李绍华,冯晶莹编著. --北京:清华大学出版社,2013
ISBN 978-7-302-32223-8

Ⅰ.①A… Ⅱ.①李… ②冯… Ⅲ.①网页制作工具一程序设计一教材 Ⅳ.①TP393.092

中国版本图书馆 CIP 数据核字(2013)第 084562 号

责任编辑:田在儒
封面设计:李 丹
责任校对:袁 芳
责任印制:何 芊

出版发行:清华大学出版社

> 网　　　　址:http://www.tup.com.cn, http://www.wqbook.com
> 地　　　　址:北京清华大学学研大厦 A 座　　　邮　编:100084
> 社　总　机:010-62770175　　　　　　　　　邮　购:010-62786544
> 投稿与读者服务:010-62776969,c-service@tup.tsinghua.edu.cn
> 质　量　反　馈:010-62772015,zhiliang@tup.tsinghua.edu.cn
> 课　件　下　载:http://www.tup.com.cn,010-62795764

印　刷　者:北京季蜂印刷有限公司
装　订　者:三河市兴旺装订有限公司
经　　销:全国新华书店
开　　本:185mm×260mm　　　印　张:19.5　　　字　数:469 千字
版　　次:2013 年 7 月第 1 版　　　　　　　印　次:2013 年 7 月第 1 次印刷
印　　数:1~4000
定　　价:39.00 元

产品编号:045589-01

# 前 言
## FOREWORD

本教材采用"教、学、做"一体化的方式撰写,合理地组织学习单元,并将每个单元分解为核心知识、能力目标、任务驱动、实践环节四个模块,体现"教、学、做"一体化过程。精选大量的真实案例,循序渐进地介绍了 ASP. NET 网站开发的过程。注重结合实例讲解一些难点和关键技术,在实例上侧重实用性和启发性。全书共分为9章,内容包括:ASP. NET 网站设计基础;C♯语言基础;C♯语言进阶,网页制作基础;服务器端控件;ADO. NET 数据访问模型;数据绑定技术;ASP. NET 内置对象;网上商城系统。

每个单元的核心知识强调在 ASP. NET 网站设计中最重要和实用的知识;能力目标强调使用核心知识进行 ASP. NET 网站设计的能力;需要完成的任务中的任务模板起着训练 ASP. NET 网站设计能力的作用,其中的任务总结主要总结任务中涉及的重要技巧、注意事项以及扩展知识,通过该任务模板的训练,读者有能力完成后续的实践环节。本书第 1 章讲解 ASP. NET 网站设计基础,包括 Visual Studio 和 SQL Server 数据库运行环境的搭建,简单 C♯程序的编写、编译和执行,ASP. NET 网站的框架等;第 2 章讲解 C♯语言基础,包括数据类型、程序控制语句和异常处理语句等;第 3 章讲解 C♯语言进阶,包括类、对象、属性、索引器、方法重载、参数类型、构造函数、析构函数、静态成员、继承和接口等;第 4 章讲解网页制作基础,包括 HTML、XHTML、CSS、JavaScript 和 HTML 事件处理器等;第 5 章讲解服务器端控件,包括标签、文本框、按钮、单选按钮、复选框、文件上传和数据验证等控件;第 6 章讲解 ADO. NET 数据访问模型,包括 SqlConnection、SqlCommand、SqlDataAdapter、SqlParameter、SqlDataReader、DataSet、DataTable 对象等;第 7 章讲解数据绑定技术,包括 DropDownList、GridView 和 DataList 控件的数据绑定等;第 8 章讲解 ASP. NET 内置对象,包括 Page、Application、Request、Response、Session、Server 等内置对象,以及页面之间的跳转和传值;第 9 章是本书的重点内容之一,将前面章节的知识进行一个大综合,详细讲解一个基于 ASP. NET 的网上商城系统的开发过程。

本教材特别注重引导学生参与课堂教学活动,适合高等院校相关专业作为教、学、做一体化的教材。

本教材的示例和任务模板的源程序以及电子教案可以在清华大学出版社网站上免费下载,以供读者和教学使用。

编 者

2013 年 4 月

前　言
（FOREWORD）

# 目 录
## CONTENTS

# 第 1 章

# ASP.NET 网站设计基础

**主要内容**

- ASP.NET 概述；
- ASP.NET 运行环境；
- 简单 C♯ 程序；
- 第一个 ASP.NET 程序。

　　ASP.NET 是一种主流的动态网站开发技术，读者在学习 ASP.NET 之前，应当已经学习过 C 语言和数据库 SQL 语句，并熟悉计算机网络的基础知识。通过本章的学习，使读者掌握.NET Framework 的基本概念，掌握 ASP.NET 开发环境的安装过程，掌握简单 C♯ 程序的编码、编译和运行过程，掌握 ASP.NET 网站的创建和运行。

## 1.1　ASP.NET 概述

### 1.1.1　核心知识

**1. .NET Framework 体系结构**

　　微软在 2000 年推出.NET Framework 1.0 版本，于 2005 年又发布了.NET Framework 2.0 版本，如今在经历.NET Framework 3.0 的短暂过渡之后，.NET Framework 3.5 以正式版本的形式出现在开发人员的视野中。.NET 框架的战略目标是：任何人都可以在任何时间、任何地点，使用任何设备，访问任何数据。.NET 框架代表着一系列的技术，这些技术可以用来帮助开发人员建立多种应用程序。.NET Framework 的核心组件如图 1.1 所示。

- CLR——公共语言运行时库（Common Language Runtime）：.NET 提供的一个运行时环境，负责资源管理（内存管理和垃圾收集自动化），保证应用层和底层操作系统之间必要的分离。是一种多语言执行环境，支持众多的数据类型和语言特性。它管理着代码的执行，并使开发过程变得更加简单。

- BCL——基类库（Base Class Library）：.NET Framework 类库是一个与公共语言运行库紧密集成的、可重用的类型集合。使用这些类型能使我们完成一系列常见的编程任务，如字符串处理、数据收集、数据库访问、文件操作等。BCL 提供了相关类

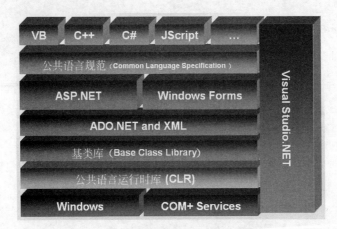

图 1.1　.NET Framework 的核心组件

型用于开发各种类型的应用程序,如控制台应用程序、Windows 应用程序、Web 应用程序、Windows 服务等。

- CLS——公共语言规范(Common Language Specification):.NET Framework 支持多种语言的应用程序在其上运行,但这些语言必须符合 CLS 的要求。
- CTS——公共类型系统(Common Type System):为了实现不同语言编写的代码可以交互操作,这些语言必须使用一个统一的公共类型系统 CTS。
- MSIL——微软中间语言(MS Intermediate Language):各种语言的编译器都将程序的源代码编译为一种统一的格式——MSIL。MSIL 是一组可以有效地转换为本机代码且独立于 CPU 的指令,它类似于字节码,但不能由 CPU 直接执行。MSIL 存储于被称为程序集的可执行的文件中(文件扩展名为.exe 或.dll)。
- JIT——即时编译(Just In Time):要执行 MSIL 代码,必须将其转换为特定于 CPU 的代码,这由 JIT 编译器完成。

**2. ASP.NET 网站的工作原理**

　　.NET 框架的一个重要应用就是创建 ASP.NET(Active Server Pages.NET)动态网站应用程序。互联网上以 ASPX 为扩展名结尾的网页均为 ASP.NET 网站。例如,微软的官方网站、中国知网等常用网站。

　　网站的工作原理为:当在客户端通过浏览器向网站服务器第一次请求一个 ASPX 网页时,ASPX 网页将在服务器端被 CLR 编译器编译,生成 MSIL,接着通过 JIT 编译器将 MSIL 编译生成 HTML 文件,返回给客户端的浏览器显示。此后,当再次访问这个页面时,由于 ASPX 页面已被编译过,JIT 会直接执行编译过的代码。因此,ASP.NET 网站的网页是一次编译多次执行的。工作原理如图 1.2 所示。

## 1.1.2　能力目标

　　掌握静态网页和动态网页的区别。

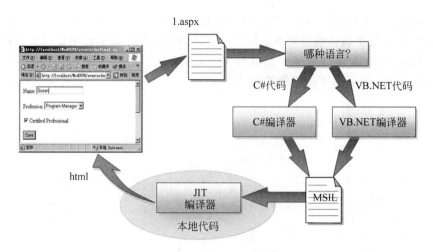

图 1.2　ASP.NET 网站的工作原理图

## 1.1.3　任务驱动

理解静态网页和动态网页。

任务的主要内容如下：

- 理解静态网页的特点。
- 理解动态网页的特点。

网页一般又称 HTML 文件，是一种可以在 WWW 上传输，能被浏览器认识和解释成页面并显示出来的文件。文字与图片是构成一个网页的两个最基本的元素，除此之外，网页的元素还包括动画、音乐和视频等。网页是构成网站的基本元素，是承载各种网站应用的平台。通常看到的网页，大都是以 HTM 或 HTML 后缀结尾的文件。除此之外，网页文件还有以 ASPX、ASP、PHP 和 JSP 为扩展名结尾的。目前根据网页生成方式，可以分为静态网页和动态网页两种。

（1）静态网页

静态网页是网站建设初期经常采用的一种形式。网站建设者把内容设计成静态网页，访问者只能被动地浏览网站建设者提供的网页内容。其特点如下：

- 网页内容不会发生变化，除非网页设计者修改了网页的内容。
- 不能实现与浏览网页的用户之间的交互。信息的流向是单向的，即只能从服务器到浏览器发送信息。服务器不能根据用户的选择调整返回给用户的内容。静态网页的浏览过程如图 1.3 所示。

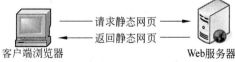

图 1.3　静态网页的浏览过程

（2）动态网页

随着网络技术的日新月异，许多网页文件的扩展名不再只是 HTML，还有 ASPX、ASP、PHP 和 JSP 等，这些都是采用动态网页技术制作出来的。动态网页其实就是建立在 B/S（浏览器/服务器）架构上的服务器端脚本程序。在浏览器端显示的网页是服务器端程序运行的结果。

静态网页与动态网页的区别在于 Web 服务器对它们的处理方式不同。当 Web 服务器接收到对静态网页的请求时,Web 服务器直接将该网页发送给客户浏览器,不进行任何处理。而如果 Web 服务器接收到对动态网页的请求,则从 Web 服务器中找到该文件,并将它传递给一个编译器,由它负责编译和执行网页,再将执行后的结果传递给客户浏览器。图 1.4 所示为动态网页的工作原理图。

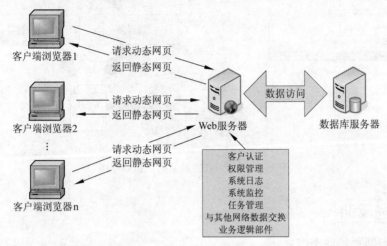

图 1.4 动态网页的工作原理图

动态网页的特点如下:

- 动态网页通常以数据库技术为基础,可以大大降低网站维护的工作量。
- 采用动态网页技术的网站可以实现更多的功能,如增加、删除、修改和查询信息等。
- 动态网页并不是独立存在于服务器上的网页文件,只有当用户请求时服务器才返回一个完整的网页。

(3) 任务小结或知识扩展

Web 服务器主要用于网站在互联网上的发布、运行和维护,是网站运行的载体。常用的 Web 服务器有 IIS(Internet Information Server)、Tomcat 和 Websphere 等,开发 ASP.NET 网站,通常使用 IIS 服务器。

## 1.1.4 实践环节

(1) 制作 Example1_1.html 静态网页,运行效果如图 1.5 所示。

① 选择"开始"→"所有程序"→"附件"→"记事本"命令来打开文本编辑器。在打开的文本编辑器中输入 HTML 代码,如图 1.6 所示。

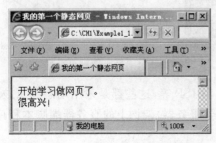

图 1.5 网页运行效果图

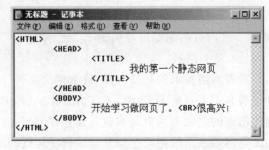

图 1.6 HTML 代码的书写

② 将编辑的源文件保存到某个磁盘的目录中,比如保存到 C:\CH1 文件夹中,并命名为 Example1_1.html(注:记事本文件的扩展名为 TXT,需要将其改为 HTML),如图 1.7 所示。

图 1.7　HTML 源文件的保存

③ 打开 C:\CH1 文件夹,双击打开 Example1_1.html 网页文件,运行效果如图 1.5 所示。

(2) 安装 IIS 服务器,并将 Example1_1.html 网页发布到 IIS 服务器上。

本小节以 Windows XP 系统为例讲解 IIS 服务器的安装和使用。

① 选择"开始"→"控制面板"→"添加删除程序"→"添加/删除 Windows 组件"选项,打开"Windows 组件向导"对话框。在"组件"列表框中,选中"Internet 信息服务(IIS)"复选框,单击"下一步"按钮,进入安装界面。根据提示信息,插入 Windows XP 系统盘进行安装,如图 1.8 所示。

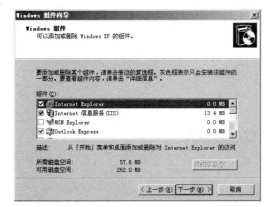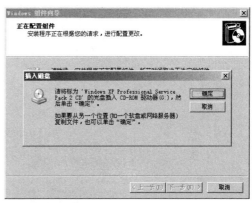

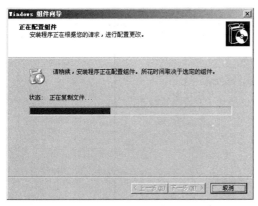

图 1.8　IIS 组件安装过程

② 选择"开始"→"控制面板"→"管理工具"→"Internet 信息服务"选项,打开"Internet 信息服务"窗口,如图 1.9 所示。

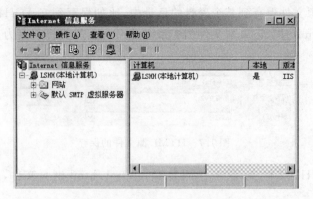

图 1.9　"Internet 信息服务"窗口

③ 展开左侧窗格中的"本地计算机"→"网站"→"默认网站"选项,右击打开快捷菜单,选择"新建"→"虚拟目录"命令,如图 1.10 所示。打开"虚拟目录创建向导"对话框,如图 1.11 所示。

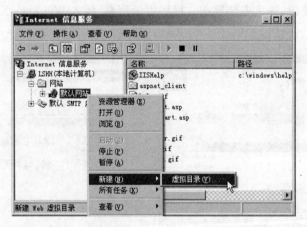

图 1.10　新建虚拟目录

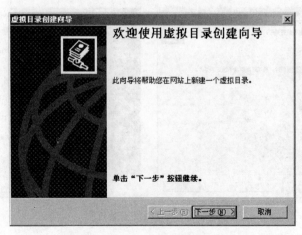

图 1.11　"虚拟目录创建向导"对话框

④ 单击"下一步"按钮,设置虚拟目录别名,如图 1.12 所示。输入别名 Test,单击"下一步"按钮,进入"网站内容目录"界面,如图 1.13 所示。

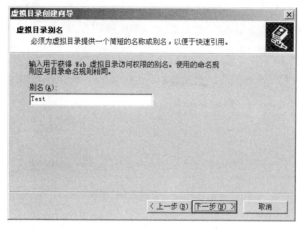

图 1.12 "虚拟目录别名"界面

图 1.13 "网站内容目录"界面

⑤ 单击"浏览",选择 Example1_1.html 所在路径 C:\CH1,单击"确定"按钮,如图 1.14 所示。单击"下一步"按钮,进入"访问权限"界面,如图 1.15 所示。

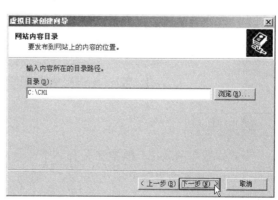

图 1.14 浏览选择网站内容目录

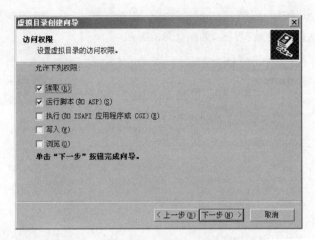

图 1.15　"访问权限"界面

⑥ 保持默认设置，单击"下一步"按钮，完成虚拟目录设置，如图 1.16 所示。

⑦ 打开空白浏览器，在地址栏中输入"http://localhost/Test/Example1_1.html"，按回车键，网页运行效果如图 1.17 所示。

图 1.16　完成虚拟目录设置

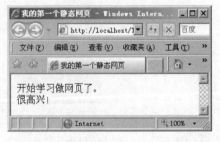

图 1.17　Example1_1.html 运行效果图

**注意**：图 1.5 和图 1.17 虽然运行的是同一个 HTML 网页文件，但运行方式是完全不同的。图 1.5 是在本地磁盘上直接运行网页，而图 1.17 是通过 IIS 服务器访问网页。请注意浏览器地址栏中地址的区别。

# 1.2　ASP.NET 运行环境

## 1.2.1　核心知识

每一个正式版本的.NET 框架都会有一个与之对应的高度集成的开发环境，微软称之为 Visual Studio，中文意思是可视化工作室。随同.NET Framework 3.5 一起发布的开发工具是 Visual Studio 2008。

创建 ASP. NET 网站,不可避免要使用数据库进行数据的存储和交换。本书为了保证系统更好的兼容性和使用方便性,选取同为微软推出的 Microsoft SQL Server 2005 作为网站的后台的数据库。

### 1.2.2　能力目标

（1）安装 Microsoft Visual Studio 2008 集成开发环境。

（2）安装 Microsoft SQL Server 2005。

### 1.2.3　任务驱动

**任务 1**：安装 Microsoft Visual Studio 2008 集成开发环境。

任务的主要内容如下:

- 安装 Visual Studio 2008。
- 安装产品文档。

（1）可以到 http://msdn. microsoft. com/zh-cn/vs2008/dcfault. aspx 下载 Visual Studio 2008 的试用版,也可以去购买正版安装程序。

（2）双击 setup. exe 文件运行安装程序后,首先打开如图 1.18 所示的“Visual Studio 2008 安装程序”对话框。

（3）单击“安装 Visual Studio 2008”链接,打开如图 1.19 所示的资源复制过程界面。

图 1.18　“Visual Studio 2008 安装程序”对话框　　　　图 1.19　资源复制过程界面

（4）在资源复制完毕后,打开如图 1.20 所示的加载安装组件界面。

（5）安装组件加载完毕后,“下一步”按钮被激活,如图 1.21 所示。

（6）单击“下一步”按钮,打开如图 1.22 所示的软件安装许可条款确认界面。

（7）选中“我已阅读并接受许可条款”单选按钮,然后输入产品密钥和用户名称,“下一

图 1.20　加载安装组件界面

图 1.21　"下一步"按钮被激活

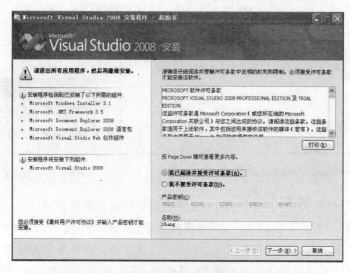

图 1.22　软件安装许可条款确认界面

步"按钮会被激活,单击"下一步"按钮,打开如图 1.23 所示的安装类型和路径的选择界面。
选中"默认值"单选按钮,并选择所需的安装路径,然后单击"安装"按钮。

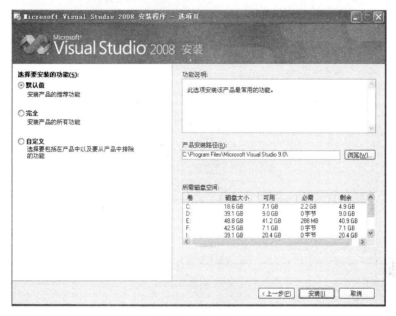

图 1.23　安装类型和路径的选择界面

(8) 打开如图 1.24 所示的安装过程界面,开始安装并显示当前安装的组件。

图 1.24　安装过程界面

(9) 当所有组件安装成功后,进入图 1.25 所示的界面,其中显示已经成功安装 Visual
Studio 2008 的信息,最后单击"完成"按钮结束安装过程。

(10) 至此,Visual Studio 2008 已成功地安装到计算机上。返回到图 1.18,单击"安装

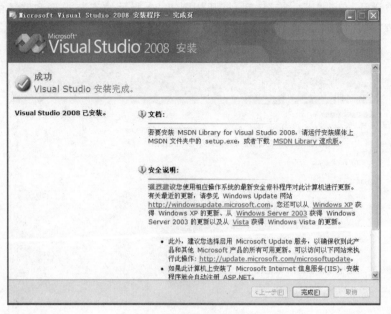

图 1.25　安装完成界面

产品文档"链接,进行 MSDN(微软帮助文档)的安装,此安装过程按照默认配置即可,不做详细讲解。

　　**任务 2**：安装 Microsoft SQL Server 2005。

　　任务的主要内容：安装 SQL Server 2005。

　　(1) 使用虚拟光驱加载 SQL Server 2005 开发版镜像文件。单击 splash.hta 文件。

　　(2) 如果操作系统是 32 位,则单击"基于 x86 的操作系统"选项;如果操作系统是64 位,则单击"基于 x64 的操作系统"选项,如图 1.26 所示。

图 1.26　基于操作系统选择界面

（3）单击"安装"选项组中的"服务器组件、工具、联机丛书和示例"选项，如图 1.27 所示。

图 1.27   选择安装界面

（4）选中"我接受许可条款和条件"复选框，单击"下一步"按钮，如图 1.28 所示。

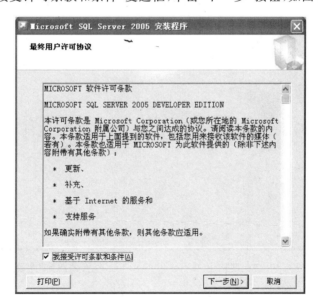

图 1.28   "最终用户许可协议"界面

（5）组件安装完成后单击"下一步"按钮，如图 1.29 所示。

（6）在"欢迎使用 Microsoft SQL Server 安装向导"界面中，单击"下一步"按钮，如图 1.30 所示。

（7）进入"系统配置检查"界面。如果有警告或者是错误的话，建议不要往下安装了，把错误信息在百度或是谷歌上查查，找到解决办法解决了再继续重新安装。全部成功的话单

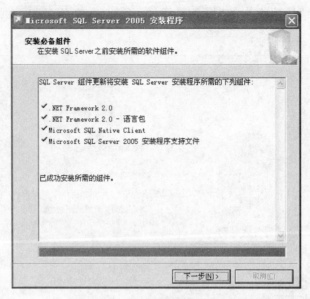

图 1.29 "安装必备组件"界面

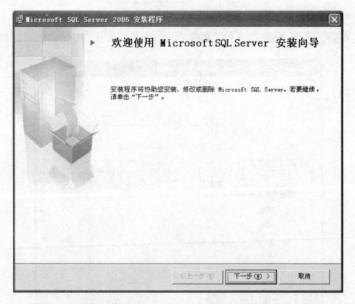

图 1.30 "欢迎使用 Microsoft SQL Server 安装向导"界面

击"下一步"按钮,如图 1.31 所示。

(8) 设置"要安装的组件"界面,这里可以全选。也可以根据需要,只选一部分。选好后单击"下一步"按钮,如图 1.32 所示。如果要修改安装路径的话单击"高级"按钮,如图 1.33所示。

(9) 设置"实例名"界面。这里选择"默认实例",单击"下一步"按钮,如图 1.34 所示。

(10) 设置"服务账户"界面,选中"使用内置系统账户"单选按钮,在其下拉列表框中选择"本地系统"选项,单击"下一步"按钮,如图 1.35 所示。

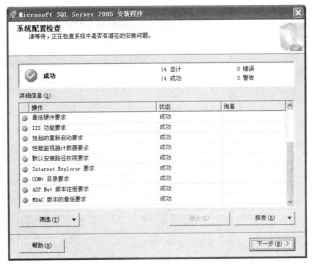

图 1.31　"系统配置检查"界面

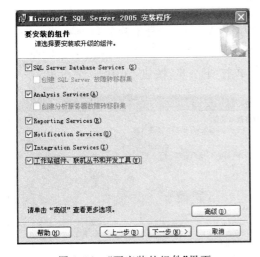

图 1.32　"要安装的组件"界面

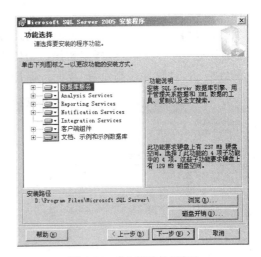

图 1.33　"功能选择"界面

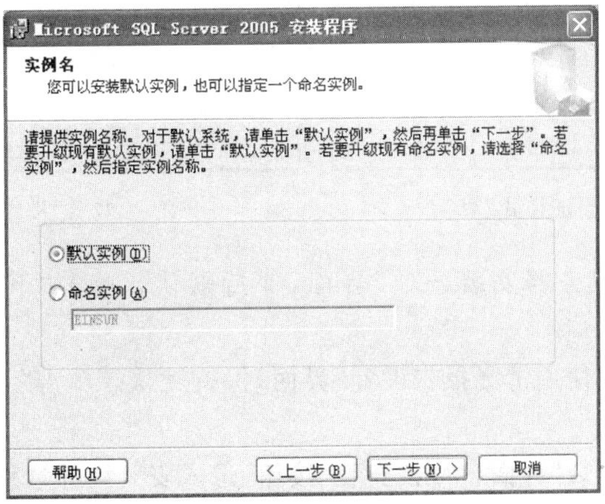

图 1.34　"实例名"界面

图 1.35 "服务账户"界面

(11) 设置"身份验证模式"界面。选择"混合模式(Windows 身份验证和 SQL Server 身份验证)"选项。为用户 sa 指定密码。密码设置好后,单击"下一步"按钮,如图 1.36 所示。

(12) 进入"排序规则设置"界面。保持默认,单击"下一步"按钮,如图 1.37 所示。

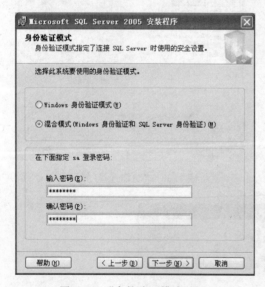

图 1.36 "身份验证模式"界面

图 1.37 "排序规则设置"界面

(13) 设置"报表服务器安装选项"界面,保持默认。单击"下一步"按钮,如图 1.38 所示。

(14) 进入"错误和使用情况报告设置"界面,保持默认。单击"下一步"按钮,如图 1.39 所示。

(15) 进入"准备安装"界面,单击"安装"按钮,进入安装组件过程,如图 1.40 所示。

(16) 全部安装完毕后,单击"完成"按钮,如图 1.41 所示。

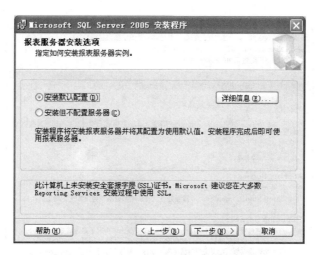

图 1.38 "报表服务器安装选项"界面

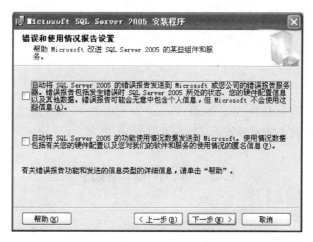

图 1.39 "错误和使用情况报告设置"界面

图 1.40 "准备安装"界面

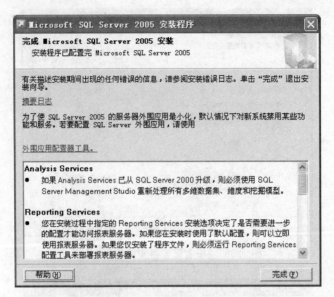

图 1.41 "完成 Microsoft SQL Server 2005 安装"界面

## 1.2.4 实践环节

(1) 在自己的电脑上安装 Microsoft Visual Studio 2008 集成开发环境。

(2) 在自己的电脑上安装 Microsoft SQL Server 2005。

# 1.3 简单 C♯ 程序

## 1.3.1 核心知识

无论 C♯ 程序的规模大小如何,开发一个 C♯ 程序通常需经过如下三个基本步骤。

(1) 编写源代码文件,也简称为编写源文件。所谓源文件就是遵循 C♯ 语言的语法规则,使用文本编辑器编写扩展名为.cs 的文本文件,例如 First.cs、Hello.cs 等。C♯ 程序的源代码通常存放在扩展名为.cs 的文本文件中。

(2) 编译。.NET Framework 提供的编译器(csc.exe)把 C♯ 源程序编译成一个由微软中间语言(MSIL)、元数据(MetaData)和一个额外的被编译器添加的目标平台的标准可执行头文件组成的可移植执行体文件(Portable Executable,PE),而不是传统的二进制可执行文件。微软中间语言是一组独立于 CPU 的指令集,它可以被即时编译器编译成目标平台的本地代码。中间语言代码使得所有 Microsoft.NET 平台的高级语言 C♯、VB.NET、VC.NET 等得以平台独立,以及语言之间实现互操作。元数据是一个内嵌于 PE 文件的表的集合。

(3) 运行。编译器得到的可移植执行体文件由.NET Framework 提供的即时编译器(JIT)负责生成本地平台的二进制文件,然后执行。

C♯ 程序的开发步骤如图 1.42 所示。

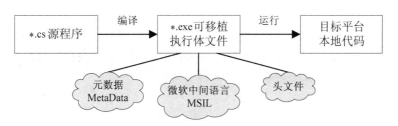

图 1.42　C♯程序的开发步骤图

## 1.3.2　能力目标

(1) 使用文本编辑器编写一个简单的 C♯ 程序的源文件。

(2) 使用编译器编译该源文件得到可移植执行体文件。

(3) 使用即时编译器运行可移植执行体文件。

## 1.3.3　任务驱动

**任务 1**：只有一个类的 C♯ 应用程序。

编写一个简单程序，该程序输出两行文字："很高兴学习 C♯ 语言"。程序的运行效果如图 1.43 所示。任务的主要步骤如下：

- 编写、保存源文件。
- 使用编译器(csc.exe)编译源文件，产生可执行程序集。
- 运行程序。

(1) 使用文本编辑器编写、保存源文件

选择"开始"→"所有程序"→"附件"→"记事本"命令来打开文本编辑器。

① 源文件 Example1_2.cs 的内容

在打开的文本编辑器中键入 C♯ 源代码，如图 1.44 所示。

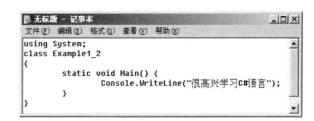

```
using System;
class Example1_2
{
        static void Main() {
                Console.WriteLine("很高兴学习C#语言");
        }
}
```

C:\CH1>Example1_2
很高兴学习C#语言

图 1.43　任务 1 程序运行结果　　　　　图 1.44　在记事本中编写 C♯ 源代码

② 保存源文件

将编辑的源文件保存到某个磁盘的目录中，比如保存到 C:\CH1 文件夹中，并命名为 Example1_2.cs，如图 1.45 所示。

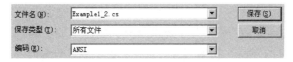

图 1.45　C♯ 源文件的保存

（2）编译源文件

选择"开始"→"所有程序"→"Microsoft Visual Studio 2008"→"Visual Studio Tools"→"Visual Studio 2008 命令提示"命令，打开 Visual Studio 2008 命令提示窗口，进入逻辑分区 C 盘的 CH1 目录中，使用编译命令 csc 编译源文件。

```
C:\CH1>csc Example1_2.cs
```

如果编译无错误，命令行窗口不显示任何出错信息，表明编译成功，如图 1.46 所示。此时 C:\CH1 文件夹中将生成名为 Example1_2.exe 可移植执行体文件。如果编译器提示"未能找到源文件 Example1_2.cs"，那么请检查源文件是否保存在当前 C:\CH1 目录中。

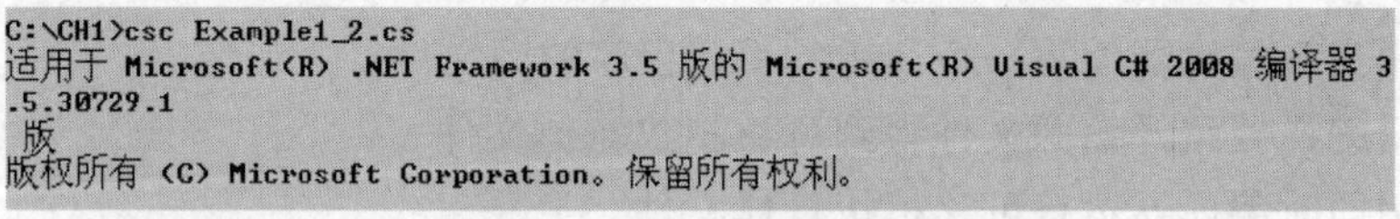

```
C:\CH1>csc Example1_2.cs
适用于 Microsoft(R) .NET Framework 3.5 版的 Microsoft(R) Visual C# 2008 编译器 3
.5.30729.1
版
版权所有 (C) Microsoft Corporation。保留所有权利。
```

图 1.46　编译无错误

（3）运行程序

进入逻辑分区 C 盘的 CH1 目录中，执行 Example1_2.exe 可移植执行体文件。

```
C:\CH1>Example1_2
```

（4）任务小结或知识扩展

① 应用程序的主类

一个 C# 应用程序必须有一个主类，主类的特点是含有 static void Main 函数。使用 static 修饰符声明名为 Main 的静态函数将作为程序的入口点。声明 Main 函数时既可以不使用参数，也可以使用参数，如果带参数，则形式为 static void Main(string[] args)。任务 1 是一个简单的程序，该程序只有主类，没有其他的类。后续的任务 2 中，程序除主类外，还有其他的类。

② 命名空间

Example1_2.cs 程序的开头是一个 using 指令，它引用了 System 命名空间。命名空间（namespace）提供了一种分层的方式来组织 C# 程序。命名空间中包含有类型及其他命名空间，例如，System 命名空间包含若干类型（如此程序中引用的 Console 类）以及若干其他命名空间（如 IO 和 Collections）。如果使用 using 指令引用了某一给定命名空间，就可以通过非限定方式使用该命名空间成员的类型。在此程序中，由于使用了 using System 指令，所以可以使用 Console.WriteLine 简化形式来代替完全限定方式 System.Console.WriteLine。

该程序的输出由 System 命名空间中的 Console 类的 WriteLine 方法产生。此类由 .NET Framework 类库提供，默认情况下，Microsoft C# 编译器自动引用该类库。注意，C# 语言本身不具有单独的运行时库。事实上，.NET Framework 就是 C# 的运行时库。

③ 注意事项

C# 源程序中语句所涉及的小括号及标点符号都是英文状态下输入的括号和标点符号，比如"很高兴学习 C# 语言"中的引号必须是英文状态下的引号，而字符串里面的符号不受汉字字符或英文字符的限制。在编写程序时，应遵守良好的编码习惯，比如一行最好只写一条语句，保持良好的缩进习惯等。大括号的占行习惯有两种，一种是左大括号"{"和右大括号"}"都独占一行;另一种习惯是左大括号"{"在上一行的尾部,右大括号"}"独占一行。微软官方推荐使用第一种大括号的书写方式。

**任务 2**:有两个类的 C♯ 应用程序。

编写一个简单程序,该程序有两个类:Rect 类和 Example1_3 类。Rect 类负责计算矩形的面积,主类 Example1_3 负责使用 Rect 类输出矩形的面积。程序的运行效果如图 1.47 所示。任务的主要步骤如下:

```
C:\CH1>example1_3
矩形的面积:2.25
```

图 1.47　任务 2 程序运行结果

- 编写、保存源文件。
- 编译源文件,并查看得到的可移植执行体文件。
- 运行程序。

(1) 使用文本编辑器编写、保存源文件

① 源文件 Example1_3.cs 的内容

```csharp
using System;
public class Rect                          //Rect 类
{
    public double width;                   //长方形的宽
        public double height;              //长方形的高
        public double getArea()           //返回长方形的面积
        {
        return width * height;
        }
}
class Example1_3                            //主类
{
    static void Main()
    {
        Rect rectangle;
        rectangle=new Rect();
        rectangle.width=1.5;
        rectangle.height=1.5;
        double area=rectangle.getArea();
        Console.WriteLine("矩形的面积:"+area);
    }
}
```

② 保存源文件

将编辑的源文件保存到某个磁盘的目录中,比如保存到 C:\CH1 文件夹中,并命名为 Example1_3.cs。

(2) 编译源文件

选择"开始"→"所有程序"→"Microsoft Visual Studio 2008"→"Visual Studio Tools"→"Visual Studio 2008 命令提示"命令,打开 Visual Studio 2008 命令提示窗口,进入逻辑分区 C 盘的 CH1 目录中,使用编译命令 csc 编译源文件。

```
C:\CH1>csc Example1_3.cs
```

(3) 运行主类的字节码

进入逻辑分区 C 盘的 CH1 目录中,执行 Example1_3.exe 可移植执行体文件。

```
C:\CH1>Example1_3
```

（4）任务小结或知识扩展

① 应用程序的基本结构

C♯语言是面向对象设计语言，一个 C♯应用程序是由若干个类所构成，但必须有一个主类。C♯应用程序所用的类可以在一个源文件中，也可以分布在若干个源文件中。任务 2 中，C♯应用程序所使用的两个类在同一个源文件中。

② 从主类开始运行程序

当 C♯应用程序中有多个类时，C♯程序从主类开始运行。

③ 注释

C♯支持两种格式的注释：单行注释和多行注释。单行注释使用"//"表示单行注释的开始，即该行中从"//"开始的后续内容为注释。多行注释使用"/＊"表示注释的开始，以"＊/"表示注释的结束。编译器忽略注释内容，注释的目的是有利于代码的维护和阅读，因此给代码增加注释是一个良好的编程习惯。

### 1.3.4 实践环节

（1）参照任务 1 编写一个应用程序，定义一个 string 型变量 str，使用 Console.ReadLine 方法，给 str 赋值，并打印输出。（注：ReadLine 方法返回值为 string 字符串型。）

（2）参照任务 2 编写一个应用程序，该程序有 3 个类，要求其中的 Circle 类负责计算圆的面积，Rect 类负责计算矩形的面积，主类使用 Circle 类输出圆的面积，使用 Rect 类输出矩形的面积。

# 1.4 第一个 ASP.NET 程序

### 1.4.1 核心知识

使用 Microsoft Visual Studio 2008 自带的模板，创建 ASP.NET 网站项目，运行网站项目及编辑修改网站项目。

### 1.4.2 能力目标

（1）使用 Microsoft Visual Studio 2008 创建 ASP.NET 网站项目。

（2）掌握 ASP.NET 网站结构。

（3）运行 ASP.NET 网站项目。

（4）修改 ASP.NET Development Server 的端口号。

### 1.4.3 任务驱动

**任务 1**：创建一个简单的 ASP.NET 网站项目。

运行 ASP.NET 网站，在网页中显示"我的第一个 ASP.NET 网站"。网页运行效果如图 1.48 所示。任务的主要步骤如下：

• 创建 ASP.NET 网站。

图 1.48　1.4.3 任务的网页运行效果图

- 在默认网页中,输入静态文字"我的第一个 ASP. NET 网站"。
- 运行网站,查看运行效果。

(1) 选择"开始"→"所有程序"→"Microsoft Visual Studio 2008"→"Microsoft Visual Studio 2008"命令,打开 Microsoft Visual Studio 集成开发环境界面,如图 1.49 所示。

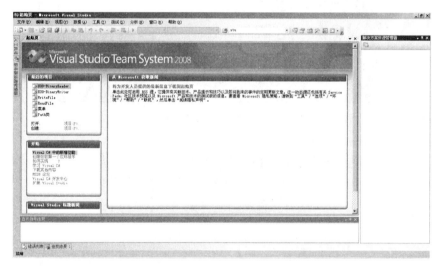

图 1.49　Microsoft Visual Studio 集成开发环境界面

(2) 在菜单项中选择"文件"→"新建"→"网站"命令,打开"新建网站"对话框,如图 1.50 所示。在"模板"框中选择"ASP.NET 网站",在"语言"下拉列表框中选择"Visual C♯",根

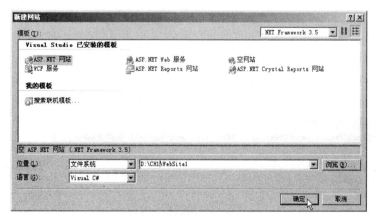

图 1.50　"新建网站"对话框

据实际需要,单击"浏览"按钮,打开"选择位置"对话框,修改网站项目存储位置,如图 1.51 所示。在"文件系统"选项卡中选择存储路径,在选择的路径后面先输入"\",再输入网站名称"FirstWebSite",单击"打开"按钮,弹出提示对话框,如图 1.52 所示。单击"是"按钮,返回"新建网站"对话框,单击"确定"按钮,完成 ASP.NET 网站项目的创建,如图 1.53 所示。

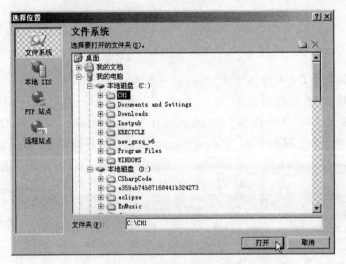

图 1.51 "选择位置"对话框

图 1.52 提示是否创建文件夹对话框

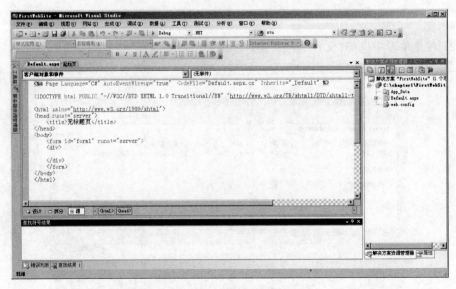

图 1.53 网站开发界面

（3）在项目的"解决方案资源管理器"窗口中，如图 1.54 所示，可以看到在"解决方案'FirstWebSite'"选项中包含 1 个项目。项目以绝对路径的形式显示"C:\CH1\FirstWebSite\"，项目中包含一个 App_Data 文件夹，该文件夹的作用是用于存放数据文件；前台网页文件 Default.aspx，包含了后台 C#代码文件 Default.aspx.cs；一个名为 web.config 的 XML 格式的网站配置文件。

（4）此时，打开网站存储的物理文件夹，如图 1.55 所示。在文件夹中，默认情况下，包含一个空 App_Data 文件夹；一个名为 web.config 的 XML 格式的网站配置文件；名为 Default.aspx 和 Default.aspx.cs 的前台网页文件和后台 C#代码文件。

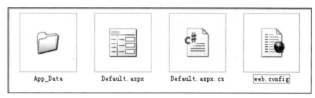

图 1.54　"解决方案资源管理器"窗口　　　　图 1.55　网站的物理文件夹结构图

（5）如图 1.55 所示，在项目物理文件夹中 Default.aspx 和 Default.aspx.cs 文件是并列平行关系，那么它们是如何关联的呢？原来在 Default.aspx 前台网页文件中，通过 Page 指令的 CodeFile 和 Inherits 属性，将前台网页文件和后台 C#代码文件相关联。代码如下所示。

```
<%@ Page Language="C#" AutoEventWireup="true" CodeFile="Default.aspx.cs"
Inherits="_Default"%>
```

其中，CodeFile 属性表示后台代码的文件名为 Default.aspx.cs，Inherits 属性表示后台对应类的名称为_Default。

（6）在"解决方案资源管理器"窗口中，双击 Default.aspx 前台网页文件，可以看到显示方式有三种："源"模式、"设计"模式和"拆分"模式，如图 1.56 所示。在"源"模式中，文件以

　　　　（a）"源"模式　　　　　　　　　　　　　（b）"设计"模式

（c）"拆分"模式

图 1.56　三种显示模式

xhtml 代码的形式显示；在“设计”模式中，文件以所见即所得的形式显示；在“拆分”模式中，文件以代码和视图的方式上下对应显示。

(7) 在“解决方案资源管理器”窗口中，双击 web. config 文件，打开网站配置文件，如图 1.57 所示。web. config 文件是一个 XML 文本文件，它用来储存 ASP. NET Web 应用程序的配置信息(如设置 ASP. NET Web 应用程序的身份验证方式)，它可以出现在应用程序的每一个目录中。默认情况下会在根目录自动创建一个默认的 web. config 文件，包括默认的配置设置，所有的子目录都继承它的配置。

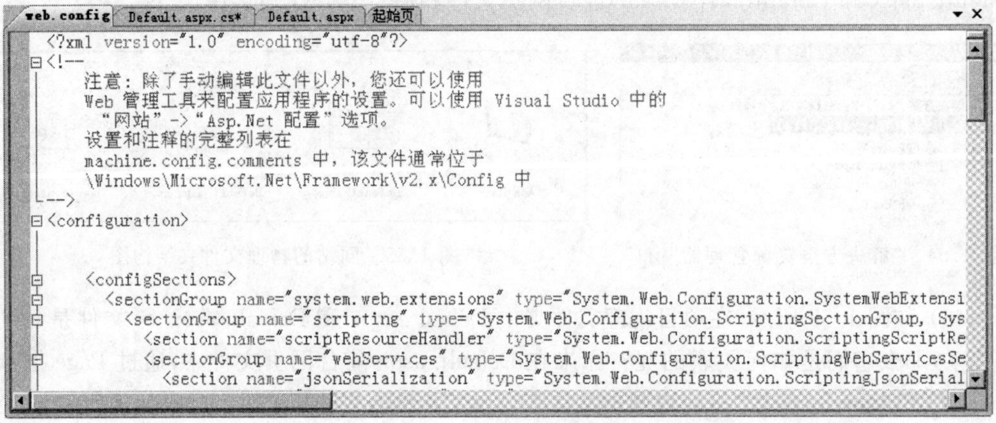

web.config
Default.aspx.cs*
Default.aspx
起始页
<?xml version="1.0" encoding="utf-8"?>
<!--
注意：除了手动编辑此文件以外，您还可以使用
Web 管理工具来配置应用程序的设置。可以使用 Visual Studio 中的
“网站”->“Asp.Net 配置”选项。
设置和注释的完整列表在
machine.config.comments 中，该文件通常位于
\Windows\Microsoft.Net\Framework\v2.x\Config 中
-->
<configuration>
<configSections>
<sectionGroup name="system.web.extensions" type="System.Web.Configuration.SystemWebExtensi
<sectionGroup name="scripting" type="System.Web.Configuration.ScriptingSectionGroup, Sys
<section name="scriptResourceHandler" type="System.Web.Configuration.ScriptingScriptRe
<sectionGroup name="webServices" type="System.Web.Configuration.ScriptingWebServicesSe
<section name="jsonSerialization" type="System.Web.Configuration.ScriptingJsonSerial

图 1.57　web. config 界面

(8) 将 Default. aspx 文件切换到“设计”模式，在页面中输入“我的第一个 ASP. NET 网站”文字，如图 1.58 所示。

Default.aspx
起始页
我的第一个ASP.NET网站
设计
拆分
源
<form#form1>
<div>
<span>

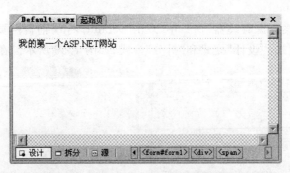

图 1.58　前台网页文件“设计”模式界面

(9) 在“解决方案资源管理器”窗口中，双击 Default. aspx. cs 文件，打开 C# 后台代码文件，如图 1.59 所示。在代码中系统使用 using 指令，引入若干个系统命令空间；类“_Default”通过“：”符号，继承于 System. Web. UI. Page 类；在类中包含了一个名为 Page_Load 的方法。在本任务中，不需要填写 C# 代码。

(10) 在菜单项中选择“调试”→“开始执行(不调试)”命令，运行网页 Default. aspx，如图 1.48 所示。在地址栏中，可以看到地址如图 1.60 所示。其中 3420 表示 Microsoft Visual Studio 2008 自带的 ASP. NET Development Server 服务器，本网站是运行在端口号为 3420 的服务器上。该端口号默认情况下在不同的机器上是动态变化的。

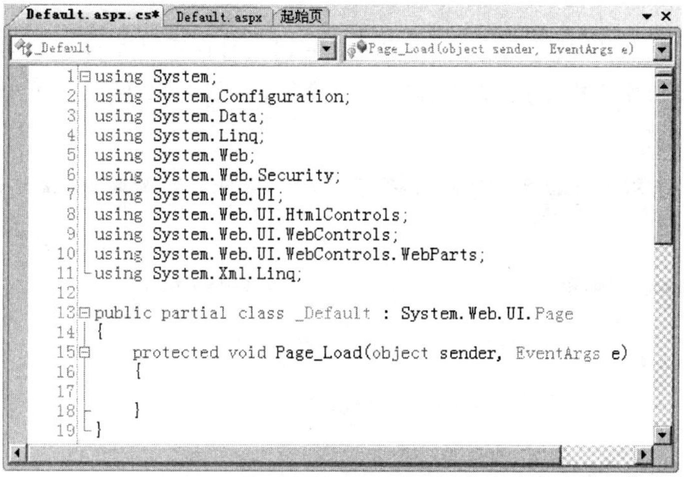

图 1.59  C#后台代码文件界面

图 1.60  地址信息解析图

（11）任务小结或知识扩展。

Microsoft Visual Studio 2008 集成开发工具，为了方便用户开发网站项目，自带了一个小型的 Web 服务器。运行网站时，在屏幕的右下角会显示 ASP.NET Development Server 服务器的运行情况。双击图标，弹出服务器详情对话框，如图 1.61 所示。

图 1.61  ASP.NET Development Server 服务器运行图

本书为了学习方便，后续章节的例子都是运行在 VS 2008 自带的 ASP.NET Development Server 服务器上，而不是运行在 IIS 服务器上。

**任务 2**：固定 ASP.NET Development Server 的端口号。

固定任务 1 中网站运行的 ASP.NET Development Server 的端口号为 5555。任务的主要步骤如下：

- 修改站点端口号相关属性。

• 将端口号修改为5555。

（1）在 Visual Studio 中是可以取消随机分配端口号而手动指定端口号的。在"解决方案资源管理器"窗口中选中站点,查看其"属性"窗体,如图 1.62 所示。可以看到"使用动态端口"值为 True。

图 1.62　网站"属性"窗口

（2）在网站"属性"窗体中,将"使用动态端口"设置从 True 改为 False,并将原先的"端口号"修改成 5555(这里需要注意两点：将"使用动态端口"修改成 False 后,"端口号"还是处于"不可编辑"状态,需要用鼠标选中"解决方案资源管理器"窗口中的其他节点后,再选择站点,"端口号"才可以修改;修改后的端口号,应该是空闲端口号,不能被其他程序所占用),如图 1.63 所示。

图 1.63　修改网站端口号相应属性

## 1.4.4　实践环节

（1）参考任务 1,创建 ASP.NET 网站 SecondWebSite,修改存储路径使其与任务 1 的网站在同一目录下,并在网站中创建两个网页 Default1.aspx 和 Default2.aspx。在 Default1.aspx 和 Default2.aspx 网页中分别显示文字"网页 1"和"网页 2"。运行网站,查看网页运行效果。

（2）参考任务 2,修改 SecondWebSite 网站的 ASP.NET Development Server 端口号为 8888。

# 1.5　小　　结

• 静态网页与动态网页的区别在于 Web 服务器对它们的处理方式不同。当 Web 服务器接收到对静态网页的请求时,Web 服务器直接将该网页发送给客户浏览器,不进行任何处理。而如果 Web 服务器接收到对动态网页的请求,则从 Web 服务器中找到该文件,并将它传递给一个编译器,由它负责编译和执行网页,再将执行后的结果传递给客户浏览器。

- C♯ 是面向对象的编程语言,它具有面向对象编程语言的一切特性,比如封装性、继承性和多态性等。

- C♯ 源文件的后缀名是.cs。开发一个 C♯ 程序需经过三个步骤:编写源代码文件,使用 csc.exe 编译源文件生成可移植执行体文件,使用即时编译器加载可移植执行体文件。

- ASP.NET 网站是动态网站,页面分为前台页面文件和后台代码文件:在前台页面文件中,使用 XHTML 进行代码编写;在后台代码文件中使用 C♯ 语言进行代码编写。

# 习　题　1

## 一、填空题

1. .NET Framework 组件包括 _____、_____、_____、_____、_____ 和 _____。

2. C♯ 程序的开发分为 _____、_____ 和 _____ 三步。

3. 编译 C♯ 程序的命令为 _____。

4. 使用 Visual Studio 2008 开发 ASPX 网页时,有三种编辑模式,分别为 _____、_____ 和 _____。

## 二、选择题

1. 下列( )是 C♯ 应用程序主类中正确的主方法声明。

    A. public void Main(string args[ ])　　　　B. static void Main(string args[ ])

    C. public void main(string args[ ])　　　　D. static void main(string args[ ])

2. ASP.NET 网页的扩展名为( )。

    A. asp　　　　　B. jsp　　　　　　C. aspx　　　　　D. php

## 三、简答题

1. 简述静态网页和动态网页的区别。

2. 简述开发 C♯ 程序的主要步骤。

3. C♯ 源文件的扩展名是什么?可移植执行体文件的扩展名是什么?

4. 简述修改 ASP.NET Development Server 端口号的步骤。

# C#语言基础

主要内容

- 变量和数据类型；
- 数据类型转换；
- 字符串类型；
- 装箱和拆箱；
- 程序控制语句；
- 异常处理语句。

C#语言是微软公司推出的一种编程简洁明快、功能强大的面向对象编程语言，是.NET开发平台的重要组成部分。通过本章的学习，使读者掌握C#语言的基础知识，进而能够使用C#进行ASP.NET网站的后台开发。

## 2.1　变量和数据类型

### 2.1.1　核心知识

计算机在处理数据时，变量用于在程序运行过程中临时存储特定类型的可变数据。不同类型的数据所占的内容存储空间是不同的，所以在编写程序时需要根据实际情况，定义不同数据类型的变量。

在C#中，数据类型分为值类型和引用类型两大类，如图2.1所示。

图2.1　C#数据类型组织结构图

（1）值类型的变量直接包含值。将一个值类型变量赋给另一个值类型变量时，将复制所包含的值。

① 简单类型：包括整型（byte、char、short、int 和 long）、浮点型（float、double 和 decimal）和布尔型（bool）。简单类型变量在定义时具有一个默认值，如表 2.1 所示。

表 2.1　简单类型变量的大小和默认值

| 数据类型 | 大　　小 | 默认值 | 示　　例 |
| --- | --- | --- | --- |
| byte | 无符号的 8 位整数 0～255 | 0 | byte gpa＝2; |
| char | 单个 Unicode 字符 | '\0' | char gender＝'M'; |
| short | 有符号的 16 位整数（－32768～32767） | 0 | short salary＝3400; |
| int | 有符号的 32 位整数 | 0 | int rating＝20; |
| long | 有符号的 64 位整数 | 0L | long population＝2345190L; |
| float | 32 位浮点数，精确到小数点后 7 位 | 0.0F | float temperature＝40.6F; |
| double | 64 位浮点数，精度 15 位 | 0.0M | double x＝50.8M; |
| decimal | 96 位十进制数，精度 28 位 | 0.0D | decimal y＝50D; |
| bool | 布尔值，true 或 false | false | bool IsManager＝true; |

定义变量语法如下所示。

数据类型　变量名;

C♯ 中规定，变量名只能由字母、数字和下划线组成，不能以数字开头，不能与 C♯ 的关键字相同。例如：

```
int a;                  //定义一个整型变量
char ch;                //定义一个字符型变量
```

② 结构类型：在处理一些复杂数据时，因为这些数据是由不同类型的数据组合在一起进行描述的，使用简单类型很难表示它们，在 C♯ 采用关键字 struct 来允许用户自定义结构体类型，语法如下所示。

```
struct 自定义结构体类型名称
{
    数据类型 成员变量1;
    数据类型 成员变量2;
      ⋮
    数据类型 成员变量n;
}
```

例如，定义学生的结构体类型。

```
struct Student
{
    string sname;
    int age;
    char gender;
}
Student stu;
```

Student 表示一个用户自定义结构体类型名称，sname、age 和 gender 表示结构体的成员变量。对结构体的成员变量不能直接访问，必须通过成员访问符".."来实现访问，例如：

```
stu.sname="孙悟空";
```

③ 枚举类型：使用 enum 关键字来声明，由一组称为枚举数列表的命名常数组成的数据类型。语法如下所示。

```
enum 枚举类型名
{
    数据元素 1,数据元素 2,…,数据元素 n
}
```

例如，定义一个名为 Seasons 的表示季节的枚举类型。

```
enum Seasons
{
    Spring, Summer, Autumn, Winter
}
```

枚举类型中，按照系统的默认设置，每个数据元素类型都是 int 型，且第一个元素的值为 0，后面元素的值依次加 1。

访问枚举成员使用成员运算符"."，格式如下所示。

```
枚举类型名.数据元素名;
```

例如，访问 Seasons 中的 Autumn 元素，代码如下：

```
Seasons.Autumn;
```

(2) 引用类型的变量通常被称为对象，其存储的是实际数据所在内存块的地址引用，而非具体的值。将一个引用类型变量赋给另一个引用类型变量时，将复制其引用的内存地址，使得两个变量同时指向同一个对象实例。有关引用类型的知识会在后续章节讲解。

### 2.1.2 能力目标

掌握定义值类型变量，并赋予初值的方法。

### 2.1.3 任务驱动

使用值类型定义变量并赋值。

(1) 任务的主要内容

- 定义结构体类型 Student，定义枚举类型 Weeks。
- 在主类的 Main 函数中分别定义不同类型的变量。
- 使用赋值语句重新给变量赋值。
- 输出变量的值。

(2) 任务的代码模板

打开 Microsoft Visual Studio 2008，选择"文件"→"新建"→"项目"命令，弹出"新建项目"对话框，在"模板"框中选择"控制台应用程序"选项，在"名称"文本框中输入"Example2_1"，

选择项目的存储位置,单击"确定"按钮,如图 2.2 所示。本章后面任务均是创建控制台应用
程序,不再重复说明了。

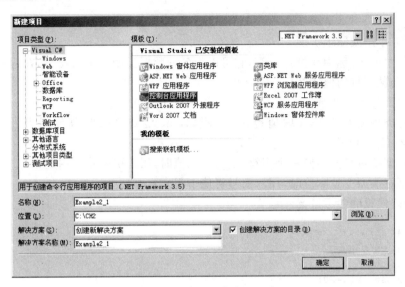

图 2.2　创建控制台应用程序

将下列 Program.cs 中的【代码】替换为程序代码。程序运行效果如图 2.3 所示。

**Program.cs 代码**

```
using System;
namespace Example2_1
{
    【代码 1】                    //定义名为 Student 的结构体类型
    {
        public string sname;
        public int age;
    }
    【代码 2】                    //定义名为 Weeks 的枚举类型
    {
        Sun, Mon, Tue, Wed, Thu, Fri, Sat
    }
    class Program
    {
        static void Main(string[] args)
        {
            int a;
            a=2147483647;
            Console.WriteLine("a 的值为{0}",a);
            【代码 3】                    //定义名为 ch 的 char 变量,并赋初始值为 'M'
            Console.WriteLine("ch 的值为{0}",ch);
            Student stu;
            stu.sname="孙悟空";
            【代码 4】                    //为 stu 结构体变量的 age 成员赋值 20
            Console.WriteLine("学生姓名为{0},年龄为{1}",stu.sname,stu.age);
```

图 2.3　变量的定义、赋值
　　　　　和使用

（图 2.3 内容：
a的值为2147483647
ch的值为M
学生姓名为孙悟空,年龄为20
今天是Wed
请按任意键继续. . .）

```
                    Console.WriteLine("今天是{0}",Weeks.Wed);
            }
        }
}
```

（3）任务小结或知识扩展

- 代码中的{0}称为变量占位符，它可以为各种数据类型变量占位置，在程序执行过程中，会被变量的值所替代。
- 当需要为多个变量占位置时，占位符依次写{0}、{1}、{2}、…。
- 每种类型变量都是有取值范围的，例如，int 型变量的取值范围为－2147483648 至 2147483647。
- 字符型变量只能存储一个字符，当为其赋值时，用单引号将值引起来。
- 为字符串型变量赋值时，用双引号将值引起来。

（4）代码模板的参考答案

【代码 1】: struct Student
【代码 2】: enum Weeks
【代码 3】: char ch='M';
【代码 4】: stu.age=20;

## 2.1.4  实践环节

（1）将代码中整型变量 a 赋值为 2147483648，观察编译器提示怎样的错误。

（2）将代码中字符型变量 ch 赋值为 Male，观察编译器提示怎样的错误。

# 2.2  数据类型转换

## 2.2.1  核心知识

在 C♯ 编程中，经常会碰到不同数据类型的混合运算。但是由于不同类型的数据占用的内容存储空间不同，所以在进行混合运算时，需要将不同类型的数据转换为统一的数据类型。C♯ 提供了如下几种转换方式。

### 1. 隐式转换

隐式转换是系统自动执行的数据类型转换。原则是允许数值范围小的类型向数值范围大的类型转换。例如，允许 byte 类型向 int 类型转换，float 类型向 double 类型转换等。

例如：

```
int a=123;
long b=a;                        //先将 a 的值读出来，隐式转换为长整型，再赋给 b
float f=3.14f;
double d=f;                      //先将 f 的值读出来，隐式转换为双精度浮点型，再赋给 d
```

### 2. 显式转换

当需要将数值范围大的类型向数值范围小的类型转换，此时不能使用隐式转换，而需要显式转换，又称为强制类型转换。语法如下所示。

(数据类型)变量

例如：

```
long a=100;
int b=(int)a;                    //先将 a 的值读出来,显式转换为整型,再赋给 b
float f=3.14f;
int d=(float)f;                  //先将 f 的值读出来,显式转换为整型,再赋给 d
```

与隐式转换不同,显式转换可能会造成数据信息的损失。例如,上例中的 f 强制转换为整型后,就只把整数部分赋给 d,数据信息发生了损失。

**3. 使用系统提供的方法进行数据类型转换**

有时通过隐式转换和显式转换都无法将一种数据类型转换为另一种数据类型。例如,将数值类型转换为字符串类型,或将字符串类型转换为数值类型。此时,可以使用 C♯ 提供的方法进行转换。

（1）Parse 方法。每种数值类型都具有静态方法 Parse,可以将字符串数据转换为数值类型。例如：

```
int a=int.Parse("123");         //将字符串"123"转换为整型值 123,再赋给 a
float d=float.Parse("3.14");    //将字符串"3.14"转换为浮点型值 3.14,再赋给 d
```

（2）ToString 方法。每种数据类型的变量都具有静态方法 ToString。可以将该变量转换为字符串类型。例如：

```
int a=123;
string str=a.ToString();        //将整型变量 a 的值 123 转换为字符串"123",再赋给 str
```

（3）Convert 类。在 System 命名空间中,有一个将一种基本数据类型转换为另一种基本数据类型的静态类 Convert。常用方法如下所示。

- ToInt32：转换为 32 位的整型；
- ToDouble：转换为双精度浮点型；
- ToString：转换为字符串型；
- ToChar：转换为字符型。

例如：

```
string str="1234";
int x=Convert.ToInt32(str);     //将字符串 str 的值"1234"转换为整型值 1234,再赋给 x
```

## 2.2.2　能力目标

掌握隐式转换、显式转换和系统自带转换方法的使用。

## 2.2.3　任务驱动

使用三种数据类型转换方式进行类型转换。

（1）任务的主要内容

- 在主类的 Main 函数中分别使用 string、int 和 float 声明变量。

- 从键盘上为变量赋值,并进行数据类型转换。
- 输出变量的值。

(2) 任务的代码模板

将下列 Program.cs 中的【代码】替换为程序代码。程序运行效果如图 2.4 所示。

**Program.cs 代码**

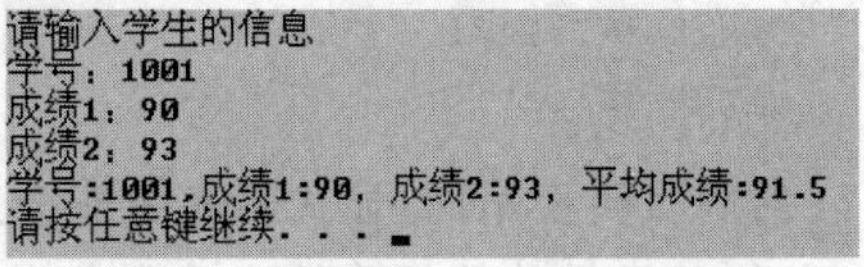

```
using System;
namespace Example2_2
{
    class Program
    {
        static void Main(string[] args)
        {
            string sno;
            int score1;
            int score2;
            float avg;
            Console.WriteLine("请输入学生的信息");
            Console.Write("学号: ");
            sno=【代码 1】                //从键盘获得学号信息
            Console.Write("成绩 1: ");
            score1=【代码 2】       //从键盘获得成绩 1 信息,使用 Parse 方法转换为 int 类型
            Console.Write("成绩 2: ");
            score2=【代码 3】
                    //从键盘获得成绩 2 信息,使用 Convert 类的 ToInt32 转换为 int 类型
            avg=【代码 4】           //计算平均值,将 int 类型强制转换为 float 类型
            Console.WriteLine("学号:{0},成绩 1:{1},成绩 2:{2},平均成绩:{3}",sno,
            score1,score2,avg);
        }
    }
}
```

```
请输入学生的信息
学号: 1001
成绩1: 90
成绩2: 93
学号:1001,成绩1:90, 成绩2:93, 平均成绩:91.5
请按任意键继续. . .
```

图 2.4　数据类型之间的转换

(3) 任务小结或知识扩展

System 命名空间中 Console 类的静态 ReadLine 方法能够获取用户从键盘输入的字符串,返回值为 string 类型。需要根据实际情况,将字符串数据转换为需要的数据类型。

(4) 代码模板的参考答案

【代码 1】: Console.ReadLine();
【代码 2】: int.Parse(Console.ReadLine());
【代码 3】: Convert.ToInt32(Console.ReadLine());
【代码 4】: (float) (score1+score2)/2;

## 2.2.4　实践环节

用火车托运行李时以公斤为单位计算费用(8.6 元/公斤),忽略重量中的小数部分,即忽略不足一公斤的部分。用汽车托运行李时以公斤为单位计算费用(122.5 元/公斤),将重量中的小数部分进行四舍五入,即将不足一公斤的部分进行四舍五入。请编写一个根据托运方式和重量计算费用的 C♯程序。

# 2.3　字符串类型

## 2.3.1　核心知识

引用类型包含两大类：object(System. Object)和 string(System. String)。

C♯ 的统一类型系统中，所有数据类型都是直接或间接从 System. Object 继承的。可以将任何类型的值赋给 object 类型的变量。

string 类型表示 Unicode 字符的字符串。string 是. NET Framework 中 String 的别名。尽管 string 是引用类型，但可以使用是否相等(＝＝)和是否不相等(!＝)运算符进行值的比较。例如：

```
string str1="Compare";
string str2="Compare";
Console.WriteLine(str1==str2);
```

因为使用"＝＝"比较两个字符串变量的值时，系统将比较字符串的内容，所以显示"true"。

字符串类型的常用属性和方法如下。

- int Length：获取当前字符串中的字符数。
- int CompareTo(string value)：将当前字符串与字符串 value 进行比较。
- int IndexOf(string value, int startIndex)：在当前字符串中从位置 startIndex 开始搜索字符串 value，若搜索到，则返回第一个匹配项的索引，否则返回－1。
- string Substring(int startIndex, int length)：获取当前字符串中从位置 startIndex 开始长度为 length 的子字符串。
- string Replace(string oldValue, string newValue)：将当前字符串中的所有子字符串 oldValue 替换为字符串 newValue。
- string ToLower()：将当前字符串转换为小写形式。
- string ToUpper()：将当前字符串转换为大写形式。
- string Trim()：移除当前字符串中所有前导空白字符和尾部空白字符。
- string [] Split(params char[] separator)：根据 separator 字符的值，对字符串进行分割，返回一个字符串数组。

## 2.3.2　能力目标

定义字符串变量，并赋予初值。使用字符串自带的方法操作字符串。

## 2.3.3　任务驱动

对字符串进行各种操作。

(1) 任务的主要内容

- 在主类的 Main 函数中声明字符串变量。
- 计算字符串的长度。

- 计算字符串的子串。
- 对字符串进行分割。
- 将字符串转换为大写。
- 对字符串内容进行替换。
- 去掉字符串两端空格。

（2）任务的代码模板

将下列 Program.cs 中的【代码】替换为程序代码。程序运行效果如图 2.5 所示。

**Program.cs 代码**

```
using System;
namespace Example2_3
{
    class Program
    {
        static void Main(string[] args)
        {
            string str1="Hello World";
            Console.WriteLine("{0}的长度为{1}",str1,【代码 1】);     //计算 str1 的长度
            string str2=【代码 2】;                    //获取 str1 字符串中的"World"
            Console.WriteLine("{0}",str2);
            string str3="Zhao,Qian,Sun,Li";
            string[] arr=【代码 3】;                    //根据逗号,对 str3 进行分割
            for(int i=0;i<arr.Length;i++)
            {
                Console.Write("{0}\t", arr[i]);
            }
            Console.WriteLine();
            string str4=【代码 4】;                    //将 str1 字符串的值转换为大写
            Console.WriteLine("{0}转换为大写{1}", str1, str4);
            string str5=【代码 5】;                    //将 str1 中的"World"替换为"C#"
            Console.WriteLine("{0}被替换为{1}",str1,str5);
            string str6="  I Like C#  ";
            Console.WriteLine("{0}去除两端空格后{1}",str6,【代码 6】);
                                                    //去掉 str6 两端空格
        }
    }
}
```

图 2.5　字符串变量的定义和操作

（3）任务小结或知识扩展

字符串可使用两种形式表达,即直接使用双引号引起来或者在双引号的前面加上@符号。通常情况,直接使用双引号来表示字符串。但是,当字符串中包含特殊字符时,使用@符号可以使特殊字符失效。例如:

string path="c:\MyDir\SubDir";

用户的本意是将"c:\MyDir\SubDir"这个目录名称赋给 path 变量,但编译器会提示错

误。因为"\"被认为是转义字符的开始,而"\M"和"\S"不是系统内置的转义字符。此时,可以使用"\\"来代替"\",如下所示。

```
string path="c:\\MyDir\\SubDir";
```

这时也可以在字符串的前面加上@符号,使字符串中的转义字符失效,直接将其作为普通字符处理,例如:

```
string path=@"c:\MyDir\SubDir";
```

（4）代码模板的参考答案

【代码 1】: str1.Length
【代码 2】: str1.Substring(6)
【代码 3】: str3.Split(',')
【代码 4】: str1.ToUpper()
【代码 5】: str1.Replace("World", "C#")
【代码 6】: str6.Trim()

### 2.3.4  实践环节

定义字符串变量 str,使用 Console.ReadLine 方法为其赋值,将用户从键盘上输入的字符串分别进行计算长度、求子串、转换为大写、转换为小写、去空格等操作。

# 2.4  装箱和拆箱

### 2.4.1  核心知识

值类型和引用类型之间的转换称为装箱和拆箱。

（1）装箱:是值类型到 object 类型的隐式转换。值类型装箱会在堆中分配一个对象实例,并将该值复制到新对象中。

例如:

```
int a=100;
object obj=a;                    //对变量 a 的装箱操作
```

内存分配如图 2.6 所示。

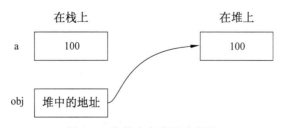

图 2.6  装箱内存分配示意图

此时,在栈上创建对象引用 obj,而在堆上则引用 int 类型的值。该值是赋给变量 a 的值类型值的一个副本。

（2）拆箱（或取消装箱）：从 object 类型到值类型的显式转换。

拆箱操作包括：

- 检查对象实例，以确保它是给定值类型的装箱值；
- 将该值从实例复制到值类型变量中。

例如：

```
int a=100;
object obj=a;                    //装箱
int b=(int)obj;                  //拆箱
```

要成功取消装箱值类型（拆箱），被取消装箱的项必须是对一个对象的引用，该对象是先前通过装箱该值类型的实例创建的。如果尝试取消装箱 null 或对不兼容值类型的引用会导致 InvalidCastException。

### 2.4.2 能力目标

掌握装箱和拆箱的过程。

### 2.4.3 任务驱动

对变量进行装箱和拆箱操作。

（1）任务的主要内容

- 在主类的 Main 函数中声明 float 类型变量。
- 对 float 类型变量进行装箱。
- 对装箱后的 object 对象进行拆箱。

（2）任务的代码模板

将下列 Program.cs 中的【代码】替换为程序代码。程序运行效果如图 2.7 所示。

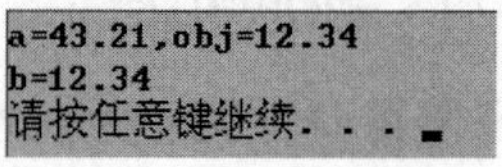

```
a=43.21,obj=12.34
b=12.34
请按任意键继续. . . ▮
```

图 2.7 装箱和拆箱的演示

**Program.cs 代码**

```csharp
using System;
namespace Example2_4
{
    class Program
    {
        static void Main(string[] args)
        {
            float a=12.34f;
            object obj=【代码1】;                 //对变量 a 进行装箱
            a=43.21f;
            int b=【代码2】;                       //对 obj 进行拆箱
            Console.WriteLine("a={0},obj={1}",a,obj);
            Console.WriteLine("b={0}",b);
        }
    }
}
```

（3）任务小结或知识扩展

从原理上可以看出，装箱时生成的是全新的引用对象，这会有时间损耗，也就是造成效率降低，应该尽量避免装箱。可以通过重载函数或泛型来避免。当然，有些情况是无法避免装箱的。

（4）代码模板的参考答案

【代码 1】：a
【代码 2】：(float)obj

## 2.4.4　实践环节

阅读下面的程序，给出程序运行结果。

```
class Program
{
    static void Main(string[] args)
    {
        int x=100;
        CheckRef(x, x);
        object obj=x;
        CheckRef(obj, obj);
    }
    static void CheckRef(object obj1, object obj2)
    {
        if (obj1==obj2)
            Console.WriteLine("相同引用");
        else
            Console.WriteLine("不同引用");
    }
}
```

# 2.5　条 件 语 句

## 2.5.1　核心知识

条件语句，顾名思义，首先必须定义条件。条件是由一个布尔型表达式组成的，其值为 true 或 false。无论条件表达式多长、多复杂，其结果无外乎这两个值。

C# 中用六种条件运算符，分别为：是否相等（==）、是否不相等（!=）、是否大于（>）、是否大于等于（>=）、是否小于（<）和是否小于等于（<=）。如果条件为真，则为 true；否则为 false。

当需要多个布尔型表达式的结果进行组合时，可以使用逻辑运算符（与 &&、或 ||、非!）进行组合。

C# 中条件语句有两种：if 语句和 switch 语句。

**1. if 语句**

if 语句常用的形式有三种。

(1) 只有 if 语句形式

```
if(表达式)
{
    语句块；
}
```

**功能**：如果表达式的值为 true，则执行 if 语句所控制的语句块；否则执行 if 语句后面的代码。执行过程如图 2.8 所示。

(2) if...else 语句形式

```
if(表达式)
{
    语句块 1；
}
else
{
    语句块 2；
}
```

**功能**：如果表达式的值为 true，则执行语句块 1；否则，执行语句块 2。执行过程如图 2.9 所示。

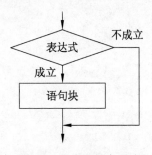

图 2.8　只有 if 语句形式

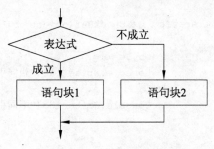

图 2.9　if...else 语句形式

(3) if...else if...else 语句形式

```
if(表达式 1)
{
    语句块 1；
}
else if(表达式 2)
{
    语句块 2；
}
 ⋮
else if(表达式 n-1)
{
    语句块 n-1；
}
else
{
```

```
        语句块 n;
    }
```

**功能**：如果表达式 1 的值为 true 时,执行语句块 1;当表达式 1 的值为 false 时,判断表达式 2 的值是否为 true,如果为 true,执行语句块 2,否则判断表达式 3 的值是否为 true;依此类推,如果表达式 $1,2,\cdots,n-1$ 的值都为 false 时,执行语句块 n。执行过程如图 2.10 所示。

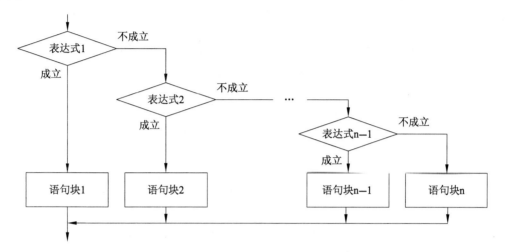

图 2.10　if...else if...else 语句形式

### 2. switch 语句

当需要判断的分支数目较多时,虽然使用 if 语句也可以解决,但是比较麻烦。而使用多分支语句 switch 则方便多了。

switch 语句的语法结构如下所示。

```
switch(表达式)
{
    case 整型/字符型的常量表达式 1:
        语句块 1;
        break;
    case 整型/字符型的常量表达式 2:
        语句块 2;
        break;
    case 整型/字符型的常量表达式 n:
        语句块 n;
        break;
    default:
        语句块 n+1;
        break;
}
```

**功能**：首先计算 switch 小括号中表达式的值,该表达式的值只能为整型或字符型,然后将表达式的值依次与每一个 case 语句的常量表达式进行是否相等的比较。如果找到相等的值,则执行相应 case 块中的语句;如果没有找到,则执行 default 语句块中的语句。执行过程如图 2.11 所示。

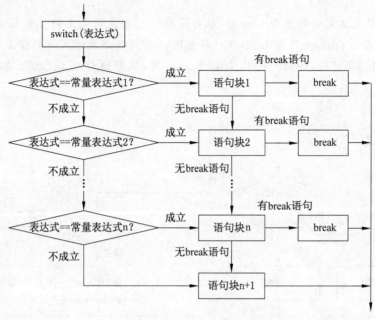

图 2.11　switch 语句形式

## 2.5.2　能力目标

掌握 if 语句和 switch 语句的使用。

## 2.5.3　任务驱动

**任务 1**：使用 if 语句实现百分制和 A、B、C、D、E 等级的转换。

（1）任务的主要内容

- 定义整型变量 score。
- 从键盘上为 score 赋值。
- 使用 if…else if…else 语句进行百分制和等级的转换。

（2）任务的代码模板

将下列 Program.cs 中的【代码】替换为程序代码。程序运行效果如图 2.12 所示。

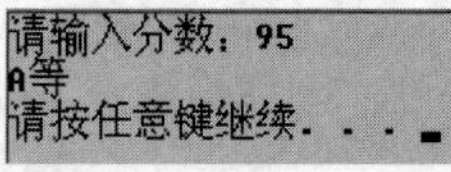

请输入分数：95
A等
请按任意键继续. . . .

图 2.12　if 语句实现百分制和等级的转换

**Program.cs 代码**

```
using System;
namespace Example2_5
{
    class Program
    {
        static void Main(string[] args)
        {
            int score;
```

```
        Console.Write("请输入分数：");
        score=【代码 1】;                        //从键盘上获得分数,并进行类型转换
        if (【代码 2】)                          //判断分数是否在[90,100]之间
        {
            Console.WriteLine("A 等");
        }
        else if (【代码 3】)                     //判断分数是否在[80,90)之间
        {
            Console.WriteLine("B 等");
        }
        else if (【代码 4】)                     //判断分数是否在[70,80)之间
        {
            Console.WriteLine("C 等");
        }
        else if (【代码 5】)                     //判断分数是否在[60,70)之间
        {
            Console.WriteLine("D 等");
        }
        else if (【代码 6】)                     //判断分数是否在[0,60)之间
        {
            Console.WriteLine("E 等");
        }
        else
        {
            Console.WriteLine("输入分数有误,请在 0～100 之间");
        }
    }
  }
}
```

（3）任务小结或知识扩展

本任务的核心代码也可以使用 if...else 语句的嵌套实现,代码如下所示。

```
if (score>=90 && score <=100)
{
    Console.WriteLine("A 等");
}
else
{
    if (score>=80)
    {
        Console.WriteLine("B 等");
    }
    else
    {
        if(score>=70)
        {
            Console.WriteLine("C 等");
        }
        else
        {
```

```
if(score>=60)
{
    Console.WriteLine("D 等");
}
else
{
    if(score>=0 && score<60)
    {
        Console.WriteLine("E 等");
    }
    else
    {
        Console.WriteLine("输入分数有误,请在 0～100 之间");
    }
}
}
}
}
```

(4) 代码模板的参考答案

【代码 1】: Convert.ToInt32(Console.ReadLine())
【代码 2】: score>=90 && score <=100
【代码 3】: score>=80
【代码 4】: score>=70
【代码 5】: score>=60
【代码 6】: score>=0 && score<60

**任务 2**：使用 switch 语句实现百分制和 A、B、C、D、E 等级的转换。

(1) 任务的主要内容

• 定义整型变量 score。

• 从键盘上为 score 赋值。

• 使用 switch 语句进行百分制和等级的转换。

(2) 任务的代码模板

将下列 Program.cs 中的【代码】替换为程序代码。程序运行效果如图 2.13 所示。

图2.13　switch 语句实现百分制和等级的转换

**Program. cs 代码**

```
using System;
namespace Example2_6
{
    class Program
    {
        static void Main(string[] args)
        {
            int score;
            Console.Write("请输入分数: ");
            score=【代码 1】;                //从键盘上获得分数,并进行类型转换
            switch (【代码 2】)               //获取数值的十位数
```

```
        {
            case 10:
            case 9:
                Console.WriteLine("A 等");
                【代码 3】;                    //跳出 switch 语句
            case 8:
                Console.WriteLine("B 等");
                break;
            case 7:
                Console.WriteLine("C 等");
                break;
            case 6:
                Console.WriteLine("D 等");
                break;
            case 5:
            case 4:
            case 3:
            case 2:
            case 1:
            case 0:
                Console.WriteLine("E 等");
                break;
            【代码 4】:                          //所有 case 块都不成立时,执行此块
                Console.WriteLine("输入分数有误,请在 0~100 之间");
                break;
        }
    }
}
}
```

(3) 任务小结或知识扩展

- switch 的表达式是整型或字符型表达式,有一个确定的值,不能是逻辑值。
- 常量表达式 1~n,只起到一个标号的作用,根据表达式的值来判断,找到一个匹配的入口处,程序往下执行,但是任何两个 case 语句不能拥有相等的常量表达式。
- 在每一个 case 语句块(包含 default 语句块)的最后通常需要跟一个 break 语句,否则会从入口一直向下执行,除非 case 语句块没有代码,比如任务 2 中的 case 5、case 4、case 3、case 2 和 case 1 语句块。
- switch 语句只能进行表达式值和常量表达式值是否相等的判断,而 if 语句不但能做是否相等的判断,还可以计算关系表达式或逻辑表达式,进行逻辑真假的判断。
- 每个 case 分支可有多条语句,不用花括号括起来。

(4) 代码模板的参考答案

【代码 1】: Convert.ToInt32(Console.ReadLine())
【代码 2】: score/10
【代码 3】: break
【代码 4】: default

## 2.5.4 实践环节

(1) 编写程序：判断某一年是否为闰年。(闰年的条件是能被 4 整除，但不能被 100 整除，或者能被 400 整除。)

(2) 编写程序：求 $ax^2 + bx + c = 0$ 方程的解。

该方程有以下几种可能。

① $a = 0$，不是二次方程；

② $b^2 - 4ac = 0$，有两个相等的实根；

③ $b^2 - 4ac > 0$，有两个不等的实根；

④ $b^2 - 4ac < 0$，有两个共轭的复根。

(3) 使用 switch 语句，统计用户输入的一个字符串中数字、字母和分隔符的个数。

(4) 使用 switch 语句，制作一个简易版的计算器，根据用户输入的两个整数与"+、-、*、/"运算符，进行相应的运算。

# 2.6 循 环 语 句

## 2.6.1 核心知识

当希望程序中某一段代码能够根据条件反复执行，可以使用循环语句来实现。C#语言中的循环语句有 while 语句、do...while 语句、for 语句和 foreach 语句。

### 1. while 语句

while 语句的语法如下所示。

```
while(条件表达式)
{
    循环体;
}
```

while 语句的执行过程为：首先判断条件表达式是否成立，如果成立则执行循环体；否则执行 while 循环后面的语句。执行过程如图 2.14 所示。

例如，计算 1 到 100 之间所有整数之和。经过分析可知，可以定义一个整型变量 num 来先赋值为整数 1；再通过 num 的 99 次自增运算(++)，就可以分别表示整数 2,3,…,99 和 100；在 num 表示的整数值增加的同时，将 num 的值进行累加。此时使用 while 语句可以很方便实现此过程，代码如下所示。

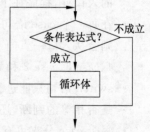

图 2.14 while 语句的
执行过程

```
int num=1;
int sum=0;
while(num<=100)
{
    sum+=num;
    num++;
}
```

代码中,定义整型变量 num,并赋初始值为 1;定义整型变量 sum,并赋初始值为 0,用来计算累加和;在 while 的条件表达式中,判断 num 是否小于等于 100,如果判断条件成立,则进入到循环体,执行 sum 的累加和 num 的自增,如果判断条件不成立,则执行循环体后面的语句。

### 2. do...while 语句

do...while 语句的语法如下所示。

```
do
{
    循环体;
}while(条件表达式);
```

do...while 语句的执行过程为:首先执行一次循环体后,再判断条件表达式是否成立,如果成立则继续执行循环体,否则执行 do...while 语句后面的代码。执行过程如图 2.15 所示。

例如,计算 100 到 1 之间所有整数之和。经过分析可知,可以定义一个整型变量 num 来先赋值为整数 100;再通过 num 的 99 次自减运算(——),就可以分别表示整数 99,98,…,2 和 1;在 num 表示的整数值减少的同时,将 num 的值进行累加。使用 do...while语句可以很方便实现此过程,代码如下所示。

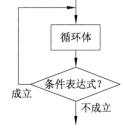

图 2.15  do...while 语句的执行过程

```
int num=100;
int sum=0;
do
{
    sum+=num;
    num--;
} while(num>=1);
```

代码中,定义整型变量 num,并赋初始值为 100;定义整型变量 sum,并赋初始值为 0,用来计算累加和;先执行 do...while 语句的循环体,执行 sum 的累加和 num 的自减,再进行条件表达式的判断,判断 num 是否大于等于 1,如果判断条件成立,则再次进入到循环体,如果判断条件不成立,则执行循环体后面的语句。

### 3. for 语句

for 语句需要一个局部循环变量控制循环测试条件,不满足测试条件时结束循环的执行,否则进入到下一次循环,语法如下所示。

```
for(表达式 1; 条件表达式; 表达式 2)
{
    循环体;
}
```

for 语句的执行过程为:首先表达式 1 最先执行,并且只执行一次;接着执行条件表达式的判断,如果条件判断成立,则执行循环体和表达式 2,再次判断条件表达式是否成立,如果成立,则反复执行循环体和表达式 2;如果不成立则跳出 for 循环,执行 for 语句后面的代码。执行过程如图 2.16 所示。

表达式 1 的功能通常是局部循环变量的初始化;条件表达式的功能通常是将局部循环变量和临界值作比较判断;表达式 2 的功能通常是局部循环变量的增加或减少。

例如,计算 1 到 100 之间所有奇数之和,经过分析可知,可以定义一个整型变量 num 来先赋值为整数 1;再通过 num 的 49 次加 2 运算(num+=2),就可以分别表示整数 3,5,…,97 和 99;在 num 表示的整数值增加的同时,将 num 的值进行累加。使用 for 语句可以很方便实现此过程,代码如下所示。

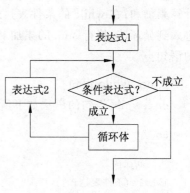

图 2.16  for 语句的执行过程

```
int num;
int sum=0;
for(num=1; num<100 ; num+=2)
{
    sum+=num;
}
```

代码中,定义整型变量 num;定义整型变量 sum,并赋初始值为 0,用来计算累加和;先执行 for 语句的表达式 1,执行局部循环变量 num 的初始化;再进行条件表达式的判断,判断 num 是否小于 100,如果判断条件成立,则进入到循环体,再执行 for 语句的表达式 2,进行 num 的加 2 操作;再次判断条件表达式是否成立,如果成立,再次执行循环体和表达式 2;如果不成立,则执行循环体后面的语句。

### 4. foreach 语句

foreach 语句特别适合对集合对象的读取操作。可以使用该语句逐个读取集合中的元素。语法如下所示。

```
foreach(数据类型 变量 in 集合名)
{
    循环体;
}
```

其中,数据类型和变量是用来定义循环变量的;数据类型应该和 in 后面的集合类型一致;变量是一个只读类型的局部变量,在循环体内不能试图改变它的值;变量能够自动获取集合中每一个元素的值,直到集合中所有元素都遍历完毕为止,结束 foreach 循环。

例如,计算一个整型数组的元素之和。代码如下所示。

```
int [] a={1,2,3,4,5,6,7,8,9,10};
int sum=0;
foreach(int num in a)
{
    sum+=num;
}
```

代码中,定义一个整型数组 a,里面存储的是 1 到 10 之间的整数;通过 foreach 循环,整型变量 num 可以自动获取数组 a 中的每一个整数值,进行和的累加。

## 2.6.2  能力目标

掌握 while 语句、do...while 语句和 for 语句的使用方法。

## 2.6.3  任务驱动

计算某一整数区间的整数之和、之积和能被 3 整除的数。

（1）任务的主要内容

- 定义整型变量 min 和 max，通过键盘给 min 和 max 赋值。
- 使用 while 语句计算 min 和 max 之间所有整数之和。
- 使用 do...while 语句计算 min 和 max 之间所有整数的乘积。
- 使用 for 语句求出 min 和 max 之间所有能被 3 整除的整数。

（2）任务的代码模板

将下列 Program.cs 中的【代码】替换为程序代码。程序运行效果如图 2.17 所示。

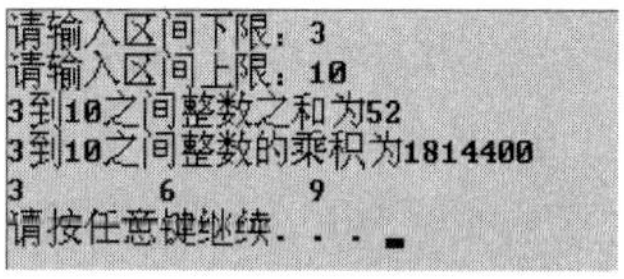

**Program.cs 代码**

图 2.17  循环语句的演示

```csharp
using System;
namespace Example2_7
{
    class Program
    {
        static void Main(string[] args)
        {
            int min, max;
            int num;
            int sum=0;
            Console.Write("请输入区间下限：");
            min=【代码 1】;                     //获取用户为 min 输入的值
            Console.Write("请输入区间上限：");
            max=Convert.ToInt32(Console.ReadLine());
            num=min;
            while (【代码 2】)                 //判断 num 的值是否小于等于 max
            {
                sum+=num;
                num++;
            }
            Console.WriteLine("{0}到{1}之间整数之和为{2}",min,max,sum);
            【代码 3】;             //再次为 num 赋值
            【代码 4】;             //再次为 sum 赋值，来计算 min 和 max 之间整数的乘积
            do
            {
                sum *=num;
                num++;
            } while (num<=max);
            Console.WriteLine("{0}到{1}之间整数的乘积为{2}", min, max, sum);
```

```
        for (num=min; num<=max;num++)
        {
            if(【代码 5】)                    //判断 num 是否能被 3 整除
            {
                Console.Write(num+"\t");
            }
        }
        Console.WriteLine();
    }
  }
}
```

(3) 任务小结或知识扩展

- 整型变量 num 值,为其赋值 min,通过 num 的++运算,增加到 max。
- while 语句执行完毕后,需要重新为 num 赋值 min,否则会导致程序结果错误。
- 求和时,为 sum 变量赋值 0;求乘积时,为 sum 变量赋值 1。
- do…while 语句必须使用分号表示结束。
- while 语句和 do…while 语句的区别在于 while 语句是先判断条件表达式是否成立,而 do…while 语句是后判断条件表达式是否成立。也就是说 while 语句如果条件表达式不成立,则一次循环也不执行,而 do…while 语句至少会执行一次。
- while 语句、do…while 语句和 for 语句是可以交换使用的。

(4) 代码模板的参考答案

【代码 1】: Convert.ToInt32(Console.ReadLine())
【代码 2】: num<=max
【代码 3】: num=min
【代码 4】: sum=1
【代码 5】: num%3==0

### 2.6.4 实践环节

(1) 使用 while 语句编写程序:有一分数序列 1/2,2/3,3/5,4/8,…,求出这个分数序列的前 10 项之和。

(2) 使用 do…while 语句编写程序:打印 1 到 100 之间所有素数之和。

(3) 使用 for 语句编写程序:求 Sn=a+aa+aaa+…+aa…a 的值,其中 a 是一个数字,aa…a 表示 n 个 a,a 和 n 由键盘输入。

# 2.7 跳 出 语 句

## 2.7.1 核心知识

在条件语句和循环语句中,程序的执行都是按照条件表达式的结果是否成立来进行的,但是在实际应用中,有时需要使用跳出语句来配合程序的执行。在 C#中常用三种跳出语句:break、continue 和 return 语句。

### 1. break 语句

break 语句的功能是跳出最近的封闭 switch、while、do...while、for 和 foreach 语句。

在 switch 语句中,break 语句的作用是跳出 switch 语句结构。在循环语句中,break 语句的作用是使程序终止当前循环。其语法格式为:

```
break;
```

在 while 循环结构使用 break 语句的程序结构如下所示。

```
while(条件表达式 1)
{
    ...
    if(条件表达式 2)
    {
        ...
        break;
    }
    ...
}
```

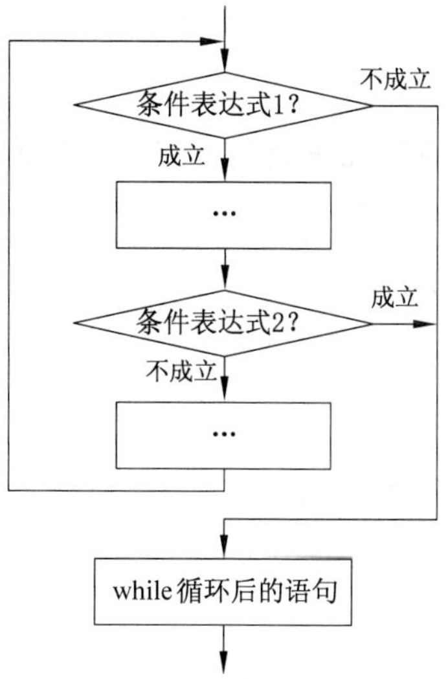

对应的程序流程图如图 2.18 所示。

从流程图可以看出,当条件表达式 2 成立时,就会执行 break 语句,结束 while 循环语句。在 do... while、for 和 foreach 循环语句中使用 break 的方法和 while 语句是相似的。

图 2.18　使用 break 语句的 while 循环语句流程图

### 2. continue 语句

continue 语句的作用是结束本次循环而强制执行下一次循环。和 break 语句不同,continue 语句不是终止整个循环,而是仅仅终止当前循环。其语法格式为:

```
continue;
```

在 while 循环结构使用 continue 语句的程序结构如下所示。

```
while(条件表达式 1)
{
    ...
    if(条件表达式 2)
    {
        ...
        continue;
    }
    ...
}
```

对应的程序流程图如图 2.19 所示。

从流程图可以看出,当条件表达式 2 成立时,就会执行 continue 语句,结束本次循环,进行下一次循环的判断。

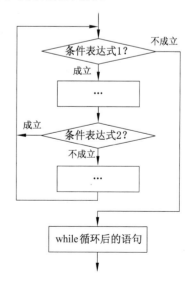

图 2.19　使用 continue 语句的 while 循环语句流程图

在 do…while、for 和 foreach 循环语句中使用 continue 的方法和 while 语句是相似的。

### 3. return 语句

return 语句的功能是将控制返回到出现 return 语句的函数成员的调用方。其语法格式为：

```
return [表达式];
```

其中，表达式为可选项，如果该函数的返回值类型不为 null，则 return 语句必须使用表达式返回这个类型的值，否则 return 语句后面不能使用表达式。

## 2.7.2  能力目标

掌握 break 和 continue 语句的使用方法。

## 2.7.3  任务驱动

**任务 1**：使用 break 语句实现判断一个整数是否为素数。

（1）任务的主要内容

- 定义整型变量 input，从键盘上为 input 赋值。
- 使用 while 循环判断 input 是否为素数。

（2）任务的代码模板

将下列 Program.cs 中的【代码】替换为程序代码。程序运行效果如图 2.20 所示。

图 2.20  判断整数是否为素数

**Program.cs 代码**

```
using System;
namespace Example2_8
{
    class Program
    {
        static void Main(string[] args)
        {
            int input;
            int sqrt;
            int i;
            Console.Write("请输入正整数:");
            input=Convert.ToInt32(Console.ReadLine());
            sqrt=【代码 1】;                //计算 input 的平均值
            i=2;
            while (i<=sqrt)
            {
                if (【代码 2】)               //判断 input 是否能被 i 整除
                {
                    【代码 3】;               //跳出 while 循环
                }
                i++;
            }
```

```
        if (【代码 4】)                    //判断 i 是否等于 sqrt+1
        {
            Console.WriteLine("{0}是素数",input);
        }
        else
        {
            Console.WriteLine("{0}不是素数", input);
        }
    }
  }
}
```

（3）任务小结或知识扩展

- 判断 input 输入的数据是否为素数，就是在 $2-input^{1/2}$ 的整数区间内，让 input 跟该区间内的每一个整数相除，如果找到一个能整除的，则说明不是素数，否则为素数。
- 在 System 命名空间下，定义了一个静态类 Math，本任务中使用了类中的一个静态方法 Sqrt 计算平方值。

（4）代码模板的参考答案

【代码 1】: (int)Math.Sqrt(input)
【代码 2】: input%i==0
【代码 3】: break
【代码 4】: i==sqrt+1

**任务 2**：从键盘上接收一行字符串，然后显示该字符串中字母和数字首次出现的位置。

（1）任务的主要内容

- 定义字符串变量 str，从键盘上为 str 赋值。
- 使用 while 循环使程序能够反复执行，直到输入 quit 为止。
- 使用 for 循环对字符串进行遍历，查找字母和数字的首次出现位置。

（2）任务的代码模板

将下列 Program.cs 中的【代码】替换为程序代码。程序运行效果如图 2.21 所示。

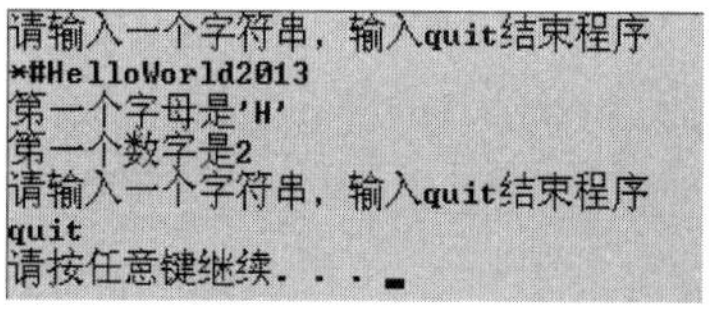

```
请输入一个字符串，输入quit结束程序
*#HelloWorld2013
第一个字母是'H'
第一个数字是2
请输入一个字符串，输入quit结束程序
quit
请按任意键继续. . .
```

图 2.21　查找字符串中首次出现的
字母和数字

**Program.cs 代码**

```
using System;
namespace Example2_9
{
    class Program
    {
        static void Main(string[] args)
        {
            string str;
            int letterIndex=-1;
            int digitIndex=-1;
            bool checkLetter=true;
            bool checkDigit=true;
            while (true)
            {
```

```
        Console.WriteLine("请输入一个字符串,输入 quit 结束程序");
        str=Console.ReadLine();
        if (str.Length==0)
            【代码 1】;                    //结束本次循环,进行下一次循环的判断
        if (str.Equals("quit"))
            【代码 2】;                    //结束 while 循环
        for (int i=0; i<str.Length; i++)
        {
            if (!checkLetter && !checkDigit)
                【代码 3】;                //跳出 for 循环,首字母和首数字查找完毕
            if (checkLetter)
            {
                if(char.IsLetter(str[i]))
                {
                    letterIndex=i;
                    checkLetter=false;
                }
            }
            if(checkDigit)
            {
                if(char.IsDigit(str[i]))
                {
                    digitIndex=i;
                    checkDigit=false;
                }
            }
        }
        if(letterIndex>-1)
        {
            Console.WriteLine("第一个字母是'{0}'",str[letterIndex]);
        }
        else
        {
            Console.WriteLine("不包含字母");
        }
        if(digitIndex>-1)
        {
            Console.WriteLine("第一个数字是{0}",str[digitIndex]);
        }
        else
        {
            Console.WriteLine("不包含数字");
        }
        }
    }
  }
}
```

（3）任务小结或知识扩展

- char 类型的静态方法 IsLetter 的功能是判断字符是否是字母,如果是字母,返回 true;否则返回 false。
- char 类型的静态方法 IsDigit 的功能是判断字符是否是数字,如果是数字,返回

true;否则返回 false。

- 程序中,while 循环的条件表达式写的是 true,表示恒成立的条件,只要循环体中代码在某种情况成立时,能够执行 break 或 return 跳出语句,这便是允许的,不会出现死循环的情况。
- bool 型变量 checkLetter 和 checkDigit 的作用是判断是否查找到首字母和首数字。

(4) 代码模板的参考答案

【代码 1】: continue
【代码 2】: break
【代码 3】: break

## 2.7.4　实践环节

(1) 根据任务 2 进行修改,统计用户输入的字符串中字母、数字和其他字符的个数。

(2) 求 1000 以内的所有"完数"。"完数"是指一个数恰好等于它的所有因子之和。例如,6 是完数,因为 $6＝1＋2＋3$。

# 2.8　异常处理语句

## 2.8.1　核心知识

程序编写过程中,错误是不可避免的。根据错误出现的阶段,通常可以将错误分为三种:编译时错误、运行时错误和结果错误。

- 编译时错误:指程序中语法的书写错误,在编译阶段就不会通过。
- 运行时错误:指编译通过了,但是在运行过程中程序报错。运行时错误是由于与用户交互等可变情况下,程序设计考虑不周全导致的。
- 结果错误:指编译和执行都没有错误,但是程序得到的结果却是不正确的。这是程序设计逻辑上的问题导致的。

异常处理是处理运行时出错的一种解决手段。

### 1. try...catch 语句

在 try 块中任何语句所产生的异常,都会执行 catch 块中的语句来处理异常。其语法格式如下所示。

```
try
{
    语句序列;
}
catch(异常类型　标识符)
{
    异常处理;
}
```

当程序执行正常的时候,执行 try 块内的程序。如果 try 块中出现了异常,程序马上跳转到 catch 块执行。

在 catch 后面的小括号中,可以指定异常类型和标识符,就相当于声明了一个异常变量。如果不需要定义异常变量,catch 后面可以不加小括号。

一个 try 块后至少跟一个 catch 块,也可以跟多个 catch 块。

### 2. try...catch...finally 语句

如果 try 后面有 finally 块,无论 try 块是否出现异常,finally 块总会最后被执行。一般在 finally 块中做释放资源的操作,如关闭打开的文件,关闭与数据库的连接等。其语法格式如下所示。

```
try
{
    语句序列;
}
catch(异常类型   标识符)
{
    异常处理;
}
finally
{
    语句序列;
}
```

### 3. throw 语句

有时候在程序中出现异常,不一定要立即把它显示出来,而是想把这个异常抛出并让相应的程序进行处理,这时可以使用 throw 语句。其语法格式如下所示。

```
throw 表达式;
```

### 2.8.2  能力目标

掌握 try...catch 语句的使用方法。

### 2.8.3  任务驱动

制作简易版计算器,引入异常处理模块。

(1) 任务的主要内容

• 定义 double 类型变量 x 和 y,从键盘上为 x 和 y 赋值。

• 定义 char 类型变量 oper,从键盘上为 oper 赋值。

• 根据用户为 oper 输入的+、-、×和/运算符,x 和 y 进行运算。

• 当进行除法运算时,如果被除数为 0,则进行异常处理。

(2) 任务的代码模板

将下列 Program.cs 中的【代码】替换为程序代码。程序运行效果如图 2.22 所示。

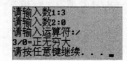

**Program.cs 代码**

图 2.22  try...catch 语句块的演示

```
using System;
```

```
namespace Example2_10
{
    class Program
    {
        static void Main(string[] args)
        {
            double x, y;
            char oper;
            Console.Write("请输入数 1:");
            x=【代码 1】;                              //获得键盘输入的运算值
            Console.Write("请输入数 2:");
            y=Convert.ToDouble(Console.ReadLine());
            Console.Write("请输入运算符:");
            oper=【代码 2】;                           //获得键盘输入的运算符
            switch (oper)
            {
                case'+':
                    Console.WriteLine("{0}{1}{2}={3}", x, oper, y, x+y);
                    break;
                case '-':
                    Console.WriteLine("{0}{1}{2}={3}", x, oper, y, x-y);
                    break;
                case '*':
                    Console.WriteLine("{0}{1}{2}={3}", x, oper, y, x*y);
                    break;
                case '/':
                    try
                    {
                        Console.WriteLine("{0}{1}{2}={3}", x, oper, y, x/y);
                    }
                    catch (DivideByZeroException e)
                    {
                        Console.WriteLine(【代码 3】);     //打印异常信息
                    }
                    break;
                default:
                    Console.WriteLine("输入运算符不正确");
                    break;
            }
        }
    }
}
```

（3）任务小结或知识扩展

• 【代码 1】和【代码 2】使用了 Convert 类的两个静态方法 ToDouble 和 ToChar 进行类型的转换。

• C♯ 中的 System.Exception 类是所有异常类的父类。

• C♯ 中异常类分为两大类：系统预定义异常类（System.SystemException）和用户自

定义异常类(System. ApplicationException)。

- 本任务的 catch 块中,定义了系统预定义类 DivideByZeroException 对象 e,每个异常类都有一个 Message 属性表示异常信息。
- 常用的从 System. SystemException 类派生的预定义异常类如表 2.2 所示。

表 2.2　派生自 System. SystemException 类的常用预定义异常类

| 预定义异常类 | 说　明 |
| --- | --- |
| System. IO. IOException | 发生 I/O 错误时引发的异常 |
| System. IndexOutOfRangeException | 试图访问索引超出数组界限的数组元素时引发的异常 |
| System. NullReferenceException | 尝试引用空对象时引发的异常 |
| System. OutOfMemoryException | 没有足够的内存继续执行程序时引发的异常 |

- 如果用户想在程序中定义自己的异常类,将要定义从 System. ApplicationException 类继承的异常类,本书不做详细讲解。

(4) 代码模板的参考答案

【代码 1】: Convert.ToDouble(Console.ReadLine())
【代码 2】: Convert.ToChar(Console.ReadLine())
【代码 3】: e.Message

## 2.8.4　实践环节

分析下面的程序片段。

```
try
{
    int m=0;
    //int n=2/m;
    int[ ] myInt=new int[ ] {1, 2, 3, 4, 5};
    System.Console.WriteLine(myInt[5]);
}
catch (IndexOutOfRangeException ie)
{
    System.Console.WriteLine(ie.Message);
}
catch
{
    System.Console.WriteLine("发生异常");
}
finally
{
    System.Console.WriteLine("结束");
}
```

由于 myInt 数组长度为 5,当访问数组的下标为 5 时,表示第 6 个元素,此时会抛出 IndexOutOfRangeException 异常。如果把第四行代码的注释去掉,则会因为除数为 0,抛出 DivideByZeroException 异常。而程序中没有与之相匹配的 catch 语句,因此会被没有参数的 catch 块捕获。

无论 try...catch 块是如何执行的,最后的 finally 块都会被执行。

# 2.9　小　　结

- C# 中数据类型分为:值类型和引用类型。值类型的变量直接包含值。引用类型的变量通常被称为对象,其存储的是实际数据所在内存块的地址引用,而非具体的值。
- 由于不同类型的数据占用的内容存储空间不同,在进行混合运算时,需要将不同类型的数据转换为统一的数据类型。有三种方式进行类型转换:隐式转换、显式转换和使用系统提供的方法进行转换。
- 字符串类型是引用类型。
- 值类型到 object 类型的隐式转换称为装箱。从 object 类型到值类型的显式转换称为拆箱。
- 当分支个数小于 4 时通常使用 if 语句。当分支个数较多时通常使用 switch 语句。
- 循环语句有四种:while、do...while、for 和 foreach 语句。
- 使用 break、continue 和 return 语句可以跳出条件语句和循环语句。
- 通过使用异常处理语句可以处理程序的运行时错误。

# 习　题　2

**一、填空题**

1. 在 C# 中,数据类型可以分为_____和_____。

2. 定义枚举类型时需要使用的关键字是_____。

3. 数据类型转换类 Convert 是在_____命名空间里定义的。

4. 程序设计分为顺序结构、_____和_____。

5. continue 在循环语句中的作用是_____。

**二、选择题**

1. short 型数据占 2 个字节,ushort 类型数据的取值范围为(　　)。

    A. 0～255　　　　B. 0～32767　　　　C. 0～65535　　　　D. 0～2147483647

2. 下面正确的字符常量是(　　)。

    A. "c"　　　　B. "\\"　　　　C. '\"'　　　　D. '\Z'

3. 字符串类型变量用于分割的方法是(　　)。

    A. Compare　　　B. Replace　　　C. Trim　　　D. Split

4. 已知 int x=3,y=4,z=5,执行下面语句后 x、y 和 z 的值是(　　)。

```
if(x>y)  z=x;else x=y; y=z;
```

    A. x=3,y=4,z=5　　　　　　　　　　B. x=3,y=5,z=5

C. x＝4,y＝5,z＝5 　　　　　　　　D. x＝5,y＝4,z＝3

5. 若 i 为整型变量,则下面循环执行的次数是(　　)。

```
for(i=5;i==0;) Console.WriteLine(i--);
```

A. 无限次　　　　　B. 0 次　　　　　C. 1 次　　　　　D. 5 次

### 三、简答题

1. C♯ 中值类型和引用类型的区别是什么?

2. 简述 C♯ 中不同类型之间的转换方式。

3. 简述异常处理的方式。

# 第 3 章

# C♯语言进阶

- 类和对象；
- 属性；
- 数组和索引器；
- 方法重载；
- 方法的参数类型；
- 构造函数和析构函数；
- 静态类、静态成员；
- 继承；
- 接口。

C♯语言是一门面向对象的程序设计语言，面向对象的三大特性是：封装、继承和多态。通过本章的学习，使读者掌握 C♯语言面向对象程序设计的基本概念，如类、对象、属性、索引器和方法等。

## 3.1　类和对象

### 3.1.1　核心知识

C♯中的数据类型根据复杂性可以分成简单数据类型和复杂数据类型。简单数据类型包括 int、char、double 和 float 等系统自带的数据类型。但是在现实世界中，很多事物用简单数据类型表示不方便，比如表示学生信息（包括学号、姓名、性别和年龄）。此时在 C♯中可以使用"类"这种复杂数据类型来表示。类可以理解为是用户自定义的数据类型。

使用关键字 class 来定义类，一般形式如下所示。

```
[类的访问修饰符]class 类名
{
    类成员；
}
```

说明：

- 类的访问修饰符表示类的访问级别，体现了封装性。类的访问级别有两种：public 和 internal。如果使用 public 表示任何其他代码都可以使用该类来创建对象；如果使用 internal 则表示只能在同一个项目中使用该类来创建对象。默认的访问修饰符为 internal。
- 类名必须遵循合法的 C# 命名规则，通常单词的首字母大写。
- "类成员"包括类中所有的数据以及对数据的操作，如字段、属性、方法和构造函数等。

### 1. 定义类的成员字段

字段是类的成员之一，用来表示类所具有的状态，也被称为成员变量。定义字段和之前定义变量的方式是相似的。语法格式如下所示。

[字段的访问修饰符] 数据类型 字段名;

说明：

- 字段的访问修饰符表示字段的访问级别。C# 常用的访问修饰符如表 3.1 所示。

表 3.1　C# 常用的访问修饰符

| 修饰符名称 | 访问说明 |
| --- | --- |
| public(公有的) | 访问不受限制 |
| protected(受保护的) | 访问仅限于当前类及当前类的派生类 |
| internal(内部的) | 访问仅限于当前的程序集(项目) |
| private(私有的) | 访问仅限于当前类的内部 |
| partial(部分的) | 类的定义和实现可以分布在多个 cs 文件中 |

- 在类中，将字段声明为 protected 或 private，就能实现字段成员隐藏，防止在类定义外非法访问类中的字段成员；当字段成员被定义为 public 时，类外也能实现对类的字段成员的访问。默认的字段访问修饰符为 private，表示只能在类的内部使用。
- 数据类型可以是简单数据类型，也可以是复杂数据类型。
- 字段名必须遵循合法的 C# 命名规则，通常第一个单词的首字母小写，以后每个单词首字母大写。

例如，定义一个学生类，包含学号、姓名、性别和年龄字段。

```
class Student
{
    public string sno;                    //公有学号字段
    protected string sname;               //受保护姓名字段
    private char gender;                   //私有性别字段
    int age;                               //私有年龄字段,默认访问修饰符
}
```

### 2. 定义类的成员方法

方法也是类的成员之一，用来表示类所具有的动作行为。定义方法的语法格式如下所示。

```
[方法的访问修饰符] 返回值类型 方法名([形参列表])
{
    方法体；
    [return 返回值;]
}
```

**说明：**

- 方法的访问修饰符表示方法的访问级别。和字段的访问修饰符一样，包括 public、protected、internal 和 private。默认的访问修饰符也是 private。
- 返回值类型表示方法执行完毕后，返回数据的类型。如果方法没有返回值，则用关键字 void 表示。如果方法有返回值，则方法的返回值类型必须和返回值的类型一致，例如 int、float、double、char 等简单数据类型，或者其他类复杂数据类型。
- 方法名必须遵循合法的 C♯ 命名规则，通常单词的首字母大写。
- 形参列表是一个方法执行所需要的参数，即接收调用方法时传递给方法的数据值。每个参数都是由参数类型和参数名组成的。多个参数之间用逗号分开。形参列表是可选项，如果不需要形参，则用空的小括号表示即可。
- 方法体表示方法完成任务需要经过的步骤。
- 如果方法执行完毕后有返回值，则方法中必须包含 return 语句。return 关键字后面跟方法的返回值，可以是常量、变量或表达式。

例如，定义一个学生类，包括学习、运动、考试等行为，可以定义相应的方法来表示。

```
class Student
{
    public void Learning(string cname)
    {
        Console.WriteLine("学习了{0}课程",cname);
    }
    protected void Sporting()
    {
        Console.WriteLine("运动中...");
    }
    private int Examing(string cname , int grade)
    {
        int score;
        ...
        return score;
    }
}
```

**说明：**

- Learning 方法的访问修饰符为 public，表示公有的；使用 void 关键字表示没有返回值；形参列表中包含一个形参，表示需要知道课程名称。
- Sporting 方法的访问修饰符为 protected，表示受保护的；形参列表为空，表示方法的执行不需要参数。
- Examing 方法的访问修饰符为 private，表示私有的；因为方法执行完毕后，会执行 return 语句返回整型成绩，因此方法返回值类型为 int 型；形参列表包含课程名和学分两个参数。

### 3. 对象的定义和访问对象成员

类表示的是一种用户根据需要自定义的数据类型。这种数据类型的使用和简单数据类型是不一样的。不能直接定义变量,而需要使用关键字 new 来创建对象。格式如下所示。

```
类名 对象名=new 类名();
```

例如,实例化一个学生类对象:

```
Student stu=new Student();
```

创建对象的目的是要通过对象来访问类的成员。访问对象的成员需要使用成员运算符"."。格式如下所示。

```
对象名.字段名= 数值;
数据类型 变量= 对象名.字段名;
[数据类型 变量= ]对象名.方法名([实参列表]);
```

**说明:**

- 对象名.字段名可以出现在赋值语句的左侧或右侧,出现在赋值语句的左侧表示给字段赋值,出现在赋值语句的右侧表示读取字段值。
- 调用对象的方法时,如果方法有返回值可以定义变量接收返回值。
- 如果方法没有形参列表,则不用传递实参;如果有形参列表,则必须为每一个形参传递实参,实参可以是常量、变量或表达式等。实参和形参要遵循:个数、类型和顺序三方面一致。

例如,访问 stu 学生对象的字段和方法如下所示。

```
stu.sno="1001";
stu.sname="John";
stu.gender='F';
stu.age=20;
stu. Learning("ASP.NET");
stu. Sporting();
int score1=stu. Examing("database",3);
```

## 3.1.2 能力目标

能够根据需要定义类,为类定义不同访问修饰符的字段和方法,并且掌握对象的创建,字段和方法的调用。

## 3.1.3 任务驱动

定义狗类型,在类中定义成员字段表示狗的属性,成员方法表示狗的行为。

(1) 任务的主要内容

- 定义一个 Dog 类。
- 在类中为种类、年龄和颜色定义三个不同访问级别的成员字段。
- 在类中定义公有的、无返回值的、无形参的方法 Input 用于成员字段的赋值。

- 在类中定义公有的、无返回值的、无形参的方法 Output 用于成员字段的输出。
- 在类中定义公有的、无返回值的、带有 string 类型形参的方法 Eating 用于为 Dog 喂食。
- 在 Program 类的主方法 Main 中,实例化 Dog 类对象 dog,分别调用三个方法。

(2) 任务的代码模板

将下列 Program.cs 中的【代码】替换为程序代码。程序运行效果如图 3.1 所示。

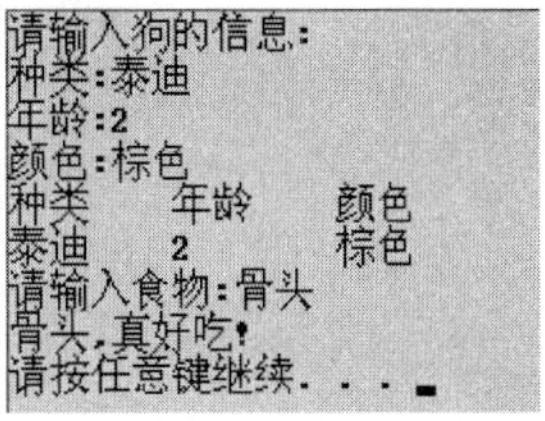

**Program.cs 代码**

```
using System;
namespace Example3_1
{
    【代码 1】                //定义类 Dog
    {
        【代码 2】;          //定义公有的 string 类型变量 type
        【代码 3】;          //定义受保护的 int 类型变量 age
        【代码 4】;          //定义私有的 string 类型变量 color
        public void Input()
        {
            Console.WriteLine("请输入狗的信息:");
            Console.Write("种类:");
            type=Console.ReadLine();
            Console.Write("年龄:");
            age=Convert.ToInt32(Console.ReadLine());
            Console.Write("颜色:");
            color=Console.ReadLine();
        }
        public void Output()
        {
            Console.WriteLine("种类\t 年龄\t 颜色");
            Console.WriteLine(type+"\t"+age+"\t"+color);
        }
        public void Eating(string food)
        {
            Console.WriteLine("{0},真好吃!",food);
        }
    }
    class Program
    {
        static void Main(string[] args)
        {
            string food;
            【代码 5】;          //实例化 Dog 类 dog 对象
            dog.Input();
            dog.Output();
            Console.Write("请输入食物:");
            food=Console.ReadLine();
            【代码 6】;          //调用 Eating 方法,传递实参为 food
        }
    }
}
```

图 3.1  类和对象的使用

（3）任务小结或知识扩展

- 使用 Visual Studio 2008 创建控制台项目时，会自动在 cs 文件中使用 namespace 关键字定义一个和项目名称相同的命名空间。本任务代码的第 2 行，定义了一个名为 Example3_1 的命名空间。

- 使用命名空间可以在逻辑上对类进行有效的划分管理。例如，在同一个项目中，直接定义两个名称为 Computer 的类表示联想和惠普公司的电脑，这是不允许的。但是用户可以先定义两个名称为 Lenovo 和 HP 的命名空间，再将两个 Computer 类放在不同的命名空间中，这是可以的。此时可以用 Lenovo. Computer 表示联想的电脑，HP. Computer 表示惠普的电脑。

- 一个 cs 文件中可以包含多个命名空间，一个命名空间可以出现在多个 cs 文件中。

- 一个命名空间中可以包含多个类，而一个类只能属于一个命名空间。本任务中，在 Example3_1 命名空间中，包含了 Dog 和 Program 两个类。Dog 类是用户自定义的数据类型，Program 类中包含了程序的入口函数 Main。一个控制台项目中，有且仅有一个主函数。

- 在 Dog 类中分别使用 public、protected 和 private 三个不同级别的访问修饰符定义字段，在 Program 类的主函数中，通过成员运算符只能直接访问公有的字段 type。

- Dog 类的 Eating 方法的形参名为 food，而 Program 类中调用 Eating 时，实参名也为 food，这是允许的。因为两个变量所在的类是不同的。但是一般情况下，为了增强程序的可读性，不建议实参和形参名称相同。

- 根据变量定义的位置，变量可以分为成员变量和局部变量。当变量直接定义在类的内部时，称为成员变量，其作用域是整个类，比如任务中的 type、age 和 color 变量。当变量定义在某个方法中时，称为局部变量，其作用域仅是当前方法，比如任务中的 food 变量。

（4）代码模板的参考答案

```
【代码 1】: class Dog
【代码 2】: public string type
【代码 3】: protected int age
【代码 4】: private string color
【代码 5】: Dog dog=new Dog()
【代码 6】: dog.Eating(food)
```

## 3.1.4 实践环节

（1）定义一个 Book 类表示图书信息，Book 类中字段包含编号（string bid）、名称（string bname）、作者（string author）和价格（double price），访问修饰符均设置为 private。

（2）在 Book 类中定义公有的输入（Input）和输出（Output）图书信息的方法。

（3）在 Program 类的 Main 方法中实例化 Book 类对象 book，分别调用 Input 和 Output 方法。

# 3.2　属　　性

由上一小节可知,在类定义的外部,不允许对私有的(private)和受保护的(protected)字段进行访问。在 C♯ 中,可以使用属性来实现对此类受限制字段的间接访问。

属性使用 get 和 set 访问器实现对字段的读和写操作。语法格式如下所示。

```
访问修饰符 类型 属性名
{
    get
    {
        return 字段名;
    }
    set
    {
        字段名 = value;
    }
}
```

说明:

- 属性的访问修饰符表示属性的访问级别。可以使用 public、protected、private 等,但是为了能够给其他类使用,通常使用 public 修饰符。
- 类型必须和所对应字段的数据类型一致。
- 为了增加可读性,属性名通常是将对应字段的首字母改成大写即可。
- get 访问器又被称为读访问器,通过 return 语句,实现对字段的间接读操作。get 访问器中必须包含"return 字段名;"语句。
- set 访问器又被称为写访问器,通过"字段名＝value;"实现对字段的间接写操作。value 关键字能够自动获取用户为属性所赋的值,将其间接传递给对应的字段。
- 根据属性所包含访问器的个数,属性可以分为三种:读写属性(get/set)、只读属性(get)和只写属性(set)。
- 属性的访问和访问类的公有成员字段是一样的,也是通过成员运算符"."进行访问。

例如,定义 Student 类,包含学号(sno)、姓名(sname)和成绩(score)三个私有字段,分别为学号字段定义读写属性,姓名定义只读属性,成绩定义只写属性,代码如下所示。

```
class Student
{
    private string sno;
    public string Sno
    {
        get
        {
            return sno;
        }
        set
        {
```

```
                sno=value;
            }
        }
        private string sname="zhangsan";
        public string Sname
        {
            get
            {
                return sname;
            }
        }
        private int score;
        public int Score
        {
            set
            {
                if(value>=0 && value<=100)
                {
                    score=value;
                }
            }
        }
    }
}
```

## 3.2.2 能力目标

能够根据需要为类中的私有字段定义公有的属性,并能访问属性。

## 3.2.3 任务驱动

管理图书信息问题。

(1) 任务的主要内容

• 定义图书 Book 类。

• 在 Book 类中定义私有的编号(string bid)、名称(string bname)、作者(string author)、价格(double price)和图书馆(string library)成员字段。

• 为 bid 字段定义读写属性,并判断赋值长度是否为 4。

• 为 bname 和 author 字段定义读写属性。

• 为 price 字段定义读写属性,并判断赋值是否大于 0。

• 为 library 字段定义只读属性。

• 在 Program 类的主函数 Main 中,实例化 Book 类对象 book,并对属性进行读写操作。

(2) 任务的代码模板

将下列 Program.cs 中的【代码】替换为程序代码。程序运行效果如图 3.2 所示。

图 3.2 属性的定义和使用

**Program. cs 代码**

```
using System;
namespace Example3_2
{
    class Book
    {
        string bid;
        【代码 1】                       //为 bid 字段定义属性
        {
            get
            {
                return bid;
            }
            set
            {
                if (【代码 2】)           //判断赋值是否长度为 4
                {
                    bid=value;
                }
                else
                {
                    bid=null;
                }
            }
        }
        string bname;
        public string Bname
        {
            get
            {
                return bname;
            }
            set
            {
                bname=value;
            }
        }
        string author;
        public string Author
        {
            get
            {
                return author;
            }
            set
            {
                author=value;
            }
        }
        double price;
```

```
        public double Price
        {
            get
            {
                return price;
            }
            set
            {
                if (【代码 3】)                    //判断赋值是否大于 0
                {
                    price=value;
                }
                else
                {
                    price=0.0;
                    Console.WriteLine("价格应该大于 0");
                }
            }
        }
        private string library="市图书馆";
        public string Library
        {
            get
            {
                return library;
            }
        }
    }
    class Program
    {
        static void Main(string[] args)
        {
            Book book=new Book();
            Console.Write("编号:");
            book.Bid=Console.ReadLine();
            Console.Write("书名:");
            book.Bname=Console.ReadLine();
            Console.Write("作者:");
            book.Author=Console.ReadLine();
            Console.Write("价格:");
            try
            {
                book.Price=Convert.ToDouble(Console.ReadLine());
            }
            【代码 4】                            //捕获异常
            {
                Console.WriteLine("价格应为数值");
                【代码 5】;                        //结束主函数
            }
            if (book.Bid !=null)
            {
```

```
            Console.WriteLine(book.Bid+"\t"+book.Bname+"\t"+book.Author+"\t"+
                            book.Price+"\t"+book.Library);
        }
        else
        {
            Console.WriteLine("编号长度应为 4");
        }
    }
  }
}
```

（3）任务小结或知识扩展

- get 和 set 访问器中可以包含程序控制语句，比如任务中的 if...else 语句。
- library 字段的 Library 属性为只读属性。当字段值不需要改变时，使用只读属性。
- 主函数中使用 try...catch 语句，解决用户价格格式错误的问题。当输入的不是数值时，Convert.ToDouble 语句会抛出异常，跳转到 catch 语句捕获异常。

（4）代码模板的参考答案

```
【代码 1】: public string Bid
【代码 2】: value.Length==4
【代码 3】: value>0.0
【代码 4】: catch
【代码 5】: return
```

### 3.2.4 实践环节

（1）定义一个 Course 类表示课程信息，Course 类中包含编号（string bid）、名称（string cname）、教师（string teacher）、学分（int grade）成员字段，访问修饰符均设置为 private。

（2）在 Book 类中为字段定义公有的读写属性。

（3）在 Program 类的 Main 方法中实例化 Course 类对象 course，调用属性间接读写成员字段值。

# 3.3　数组和索引器

### 3.3.1 核心知识

#### 1. 数组的定义和使用

C♯ 中数组和对象的定义是一样的，需要使用关键字 new 来动态实例化数组。语法格式如下所示。

数据类型[] 数组名=new 数据类型[长度];

例如，定义长度为 5 的整型数组 arr1。

```
int[] arr1=new int[5];
```

当数组中包含元素不多时，且初始元素值是已知的，也可以使用静态初始化的方法。语法格式如下所示。

数据类型 [] 数组名={元素 1, 元素 2, ⋯ , 元素 n};

例如,定义长度为 5 的整数数组 arr2,并赋初始值为 1,2,3,4,5。

```
int[] arr2={1, 2, 3, 4, 5};
```

例如,在类中定义和访问数组的方式如下所示。

```
class A
{
    public int[] arr=new int[5];
}
class Program
{
    static void Main(string[] args)
    {
        A a=new A();
        for (int i=0; i<a.arr.Length; i++)
        {
            a.arr[i]=i+1;
        }
        foreach (int num in a.arr)
        {
            Console.Write(num+"\t");
        }
        Console.WriteLine();
    }
}
```

**说明:**

- 在类 A 中定义一个公有的长度为 5 的整型数组。
- 在 Program 的 Main 函数中,实例化 A 类对象 a。在 for 循环中,通过成员运算符实现对数组 arr 的操作。
- 通过 foreach 循环实现对 arr 数组的读取操作比较方便。因为 foreach 不需要知道数组的长度,能够自动实现对数组的遍历。

### 2. 索引器

索引器提供了对类中数组元素直接访问的功能。即如果类中定义了数组,则可以为该类定义索引器,这个类的实例对象就可以使用数组元素访问运算符“[]”对数组元素进行访问。

索引器的定义和属性是相似的,也是由 get 和 set 访问器组成。语法格式如下所示。

```
访问修饰符 数据类型 this [形参列表]            //形参列表通常为 int index
{
    get
    {
        return 数组名[index];                //假设形参为 int index
    }
```

```
    set
    {
        数组名[index]=value;
    }
}
```

**说明：**

- 访问修饰符可以是 public、protected 和 private 等。为了给其他类使用，通常使用 public 访问修饰符。
- 数据类型要和类中所对应的数组的数据类型一致。
- 索引器的名称是固定的，使用关键字 this 表示，this 表示当前类。
- this 后面紧跟着使用中括号，中括号里面的写法和方法的形参列表写法相似，可以定义若干个各种类型参数。通常定义 int 型参数，表示数组的元素下标。index 变量名是可以任意命名的。
- get 访问器用于返回指定下标的数组元素。
- set 访问器用于为指定下标的数组元素赋值。
- 一个类中可以定义多个索引器，区别是形参列表的参数个数、类型和顺序不同。当调用索引器时，能自动根据传递的实参调用对应的索引器。

例如，在类中定义数组和索引器的方式如下所示。

```
class A
{
    int[] arr=new int[5];
    public int this[int index]
    {
        get
        {
            return arr[index];
        }
        set
        {
            arr[index]=value;
        }
    }
}
class Program
{
    static void Main(string[] args)
    {
        A a=new A();
        for (int i=0; i<5; i++)
        {
            a[i]=i+1;
        }
        for (int i=0; i<5; i++)
        {
            Console.Write(a[i]+"\t");
```

```
        }
        Console.WriteLine();
    }
}
```

说明：

- 在类 A 中定义了长度为 5 的 int 型数组 arr。
- 因为数组 arr 为 int 型，所以索引器必须为 int 型。
- 索引器的形参为 int index，表示 arr 数组元素的下标。
- 索引器为读写索引器：get 访问器根据数组下标 index 读取数组元素；set 访问器根据数组下标 index 设置数组元素。
- 在 Program 类中定义 A 类对象 a，使用索引器分别对数组 arr 进行读写。

### 3.3.2  能力目标

在类中定义数组，并为数组定义不同形参的索引器，同时掌握索引器的调用。

### 3.3.3  任务驱动

相册存储照片的问题。

（1）任务的主要内容

- 定义照片 Photo 类，在类中定义私有字段 string title 表示照片名称，为该字段定义公有的读写属性。
- 定义相册 Album 类，在类中定义长度为 3，类型为 Photo 的数组 photo，用来存储照片。
- 在 Album 类中定义两个索引器：第一个读写索引器的形参为 int index，用来表示照片数组下标；第二个只读索引器的形参为 string_title，用来表示查找照片的名称。
- 在 Program 类的 Main 函数中定义 Album 类对象 album；定义三个照片 Photo 对象 p1、p2 和 p3，并赋值；调用形参为 int 型的读写索引器分别存储和读取三个照片对象；根据用户输入的照片名称，调用形参为 string 型的读索引器判读该名称照片是否存在。

（2）任务的代码模板

将下列 Program.cs 中的【代码】替换为程序代码。程序运行效果如图 3.3 所示。

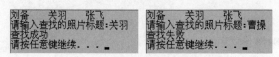

图 3.3  数组和索引器的使用

**Program. cs 代码**

```
using System;
namespace Example3_3
{
    class Photo
```

```
{
    string title;
    【代码 1】              //为 title 字段定义属性
    {
        get {return title;}
        set {title=value;}
    }
}
class Album
{
    【代码 2】;              //定义长度为 3,类型为 Photo 的数组 photo,用来存储照片
    public Photo this[int index]
    {
        get
        {
            return photo[index];
        }
        set
        {
            photo[index]=value;
        }
    }
    public Photo this[string_title]
    {
        get
        {
            foreach (Photo p in photo)
            {
                if (p.Title==_title)
                {
                    return p;
                }
            }
            return null;
        }
    }
}
class Program
{
    static void Main(string[] args)
    {
        Album album=new Album();
        Photo p1=new Photo();
        p1.Title="刘备";
        album[0]=p1;
        Photo p2=new Photo();
        p2.Title="关羽";
        album[1]=p2;
        Photo p3=new Photo();
        p3.Title="张飞";
        【代码 3】;      //将 p3 使用形参为 int 型的索引器存储到 album 对象的 photo 数组
```

```
        for (int i=0; i<3; i++)
        {
            Console.Write(【代码 4】+"\t"); //使用 int 型索引器读取 album 的 photo 数组
        }
        Console.Write("\n 请输入查找的照片标题:");
        string title=Console.ReadLine();
        if (【代码 5】)        //使用 string 型索引器判断查找名称的照片对象是否为 null
        {
            Console.WriteLine("查找成功");
        }
        else
        {
            Console.WriteLine("查找失败");
        }
    }
  }
}
```

（3）任务小结或知识扩展

- 数组类型可以为其他类的复杂类型，比如本任务的 Album 类中定义了 Photo 类型的数组。
- Album 类中定义了两个形参类型不同的索引器。调用索引器时能够根据实参的类型自动寻找对应的索引器执行。
- 第二个形参为 string_title 类型的索引器为只读索引器，通过 foreach 循环对 arr 数组进行遍历，判断指定名称照片是否存在。如果存在返回照片对象，否则返回 null。
- Program 类的 Main 函数中定义了三个 Photo 对象，并通过照片对象的 Title 属性为私有的 title 字段赋值和读取值。
- 传递实参为 int 类型时，自动调用 Album 类的 int 型索引器实现对数组 photo 的读写操作。
- 传递实参为 string 类型时，自动调用 Album 类的 string 型索引器实现对数组 photo 的读操作。
- 在 C♯ 的系统类中，定义了大量的索引器，读者一定要掌握索引的定义和调用方式。后续章节将使用系统类的索引器。

（4）代码模板的参考答案

【代码 1】: public string Title
【代码 2】: Photo[] photo=new Photo[3]
【代码 3】: album[2]=p3
【代码 4】: album[i].Title
【代码 5】: album[title]!=null

## 3.3.4 实践环节

班级和学生的问题。

（1）定义学生类 Student,在类中定义两个私有的字段 string sname、int age 为两个字段定义公有的读写属性。

（2）定义班级类 BanJi，在类中定义长度为 3 的 Student 类型数组 stu，用来存储学生信息。

（3）在 BanJi 类中定义两个索引器：第一个读写索引器的形参为 int index，用来表示学生数组下标；第二个只读索引器的形参为 string sname，用来表示查找学生的名称。

（4）在 Program 类的 Main 函数中实例化 BanJi 类对象 bj；定义三个学生 Photo 对象 s1、s2 和 s3，并赋值；调用形参为 int 型的读写索引器分别存储和读取三个学生对象；根据用户输入的学生姓名，调用形参为 string 型的读索引器判读该姓名学生是否存在。

# 3.4  方法重载

## 3.4.1  核心知识

在同一个类中可以包含多个方法名称相同，但方法参数的类型、个数和顺序不同的方法，被称为方法的重载。方法重载是面向对象多态性的一个体现。

例如，类 A 的定义如下所示。

```
class A
{
    void Show(){...}
    void Show(int age){...}
    void Show(string sname){...}
    void Show(int age, string sname){...}
    void Show(string sname, int age){...}
    //void Show(int height) {...}          //错误，不能在参数名称上体现重载
    //int Show(){...}                      //错误，不能在方法返回值上体现重载
}
```

**说明：**

- 类 A 中定义了 5 个名为 Show 的方法，这是允许的。因为 5 个方法的形参列表的参数类型、个数和顺序不同：第一个方法没有形参；第二个方法为 int 型形参；第三个方法为 string 型形参；第四个方法为 int 型和 string 型形参；第五个方法为 string 型和 int 型形参。
- 方法的重载不能在参数名称和方法返回值上体现。
- 在调用方法时根据传递的实参的类型、个数和顺序不同，能够自动找到匹配的方法进行调用执行。

## 3.4.2  能力目标

根据方法形参的类型、个数和顺序不同实现方法的重载。

## 3.4.3  任务驱动

在学生类中定义 5 个不同行为的 Show 方法。

（1）任务的主要内容

- 定义学生类 Student。

- 在类中定义 5 个名为 Show 的方法,实现方法的重载。
- 在 Program 类的 Main 函数中,传递不同的实参调用 5 个 Show 方法。

(2) 任务的代码模板

将下列 Program.cs 中的【代码】替换为程序代码。程序运行效果如图 3.4 所示。

**Program.cs 代码**

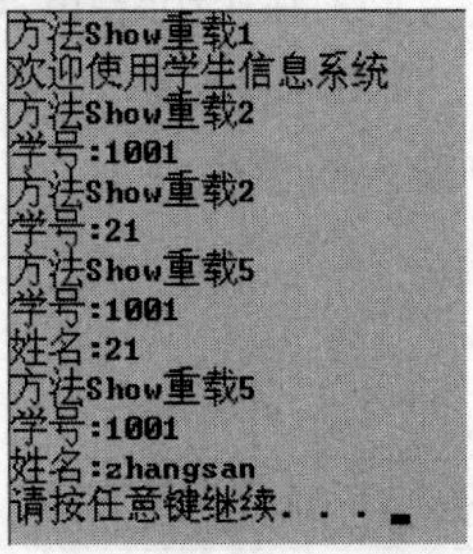

```
using System;
namespace Example3_4
{
    class Student
    {
        public void Show()
        {
            Console.WriteLine("方法 Show 重载 1");
            Console.WriteLine("欢迎使用学生信息系统");
        }
        public void Show(string sno)
        {
            Console.WriteLine("方法 Show 重载 2");
            Console.WriteLine("学号:{0}", sno);
        }
        public void Show(int age)
        {
            Console.WriteLine("方法 Show 重载 3");
            Console.WriteLine("年龄:{0}", age);
        }
        public void Show(string sno, int age)
        {
            Console.WriteLine("方法 Show 重载 4");
            Console.WriteLine("学号:{0}", sno);
            Console.WriteLine("年龄:{0}", age);
        }
        public void Show(string sno, string sname)
        {
            Console.WriteLine("方法 Show 重载 5");
            Console.WriteLine("学号:{0}", sno);
            Console.WriteLine("姓名:{0}", sname);
        }
    }
    class Program
    {
        static void Main(string[] args)
        {
            Student stu=new Student();
            【代码1】;            //无实参传递调用 Show 方法
            【代码2】;            //传递实参为字符串"1001"调用 Show 方法
            【代码3】;            //传递实参为整数 21 调用 Show 方法
            【代码4】;            //传递实参为字符串"1001"和整数 21 调用 Show 方法
            【代码5】;            //传递实参为字符串"1001"和"zhangsan"调用 Show 方法
        }
```

图 3.4　方法重载实例

```
        }
    }
```

（3）任务小结或知识扩展

使用方法的重载可以使程序简洁清晰，是让类以统一的方式处理不同类型数据的一种手段。方法重载的规范如下：

- 方法名一定要相同。
- 方法的形参列表必须不同。如果参数个数不同，就不管它的参数类型了；如果参数个数相同，那么参数的类型或参数顺序必须不同。
- 方法的返回值类型、修饰符、参数名可以相同，也可以不同。

（4）代码模板的参考答案

【代码 1】: stu.Show()
【代码 2】: stu.Show("1001")
【代码 3】: stu.Show(21)
【代码 4】: stu.Show("1001", 21)
【代码 5】: stu.Show("1001", "zhangsan")

### 3.4.4  实践环节

（1）阅读下面各组方法，判断哪些是方法的重载。

① void Show(int); void Show(string);

② void Show(int); void Show(int, int);

③ void Show(int, string); void Show(string, int);

④ void Show(int); int Show(int);

（2）定义计算类 Calculate，使用方法重载在类中定义 Add 方法，分别实现两个 int 型数值、两个 double 型数值、两个 string 型数值的相加运算。在 Program 类的主函数 Main 中实例化 Calculate 对象，传递不同的实参调用 Add 方法。

# 3.5  方法的参数类型

### 3.5.1  核心知识

C# 中方法的形参类型有以下四种：值类型参数、引用类型参数、输出型参数和数组型参数。

**1. 值类型参数**

值类型参数的定义和变量的定义是相同的，在数据类型后直接跟参数名即可，本书目前为止定义的带参数的方法都是值类型参数。

当调用使用值类型参数的方法时，编译器会将实参的值做一个副本，并把副本传递给该方法的形参，也就是说此时实参和形参是两个独立的内存单元，所以形参值的变化不会影响到实参的值。

例如，通过两个整数交换的例子理解值类型参数的特点。

```
class Program
{
    static void Swap(int x, int y)
    {
        int temp;
        Console.WriteLine("交换前:x={0},y={1}", x, y);
        temp=x;
        x=y;
        y=temp;
        Console.WriteLine("交换后:x={0},y={1}",x,y);
    }
    static void Main(string[] args)
    {
        int a=3, b=4;
        Console.WriteLine("交换前:a={0},b={1}", a, b);
        Swap(a, b);
        Console.WriteLine("交换后:a={0},b={1}", a, b);
    }
}
```

```
交换前:a=3,b=4
交换前:x=3,y=4
交换后:x=4,y=3
交换后:a=3,b=4
请按任意键继续. . . ▄
```

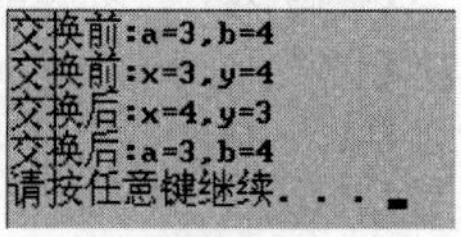

图 3.5   值类型参数实例

程序结果如图 3.5 所示。

**说明**：因为 Swap 方法的两个参数 x 和 y 是值类型参数，所以主函数 Main 中 a 和 b 两个实参是将副本值传递给了 x 和 y，在 Swap 中进行 x 和 y 值的交换，不影响实参 a 和 b 的值。

### 2. 引用类型参数

和值类型参数传递的是实参值的副本不同，引用类型参数传递的是实参的首地址，即实参和形参共享相同的内存单元。对于引用类型参数，如果被调用的方法中形参的值发生变化，则对应实参的值也会发生变化。

作为引用类型参数，在定义和调用方法时，需要在形参和实参前面加关键字 ref。

例如，再次通过两个整数交换的例子理解引用类型参数的特点。

```
class Program
{
    static void Swap(ref int x,ref int y)
    {
        int temp;
        Console.WriteLine("交换前:x={0},y={1}", x, y);
        temp=x;
        x=y;
        y=temp;
        Console.WriteLine("交换后:x={0},y={1}", x, y);
    }
    static void Main(string[] args)
    {
        int a=3, b=4;
        Console.WriteLine("交换前:a={0},b={1}", a, b);
        Swap(ref a, ref b);
        Console.WriteLine("交换后:a={0},b={1}", a, b);
```

```
        }
    }
```

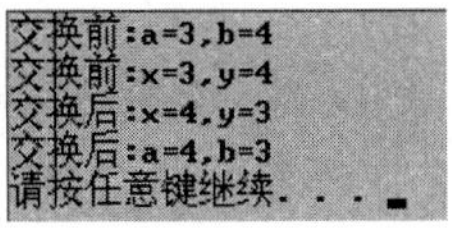

图 3.6　引用类型参数实例

程序结果如图 3.6 所示。

说明：因为 Swap 方法的两个参数 x 和 y 前面加个关键字 ref 是引用类型参数，所以主函数 Main 中 a 和 b 两个实参是将首地址传递给了 x 和 y，也就是说此时 x 和 a 对应的是同一个内存单元，y 和 b 对应的是同一个内存单元，在 Swap 中进行 x 和 y 值的交换的同时，实参 a 和 b 的值也发生交换。

### 3. 输出型参数

方法通过 return 语句只能返回一个值。而当方法需要有多个返回值时，则可以使用 out 关键字来定义输出型参数，通过方法的参数来返回多个值。

输出型参数从内存分配上看，与引用类型参数相似，也是实参给形参传递的首地址，形参和实参共享相同的内存单元。

作为输出型参数，在定义和调用方法时，需要在形参和实参前面加关键字 out。

例如，通过计算矩形的周长和面积的例子理解输出型参数的特点。

```
class Program
{
    static void Calc(int x, int y, out int_circum, out int_area)
    {
        _circum=2 * (x+y);
        _area=x * y;
    }
    static void Main(string[] args)
    {
        int a=3, b=4;
        int circum, area;
        Calc(a, b, out circum, out area);
        Console.WriteLine("矩形的周长为{0},面积为{1}",circum,area);
    }
}
```

程序结果如图 3.7 所示。

图 3.7　输出型参数实例

### 4. 数组型参数

当方法的形参个数无法确定时，就可以使用数组型参数。数组型参数就是在参数前面加关键字 params。

使用数组型参数时，params 关键字之后不允许再有其他参数，并且一个方法只能有一个数组型参数。

调用数组型参数有以下两种方式。

- 多个实参可以与形参数组对应，将多个实参的值赋给形参的数组元素。
- 如果有一个实参数组与形参数组对应，则实参数组中的所有元素值会传递给形参数组元素。

例如，通过计算若干个元素平均值的例子理解数组型参数的特点。

```
class Program
{
    static double Average(params int[] arr)
    {
        int sum=0;
        foreach (int a in arr)
        {
            sum+=a;
        }
        return (double)sum/arr.Length;
    }
    static void Main(string[] args)
    {
        Console.WriteLine(Average(1, 2, 3, 4, 5, 6, 7, 8, 9, 10));
        int[] a={1, 2, 3, 4, 5, 6, 7, 8, 9, 10};
        Console.WriteLine(Average(a));
    }
}
```

程序结果如图 3.8 所示。

```
若干个元素的平均值为:5.5
数组元素的平均值为:5.5
请按任意键继续．．．
```

图 3.8　数组型参数实例

## 3.5.2　能力目标

定义四种形式的参数的方法,并进行方法的调用。

## 3.5.3　任务驱动

分别使用四种形式的参数。

(1) 任务的主要内容

- 定义学生类 Student,包括 sname 成员字段和对应的读写属性。
- 在 Program 类中定义静态方法 AddOne,根据参数类型的不同实现重载。
- 定义静态方法 Calc,通过输出型参数传递出四则运算的值。
- 定义静态方法 Show,通过数组型参数接收多个 Student 类型实参。
- 在 Main 函数中分别调用上述方法。

(2) 任务的代码模板

将下列 Program.cs 中的【代码】替换为程序代码。程序运行效果如图 3.9 所示。

```
值传递后,a=3
引用传递后,a=4
4+4=8
4-4=0
4*4=16
4/4=1
学生:唐僧
学生:孙悟空
学生:猪八戒
请按任意键继续．．．
```

图 3.9　四种类型参数的使用

**Program.cs 代码**

```
using System;
namespace Example3_5
{
    class Student
    {
        string sname;
        public string Sname
        {
            get {return sname;}
            set {sname=value;}
```

```
            }
    }
class Program
{
    static void AddOne(int x)
    {
        x++;
    }
    static void AddOne(ref int x)
    {
        x++;
    }
    static void Calc(int x,int y,out int sum,out int sub,out int multi,out int div)
    {
        sum=x+y;
        sub=x-y;
        multi=x*y;
        if (y!=0)
        {
            div=x/y;
        }
        else
        {
            div=-999;
        }
    }
    static void Show(params Student[] arr)
    {
        foreach (Student stu in arr)
        {
            Console.WriteLine("学生:{0}",stu.Sname);
        }
    }
    static void Main(string[] args)
    {
        int a=3, b=4;
        【代码 1】;        //使用值传递,调用 AddOne 方法
        Console.WriteLine("值传递后,a={0}", a);
        【代码 2】;        //使用引用传递,调用 AddOne 方法
        Console.WriteLine("引用传递后,a={0}", a);
        int jia, jian, cheng, chu;
        【代码 3】;        //调用 Calc 方法,jia、jian、cheng、chu 四个变量作为输出型实参
        Console.WriteLine("{0}+{1}={2}", a, b, jia);
        Console.WriteLine("{0}-{1}={2}", a, b, jian);
        Console.WriteLine("{0}*{1}={2}", a, b, cheng);
        if (chu !=-999)
        {
            Console.WriteLine("{0}/{1}={2}", a, b, chu);
        }
        else
        {
```

```
            Console.WriteLine("分母为零,不能做除法运算");
        }
        Student s1=new Student();
        s1.Sname="唐僧";
        Student s2=new Student();
        s2.Sname="孙悟空";
        Student s3=new Student();
        s3.Sname="猪八戒";
        【代码 4】;                //将 s1、s2 和 s3 作为实参,调用 Show 方法
    }
}
}
```

（3）任务小结或知识扩展

• 为了方便调用,任务中的方法前面都加了关键字 static,表示该方法是静态方法。如果在类的内部调用静态方法,直接写方法名即可;如果在类的外部调用静态方法,则直接通过"类名. 静态方法名"调用即可。

• 任务中定义了两个名为 AddOne 的方法,通过关键字 ref 实现了方法重载。

• 值类型参数对应的实参必须赋初值。

• 引用类型参数对应的实参必须赋初值。

• 输出型参数对应的实参不用赋初值,但是方法中必须为输出型参数赋值。

• 如果形参为其他类类型,则实参给形参传递的是对象的首地址,即形参发生变化实参也跟着发生变化。

（4）代码模板的参考答案

【代码 1】: AddOne(a)
【代码 2】: AddOne(ref a)
【代码 3】: Calc(a, b, out jia, out jian, out cheng, out chu)
【代码 4】: Show(s1, s2, s3)

## 3.5.4 实践环节

阅读下面的程序,指出方法所用参数的类型并写出程序的输出结果。注意 UseParams2 的数组型参数的类型。

```
class Program
{
    static void UseParams1(params int[] list)
    {
        foreach (int i in list)
        {
            Console.WriteLine(i);
        }
    }
    static void UseParams2(params object[] list)
    {
        foreach (object i in list)
        {
```

```
            Console.WriteLine(i.ToString());
        }
    }
    static void Main(string[] args)
    {
        UseParams1(3, 4, 5);
        UseParams2(1,1.1, 'a', "hello");
    }
}
```

# 3.6　构造函数和析构函数

构造函数是类的特殊方法,通常用来初始化对象的成员字段,这是因为在创建对象时,构造函数会被自动执行。语法格式如下所示。

```
class 类名
{
    访问修饰符 类名([形参列表])
    {
        ...
    }
}
```

其中:

- 访问修饰符通常为 public,用 protected、private 修饰符可能导致无法实例化。
- 构造函数的名称与类名是相同的。
- 形参列表是可选项,通过形参列表的个数、类型和顺序的不同,可以实现构造函数的重载。
- 如果没有显式地定义构造函数,C# 编译器会自动调用默认的构造函数,形式为"类名(){}"。提供默认构造函数的目的是为了保证能够在使用对象前,先对未初始化的非静态类成员进行初始化工作,即将非静态成员初始化为下面的值。对于数值型,如 int、double 等,初始值为 0;对于 bool 类型,初始值为 false;对于引用类型,初始值为 null。
- 构造函数不能包含返回值。

例如,使用构造函数初始化 Rectangle 类中的宽度 width 和高度 height 字段,代码如下所示。

```
class Rectangle
{
    int width,height;
    public Rectangle()
    {
        width=0;
        height=0;
```

```
        }
        public Rectangle(int_width, int_height)
        {
            width=_width;
            height=_height;
        }
    }
```

说明：

- 类 Rectangle 中定义了两个字段 width 和 height。
- 构造函数重载了两次，实例化 Rectangle 对象时，会根据传递参数的情况，自动调用对应的构造函数，例如，Rectangle rect1＝new Rectangle();会调用无参数的构造函数；Rectangle rect2＝new Rectangle(3，4);会调用带参数的构造函数。

析构函数与构造函数是相对的，构造函数是用于初始化成员字段的，而析构函数的用途是完成内存清理。

在类中仅能有一个析构函数。程序员对于什么时候调用析构函数没有控制权，.NET框架会自动运行析构函数，销毁在内存中的过期对象。

析构函数的名字与类名相同，只不过前面加一个前缀"～"。语法格式为：

```
class 类名
{
    ~ 类名()
    {
        ...
    }
}
```

### 3.6.2  能力目标

能够根据需要定义具有不同形参的构造函数，并能够在实例化对象时，根据实参列表调用不同的构造函数。掌握析构函数的定义方式。

### 3.6.3  任务驱动

在面积类中计算圆形和矩形的面积。

（1）任务的主要内容

- 定义一个面积类 Area。
- 在类中定义三个私有字段：radius、width 和 height 表示圆半径、矩形宽度和高度。
- 定义两个构造函数实现圆半径的初始化和矩形宽度、高度的初始化。
- 定义析构函数，输出语句"析构函数被执行"。
- 定义方法 CircleArea 和 RectArea 计算圆面积和矩形面积。
- 在 Program 类的主函数 Main 中，实例化两个 Area 类对象 ca 和 ra，调用不同的构造函数，并调用相应计算面积的方法。

（2）任务的代码模板

将下列 Program.cs 中的【代码】替换为程序代码。程序运行效果如图 3.10 所示。

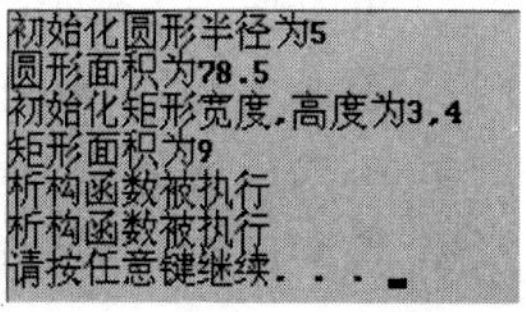

**Program.cs 代码**

```
初始化圆形半径为5
圆形面积为78.5
初始化矩形宽度,高度为3,4
矩形面积为9
析构函数被执行
析构函数被执行
请按任意键继续. . .
```

图 3.10  构造函数和析构
函数的使用

```
using System;
namespace Example3_6
{
    class Area
    {
        double radius;
        const double PI=3.14;
        double width, height;
        【代码 1】                    //定义形参为 double _radius 的构造函数
        {
            radius=_radius;
            Console.WriteLine("初始化圆形半径为{0}",_radius);
        }
        【代码 2】                    //定义形参为 double _width, double _height 的构造函数
        {
            width=_width;
            height=_width;
            Console.WriteLine("初始化矩形宽度、高度为{0},{1}",_width,_height);
        }
        【代码 3】                    //定义析构函数
        {
            Console.WriteLine("析构函数被执行");
        }
        public double CircleArea()
        {
            return PI * radius * radius;
        }
        public double RectArea()
        {
            return width * height;
        }
    }
    class Program
    {
        static void Main(string[] args)
        {
            【代码 4】;                              //创建 Area 类对象 ca,传递实参为 5
            Console.WriteLine("圆形面积为{0}",ca.CircleArea());
            【代码 5】;                              //创建 Area 类对象 ra,传递实参为 3,4
            Console.WriteLine("矩形面积为{0}", ra.RectArea());
        }
    }
}
```

（3）任务小结或知识扩展

• 通常使用 public 来修饰构造函数，以便在其他函数中可以创建该类的实例。但是也可以使用 private 创建私有构造函数。通常在只包含静态成员的类中定义私有的构造函数,用来阻止该类被实例化。
- 析构函数前面不能加访问修饰符。
- 析构函数不能加形参。

(4) 代码模板的参考答案

【代码 1】: public Area(double_radius)
【代码 2】: public Area(double_width, double_height)
【代码 3】: ~ Area()
【代码 4】: Area ca=new Area(5)
【代码 5】: Area ra=new Area(3, 4)

### 3.6.4　实践环节

完成下面给出的程序,它能让用户实现以下任务。

(1) 定义三个构造函数分别初始化年,年、月或年、月和日。

(2) 显示当前日期,如图 3.11 所示。

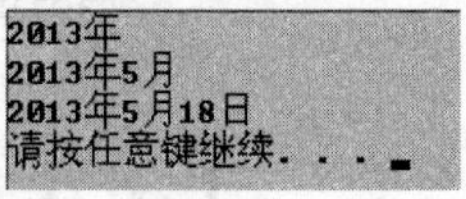

```
2013年
2013年5月
2013年5月18日
请按任意键继续. . . _
```

图 3.11　程序运行结果

```
class Date
{
    int year;
    int month;
    int day;
}
class Program
{
    static void Main(string[] args)
    {
        Date d1=new Date(2013);
        d1.Show();
        Date d2=new Date(2013,5);
        d2.Show();
        Date d3=new Date(2013,5,18);
        d3.Show();
    }
}
```

# 3.7　静态类和静态成员

### 3.7.1　核心知识

在类前面添加关键字 static 修饰符时,则该类被称为静态类。对于静态类,不用实例化对象就可以访问类中的成员字段和成员方法。语法格式如下所示。

```
static class 类名
{
    访问修饰符 static 数据类型 字段名;
```

```
访问修饰符 static 返回值类型 方法名 (形参列表)
{
    ...
    }
}
```

**说明：**

- 静态类中所有字段和方法必须也添加 static 关键字，定义为静态成员。
- 静态类不能被实例化。
- 静态类不能包含构造函数。但可以声明不带访问修饰符、无参数的静态构造函数用以进行成员字段的初始化。
- 当一个类会经常被调用时，可以考虑将该类定义为静态类。

普通类中也可以具有静态成员，例如，在变量、方法和属性前面加个 static 关键字，就可以定义为静态变量、静态方法和静态属性等，反之称为实例变量、实例方法和实例属性。

例如：

```
class Circle
{
    private double radius;              //非静态成员字段
    private static double area;         //静态成员字段
}
```

使用时，静态成员直接"类名.静态成员名"即可，例如 Circle.area＝0.0。

而实例成员只有创建了类对象才能通过"对象名.实例成员名"调用，例如 Circle c＝new Circle()；c.radius＝3.0。

## 3.7.2　能力目标

在类中定义静态字段和方法，掌握调用的方式。

## 3.7.3　任务驱动

设计一个商品管理的程序。

（1）任务的主要内容

- 定义一个商品类 Product。
- 定义静态和非静态成员字段：种类、编号、名称和价格。
- 显式定义类中构造函数，实现字段的初始化。
- 定义方法 Show 用于显示非静态成员字段的信息。
- 定义方法 GetQuantity 返回商品的种类。
- 在 Program 类的主函数 Main 中，实例化不同的商品对象并显示信息。
- 输出商品的种类数量。

（2）任务的代码模板

将下列 Program.cs 中的【代码】替换为程序代码。程序运行效果如图 3.12 所示。

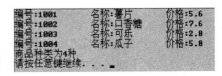

图 3.12　静态成员的使用

**Program. cs 代码**

```
using System;
namespace Example3_7
{
    class Product
    {
        【代码 1】    int quantity;                      //定义静态字段
        int pid;
        string pname;
        double price;
        public Product(int_pid, string_pname, double_price)
        {
            quantity++;
            pid=_pid;
            pname=_pname;
            price=_price;
        }
        public void Show()
        {
            Console.Write("编号:{0}\t", pid);
            Console.Write("名称:{0}\t", pname);
            Console.Write("价格:{0}\n", price);
        }
        public【代码 2】int GetQuantity()            //定义静态方法
        {
            【代码 3】;                                //返回 quantity 值
        }
    }
    class Program
    {
        static void Main(string[] args)
        {
            Product p1=new Product(1001, "薯片", 5.6);
            p1.Show();
            Product p2=new Product(1002, "口香糖", 7.6);
            p2.Show();
            Product p3=new Product(1003, "可乐", 2.8);
            p3.Show();
            Product p4=new Product(1004, "瓜子", 5.8);
            p4.Show();
            Console.WriteLine("商品种类为{0}种",【代码 4】);
            //调用静态方法 GetQuantity
        }
    }
}
```

（3）任务小结或知识扩展

- 静态类中要求所有成员都是静态的；反过来，如果类中成员是静态的，类可以不是静态的。

- 类的静态变量是被该类的所有对象所共用的,即是所有对象共享该变量。表示商品种类的 quantity 字段被定义为静态字段,所以被四个商品对象所共享,每次实例化商品对象时,构造函数中的 quantity 静态变量都是在现有数值上加 1。
- 静态方法只能访问类的静态成员字段,而不能访问类的非静态成员字段。
- 非静态方法可以访问类的静态成员字段,也可以访问类的非静态成员字段。
- 静态成员在效率上要比实例成员高,不能自动进行销毁,会长期占用内存空间,而实例成员则可以自动销毁。
- C# 的系统类中定义了大量的静态成员提供给程序员使用,比如常用的 Console 类中 ReadLine、Write 和 WriteLine 方法等都是静态成员。

（4）代码模板的参考答案

【代码 1】: static
【代码 2】: static
【代码 3】: return quantity
【代码 4】: Product.GetQuantity()

## 3.7.4　实践环节

本任务中通过 Product 类的静态字段 quantity 来表示商品种类。如果不允许使用静态字段来表示商品数量,请修改程序实现。

# 3.8　继　　承

## 3.8.1　核心知识

继承就是在现有类的基础上定义新的类,使新类能够继承现有类的部分成员,从而提高程序的复用性和开发效率。

在继承中,现有类被称为父类（或基类）,通过继承已有类而产生的新类被称为子类（或派生类）。在 C# 中,用冒号“:”表示继承。语法格式如下所示。

```
class 父类
{
    ...
}
class 子类: 父类
{
    ...
}
```

说明:

- C# 中一个子类只能继承自一个父类,不支持多继承。
- 子类将拥有父类除构造函数和析构函数以外的所有非私有成员。

例如,定义一个动物类 Animal 和一个子类 Dog 类,代码如下:

```
class Animal
```

```
{
    public void Eating()
    {
        ...
    }
}
class Dog: Animal
{
    private void Guarding()
    {
        ...
    }
}
```

此时子类 Dog 继承自父类 Animal，Animal 类中的公有方法 Eating 会被子类 Dog 继承，同时子类中定义了私有的方法 Guarding。

### 3.8.2　能力目标

掌握父类、子类的定义和使用。

### 3.8.3　任务驱动

定义 Person 类、Student 类和 Employee 类实现继承。

（1）任务的主要内容

- 定义一个父类 Person 类。
- 在 Person 类中定义姓名（name）和年龄（age）字段，定义构造函数，定义为字段赋值的方法 GetPersonInfo，定义输出字段值的方法 ShowPersonInfo。
- 定义一个子类 Student 类继承自 Person 类，定义学号（sid）字段，定义构造函数，定义为字段赋值的方法 GetStuInfo，定义输出字段值的方法 ShowStuInfo。
- 定义一个子类 Employee 类继承自 Person 类，定义员工号（eid）字段，定义构造函数，定义为字段赋值的方法 GetEmpInfo，定义输出字段值的方法 ShowEmpInfo。
- 在 Program 类中分别实例化 Student 对象和 Employee 对象，调用相应方法进行字段的赋值和输出。

（2）任务的代码模板

将下列 Program.cs 中的【代码】替换为程序代码。程序运行效果如图 3.13 所示。

**Program.cs 代码**

```
using System;
namespace Example3_8
{
    class Person
    {
        public string name;
        protected int age;
        public Person()
```

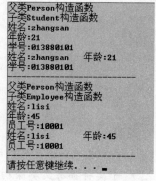

图 3.13　继承的使用

```
    {
        Console.WriteLine("父类 Person 构造函数");
    }
    protected void GetPersonInfo()
    {
        Console.Write("姓名:");
        name=Console.ReadLine();
        Console.Write("年龄:");
        age=Convert.ToInt32(Console.ReadLine());
    }
    protected void ShowPersonInfo()
    {
        Console.WriteLine("姓名:{0}\t 年龄:{1}", name, age);
    }
}
class Student: Person
{
    public string sid;
    public Student()
    {
        Console.WriteLine("子类 Student 构造函数");
    }
    public void GetStuInfo()
    {
        GetPersonInfo();
        Console.Write("学号:");
        sid=Console.ReadLine();
    }
    public void ShowStuInfo()
    {
        ShowPersonInfo();
        Console.WriteLine("学号:{0}", sid);
        Console.WriteLine("-------------------------");
    }
}
class Employee【代码 1】              //继承自 Person 类
{
    public string eid;
    public Employee()
    {
        Console.WriteLine("子类 Employee 构造函数");
    }
    public void GetEmpInfo()
    {
        【代码 2】;                   //调用父类的 GetPersonInfo 方法
        Console.Write("员工号:");
        eid=Console.ReadLine();
    }
    public void ShowEmpInfo()
    {
        【代码 3】;                   //调用父类的 ShowPersonInfo 方法
```

```
        Console.WriteLine("员工号:{0}", eid);
        Console.WriteLine("----------------------------");
        }
    }
    class Program
    {
        static void Main(string[] args)
        {
            Student stu=new Student();
            stu.GetStuInfo();
            stu.ShowStuInfo();
            【代码 4】;                    //实例化 Employee 对象 emp
            【代码 5】;                    //调用 emp 对象的 GetEmpInfo 方法
            【代码 6】;                    //调用 emp 对象的 ShowEmpInfo 方法
        }
    }
}
```

（3）任务小结或知识扩展

• 从程序运行结果可以看出，当实例化子类对象时，先执行父类的构造函数，再执行子类的构造函数。

• 父类中的 age 字段是受保护类型的，所以在子类中是可以直接访问的，而在其他类中是无法访问的。

• 父类中的 GetPersonInfo 和 ShowPersonInfo 方法是受保护类型，在子类中可以直接调用访问，而在其他类中是无法访问的。

（4）代码模板的参考答案

【代码 1】:: Person
【代码 2】: GetPersonInfo()
【代码 3】: ShowPersonInfo()
【代码 4】: Employee emp=new Employee()
【代码 5】: emp.GetEmpInfo()
【代码 6】: emp.ShowEmpInfo()

## 3.8.4 实践环节

（1）有两个类：运动员、足球运动员。运动员包含姓名、生日、性别、身高；足球运动员继承自运动员，并且还具备场上位置、俱乐部、身价三项信息。使用继承实现这两个类并实现每个类的输入和输出功能。

（2）阅读下面程序，给出运行结果。

```
class Person
{
    public Person()
    {
        Console.WriteLine("父类 Person 构造函数");
    }
    ~ Person()
```

```
    {
        Console.WriteLine("父类 Person 析构函数");
    }
}
class Student: Person
{
    public Student()
    {
        Console.WriteLine("子类 Student 构造函数");
    }
    ~ Student()
    {
        Console.WriteLine("子类 Student 析构函数");
    }
}
class Program
{
    static void Main(string[] args)
    {
        Student stu=new Student();
    }
}
```

# 3.9　接　　口

## 3.9.1　核心知识

接口是一种协议,使用接口可以使程序更加清晰和条理化。C♯中使用关键字 interface 来定义接口。语法如下所示。

```
interface 接口名
{
    …
}
```

**说明:**

* 接口名一般用字母 I 开头。
* 接口中只能包含方法、属性、索引器的声明(没有代码实现),不能包含构造函数、字段、常量等,并且不能定义任何静态成员(使用关键字 static 修饰)。
* 接口中的所有成员自动声明为 public 公有的,因此不能再用 public 修饰符声明。
* 接口不能被实例化。
* 类名称的后面使用冒号“:接口名”表示实现接口。
* 类只能继承自一个父类,但可以实现多个接口,多个接口之间用逗号分开。
* 当一个类既继承自父类,又实现接口时,冒号后面先写父类名称,再写接口名称。
* 实现接口的类,必须实现所有接口成员,并且都需要使用 public 修饰符。

例如,有下列代码。

```
interface IMyInterface
{
    void Test();
}
class BaseClass
{
    ...
}
class MyClass: BaseClass, IMyInterface
{
    void Test()
    {
        ...              //方法实现
    }
    ...
}
```

其中，MyClass 类继承自 BaseClass 类，实现 IMyInterface 接口。

### 3.9.2 能力目标

掌握接口的定义、实现和使用。

### 3.9.3 任务驱动

使用接口实现多种打印机调用的问题。

(1) 任务的主要内容

- 编写一个打印机程序，有三种打印机：HP 的、IBM 的和 Lenovo 的。
- 定义一个接口 IPrinter，声明两个方法：Print 打印方法和 PrintView 打印预览方法。
- 定义 HPPrinter、IBMPrinter 和 LenovoPrinter 三个类实现接口。
- 在 Program 类的主函数 Main 中，根据用户的选择，调用相应的打印机。

(2) 任务的代码模板

将下列 Program.cs 中的【代码】替换为程序代码。程序运行
效果如图 3.14 所示。

**Program.cs 代码**

图 3.14　接口的使用

```
using System;
namespace Example3_9
{
    【代码1】IPrinter                        //定义接口 IPrinter
    {
        void Print();
        void PrintView();
    }
    class HPPrinter: IPrinter
    {
        public void Print()
        {
```

```
            Console.WriteLine("HP 打印机");
        }
        public void PrintView()
        {
            Console.WriteLine("打印预览,使用 HP 打印机");
        }
    }
class IBMPrinter: IPrinter
{
    public void Print()
    {
        Console.WriteLine("IBM 打印机");
    }
    public void PrintView()
    {
        Console.WriteLine("打印预览,使用 IBM 打印机");
    }
}
class LenovoPrinter【代码 2】                    //实现接口 IPrinter
{
    【代码 3】                                   //实现接口中的 Print 方法
    {
        Console.WriteLine("Lenovo 打印机");
    }
    【代码 4】                                   //实现接口中的 PrintView 方法
    {
        Console.WriteLine("打印预览,使用 Lenovo 打印机");
    }
}
class Program
{
    static void Main(string[] args)
    {
        Console.WriteLine("请选择打印机");
        string printerName=Console.ReadLine();
        【代码 5】;                              //定义 IPrinter 对象 printer,赋值为 null
        if (printerName.ToUpper()=="HP")
        {
            printer=new HPPrinter();
        }
        else if (printerName.ToUpper()=="IBM")
        {
            printer=new IBMPrinter();
        }
        else
        {
            printer=new LenovoPrinter();
        }
        printer.Print();
        printer.PrintView();
    }
```

```
        }
    }
```

（3）任务小结或知识扩展

根据用户的选择，为接口对象 printer 创建不同的打印机类型，从而增强了程序的扩展性。

（4）代码模板的参考答案

【代码 1】: interface
【代码 2】: IPrinter
【代码 3】: public void Print()
【代码 4】: public void PrintView()
【代码 5】: IPrinter printer=null

## 3.9.4 实践环节

阅读下面的程序，给出运行结果。

```
interface ITest1
{
    int Sum(int x, int y);
}
interface ITest2
{
    string Str
    {
        get;
        set;
    }
}
class ParentClass
{
    public ParentClass()
    {
        Console.WriteLine("父类构造函数");
    }
}
class ChildClass: ParentClass,ITest1,ITest2
{
    string str;
    public string Str
    {
        get
        {
            return str;
        }
        set
        {
            str=value;
        }
    }
    public ChildClass()
    {
```

```
            Console.WriteLine("子类构造函数");
        }
        public ChildClass(string _str)
        {
            str=_str;
        }
        public int Sum(int x, int y)
        {
            return x+y;
        }
    }
class Program
{
    static void Main(string[] args)
    {
        ITest1 it1=new ChildClass();
        Console.WriteLine(it1.Sum(10, 20));
        ITest2 it2=new ChildClass("hello");
        Console.WriteLine(it2.Str);
    }
}
```

# 3.10　小　结

- 封装、继承和多态是面向对象编程的三大原则。封装用于对调用者隐藏不必了解的信息;继承则增加了程序的复用性;多态是指类为名称相同的方法提供不同实现方式的能力。
- 类就是用户自定义的数据类型,用于处理复杂的数值。使用关键字 new 来实例化类的对象,通过成员运算符"."来调用类中的成员。
- 类中成员包括字段、属性、索引器和方法。字段表示类的状态;属性实现对字段的封装;索引器实现对类中数组的封装;方法表示类的行为。
- 通过方法形参列表在个数、类型和顺序上的不同,实现方法的重载。
- 方法的参数分为四种：值类型、引用类型(ref)、输出型(out)和数组型(params)参数。
- 构造函数的作用是实现字段的初始化;析构函数的作用是实现垃圾的回收。
- 通过使用 static 关键字可以定义静态类和静态成员。
- 使用冒号"："实现子类和父类的继承;一个子类只能继承自一个父类。
- 使用关键字 interface 定义接口,接口就是一种协议。一个类可以同时实现多个接口。

# 习　题　3

**一、填空题**

1. 面向对象的三大特性是：_____、_____和_____。

2. 使用关键字_____定义类。

3. 属性的访问器分为_____访问器和_____访问器。

4. C♯中数组的定义分为_____和_____两种方式。

5. 索引器的作用是对象通过数组运算符"[]"实现对类中_____的调用。

6. 方法的重载是形参列表在_____、_____和_____的不同。

7. 构造函数的名称和_____相同。

8. 析构函数的作用是_____。

9. 静态成员的调用是_____。

10. 使用_____实现继承。

## 二、选择题

1. 下列关于构造函数描述不正确的是(　　)。

    A. 构造函数不能有返回值　　　　　B. 构造函数不可以使用 private 修饰

    C. 构造函数必须和类重名　　　　　D. 构造函数也可以实现方法的重载

2. 根据访问器的不同,属性可以分为三种,下列(　　)是不正确的。

    A. 只读属性　　　　B. 只写属性　　　　C. 读写属性　　　　D. 随机属性

3. 表示受保护类型的关键字是(　　)。

    A. public　　　　　B. protected　　　　C. private　　　　D. internal

4. 调用重载的构造函数时,编译器根据(　　)来选择具体的构造函数。

    A. 参数名　　　　　　　　　　　　B. 参数类型

    C. 参数个数、类型和顺序　　　　　D. 访问修饰符

5. 下列关于方法的参数类型说法错误的是(　　)。

    A. 值类型参数的形参和实参是两个独立的内存单元

    B. 引用类型参数的形参和实参对应的是同一个存储单元

    C. 输出型参数在方法中可以不赋值

    D. 数组型参数只能出现在形参列表的最后

## 三、简答题

1. 简述类和对象的关系和区别。

2. 简述访问修饰符的访问范围。

3. 如何实现方法的重载?

4. 简述父类和子类之间的关系。

5. 简述接口的作用。

# 网页制作基础

主要内容

- 超文本标记语言 HTML；
- 层叠样式表 CSS；
- JavaScript 脚本语言；
- HTML 事件处理器。

HTML、CSS 和 JavaScript 三种语言被称为网页制作"三剑客"。HTML 负责网页的内容排版；CSS 负责网页的外观美化；JavaScript 负责在浏览器端和用户发生交互。HTML 事件处理器负责 HTML 标记在浏览器端响应用户的动作和行为。通过本章学习，掌握网页设计的基本功。

## 4.1 HTML

### 4.1.1 核心知识

HTML 是 HyperText Markup Language（超文本标记语言）的缩写，它是构成 Web 页面的主要工具，是用来表示网上信息的符号标记语言。

HTML 是一种用于网页制作的排版语言，是 Web 最基本的构成元素。HTML 并非一种编程语言，而是一种解释性语言，能够被 Web 浏览器直接解释执行。用 HTML 的语法规则建立的文档可以运行在不同操作系统的平台上。

HTML 的编辑环境很简单，任何一台计算机都可以编辑网页。但要看到用户自己设计的网页效果，就需要安装一个浏览器，如 Internet Explorer、Firefox 等。因此，只要计算机能运行某个浏览器，就具备了网页制作的硬件环境。HTML 要求的软件环境更为简单，任何文本编辑器都可以用来制作网页。

#### 1. HTML 文件的组成

HTML 文件由标记和被标记的内容组成。标记（Tag）能产生所需的各种效果。就像一个排版程序，它将网页的内容排成理想的效果。这些标记名称大都为相应的英文单词首字母或缩写，如字母 P 表示 Paragraph（段落），IMG 为 Image（图像）的缩写，很好记忆。各种标记的效果差别很大，但总的表示形式却大同小异，大多数成对出现，格式为

<标记>受标记影响的内容</标记>

**说明：**

- 每个标记都用"<"(小于号)和">"(大于号)围住,如<BODY>、<TABLE>,以表示这是 HTML 标记而非普通文本。注意,"<"与标记名之间不能留有空格或其他字符。
- 在标记名前加上符号"/"便是其结束标记,表示这种标记内容的结束,如</FONT>。标记也有不用</标记>结尾的,称为单标记。
- 标记字母大小写皆可,没有限制。
- 对同一段要标记的内容,可以用多个标记来共同作用,产生一定的效果。此时,各个标记间的顺序也是任意的。

标记只是规定这是什么信息,或是文本,或是图片,但怎样显示或控制这些信息,就需要在标记后面加上相关的属性来表示,每个标记有一系列的属性。标记要通过属性来制作出各种效果。格式为

<标记 属性 1="属性值" 属性 2="属性值"…>
    受影响的内容
</标记>

例如字体标记<FONT>,有属性 size 和 color 等。属性 size 表示文字的大小,属性 color 表示文字的颜色。可表示为

<FONT size="5" color="blue">属性示例 </FONT>

**说明：**

- 并不是所有的标记都有属性,如换行标记<br>就没有。
- 根据需要可以用该标记的所有属性,也可以只用需要的几个属性,在使用时,属性之间没有顺序。多个属性之间用空格隔开。
- 考虑和 XHTML 语言的兼容性,属性值最好用双引号引起来。

常用的文件标记如表 4.1 所示。

表 4.1　文件标记一览表

| 标　记 | 类型 | 名　称 | 作　用 |
|---|---|---|---|
| <HTML> | ● | 文件声明 | 让浏览器知道这是 HTML 文件 |
| <HEAD> | ● | 开头 | 提供文件整体资讯 |
| <TITLE> | ● | 标题 | 定义文件标题,将显示于浏览器顶端 |
| <BODY> | ● | 本文 | 设计文件格式及正文内容所在 |

常用的排版标记如表 4.2 所示。

表 4.2　排版标记一览表

| 标　记 | 类型 | 名　称 | 作　用 |
|---|---|---|---|
| <!－－注解－－> | ○ | 说明标记 | 为文件加上说明,但不被显示 |
| <P> | ○ | 段落标记 | 为字、画、表格等之间留一空白行 |
| <BR> | ○ | 换行标记 | 令字、画、表格等显示于下一行 |
| <HR> | ○ | 水平线 | 插入一条水平线 |
| <CENTER> | ● | 居中 | 令字、画、表格等显示于中间 |
| <DIV> | ● | 分区标记 | 设定字、画、表格等的摆放位置 |

常用的字体标记如表 4.3 所示。

表 4.3 字体标记一览表

| 标 记 | 类型 | 名 称 | 作 用 |
|---|---|---|---|
| <STRONG> | ● | 加重语气 | 产生字体加粗 Bold 的效果 |
| <B> | ● | 粗体标记 | 产生字体加粗的效果 |
| <I> | ● | 斜体标记 | 字体出现斜体效果 |
| <U> | ● | 下划线标记 | 在包含文字下面加下划线 |
| <H1> | ● | 一级标题标记 | 变粗变大加宽,程度与级数成反比 |
| <H2> | ● | 二级标题标记 | 将字体变粗变大加宽 |
| <H3> | ● | 三级标题标记 | 将字体变粗变大加宽 |
| <H4> | ● | 四级标题标记 | 将字体变粗变大加宽 |
| <H5> | ● | 五级标题标记 | 将字体变粗变大加宽 |
| <H6> | ● | 六级标题标记 | 将字体变粗变大加宽 |
| <FONT> | ● | 字形标记 | 设定字形、大小、颜色 |

常用的列表标记如表 4.4 所示。

表 4.4 列表标记一览表

| 标 记 | 类型 | 名 称 | 作 用 |
|---|---|---|---|
| <OL> | ● | 顺序列表 | 列表项目将以数字、字母顺序排列 |
| <UL> | ● | 无序列表 | 列表项目将以圆点排列 |
| <LI> | ○ | 列表项目 | 每一标记标示一项列表项目 |
| <MENU> | ○ | 菜单列表 | 列表项目将以圆点排列,如<UL> |
| <DIR> | ○ | 目录列表 | 列表项目将以圆点排列,如<UL> |

常用的表格标记如表 4.5 所示。

表 4.5 表格标记一览表

| 标 记 | 类型 | 名 称 | 作 用 |
|---|---|---|---|
| <TABLE> | ● | 表格标记 | 设定该表格的各项参数 |
| <CAPTION> | ● | 表格标题 | 做成一打通列以填入表格标题 |
| <TR> | ● | 表格行 | 设定该表格的行 |
| <TD> | ● | 表格栏 | 设定该表格的栏 |
| <TH> | ● | 表格标头 | 相等于<TD>,但其内之字体会变粗 |

常用的表单标记如表 4.6 所示。

表 4.6 表单标记一览表

| 标 记 | 类型 | 名 称 | 作 用 |
|---|---|---|---|
| <FORM> | ● | 表单标记 | 决定单一表单的运作模式 |
| <TEXTAREA> | ● | 文字区块 | 提供文字方盒以输入较大量文字 |
| <INPUT> | ○ | 输入标记 | 决定输入形式 |
| <SELECT> | ● | 选择标记 | 建立 pop-up 卷动清单 |
| <OPTION> | ○ | 选项 | 每一标记标示一个选项 |

常用的其他标记如表 4.7 所示。

表 4.7 其他标记一览表

| 标　记 | 类型 | 名　称 | 作　用 |
|---|---|---|---|
| <IMG> | ○ | 图形标记 | 用以插入图形及设定图形属性 |
| <A> | ● | 链接标记 | 加入链接 |
| <FRAMESET> | ● | 框架设定 | 设定框架 |
| <FRAME> | ○ | 框窗设定 | 设定框窗 |
| <IFRAME> | ○ | 页内框架 | 于网页中间插入框架 |
| <BGSOUND> | ○ | 背景声音 | 于背景播放声音或音乐 |
| <EMBED> | ○ | 多媒体 | 加入声音、音乐或影像 |
| <MARQUEE> | ● | 走动文字 | 令文字左右走动 |
| <BLINK> | ● | 闪烁文字 | 闪烁文字 |
| <META> | ○ | 开头定义 | 让浏览器知道这是 HTML 文件 |
| <LINK> | ○ | 关系定义 | 定义该文件与其他 URL 的关系 |
| <STYLE> | ● | 样式表 | 控制网页版面 |
| <SPAN> | ● | 自定标记 | 独立使用或与样式表同用 |

说明：

• "●"表示该标记是双标记，即需要关闭标记，如</标记>。

• "○"表示该标记是单标记，即不需要关闭标记。

### 2. HTML 文件的基本结构

HTML 文件是一种纯文本格式的文件，HTML 文件包括头部（HEAD）和主体（BODY）。

```
<HTML>
    <HEAD>
        <TITLE>网页的标题 </TITLE>
    </HEAD>
    <BODY>
        网页的内容
    </BODY>
</HTML>
```

说明：

• HTML 文件以<HTML>开头，以</HTML>结尾。

• <HEAD>...</HEAD>：表示这是网页的头部，用来说明文件命名和与文件本身的相关信息。可以包括网页的标题部分：<TITLE>...</TITLE>。

• <BODY>...</BODY>：表示网页的主体即正文部分。

• HTML 语言并不要求在书写时缩进，但为了程序的易读性，建议网页设计制作者使标记的首尾对齐，内部的内容向右缩进按 Tab 键。

### 3. XHTML 语言

本书讲解的 ASP. NET 网站，在前台页面中使用的都是 XHTML（eXtensible Hyper-Text Markup Language）。XHTML 是基于 HTML 的，它是更严密、代码更整洁的 HTML 版本，注意以下区别。

（1）添加 DTD(Document Type Definition)文档类型声明。

DOCTYPE 是 Document Type（文档类型）的简写，用来说明文件用的 XHTML 或 HTML 版本。在 XHTML 中必须声明文档类型，以便于浏览器知道该浏览的文件类型并检查文档，并且声明必须放在文档的 XHTML 标记前。

XHTML 1.0 提供了以下三种 DTD 声明可供选择。

- 过渡的(Transitional)：要求非常宽松的 DTD，它允许你继续使用 HTML 的标识（但是要符合 XHTML 的写法）。完整代码如下：

```
<!DOCTYPE html PUBLIC "-//W3C//DTD XHTML 1.0 Transitional//EN"
"http://www.w3.org/TR/xhtml1/DTD/xhtml1-transitional.dtd">
```

- 严格的(Strict)：要求严格的 DTD，不能使用任何表现层的标识和属性，例如<br>。完整代码如下：

```
<!DOCTYPE html PUBLIC "-//W3C//DTD XHTML 1.0 Strict//EN"
"http://www.w3.org/TR/xhtml1/DTD/xhtml1-strict.dtd">
```

- 框架的(Frameset)：专门针对框架页面设计使用的 DTD，如果你的页面中包含有框架，则需要采用这种 DTD。完整代码如下：

```
<!DOCTYPE html PUBLIC "-//W3C//DTD XHTML 1.0 Frameset//EN"
"http://www.w3.org/TR/xhtml1/DTD/xhtml1-frameset.dtd">
```

**说明：**

- ASP.NET 前台页面中使用的是过渡的 DTD(XHTML 1.0 Transitional)。
- DOCTYPE 声明不是 XHTML 文档的一部分，也不是文档的一个元素，没必要加上结束标记。

（2）设定一个命名空间(NameSpace)。

允许通过一个在线地址指向来识别命名空间，命名空间就是给文档做一个标记，告诉别人，这个文档是属于谁的。只不过这个"谁"用了一个网址来代替。

```
<html xmlns="http://www.w3.org/1999/xhtml">
```

（3）所有标记一定要小写。

在 HTML 中标记大小写均可，但是在 XHTML 中，所有标记都要小写。

（4）所有标记一定要关闭。

在 XHTML 中不允许出现单标记。例如回车换行要写成<br/>。

（5）标记的属性一定要小写，值必须加双引号。

例如，使用 Visual Studio 2008 创建 ASP.NET 网站时，自动生成的 ASPX 文件就是使用 XHTML 语言编写的，源中代码如下所示。

```
<%@ Page Language="C#" AutoEventWireup="true" CodeFile="Default2.aspx.cs"
Inherits="Default2"%>
<!DOCTYPE html PUBLIC "-//W3C//DTD XHTML 1.0 Transitional//EN"
         "http://www.w3.org/TR/xhtml1/DTD/xhtml1-transitional.dtd">
<html xmlns="http://www.w3.org/1999/xhtml">
<head runat="server">
```

```
    <title>无标题页</title>
</head>
<body>
    <form id="form1" runat="server">
    <div>
    </div>
    </form>
</body>
</html>
```

### 4.1.2　能力目标

能够使用记事本创建简单的 HTML 网页文件。

### 4.1.3　任务驱动

**任务 1**：创建 HTML 网页，使用标记排版网页内容。

（1）任务的主要内容

- 创建名为 Example4_1 的文本文档，默认扩展名为 TXT，修改扩展名为 HTML。
- 使用记事本打开 Example4_1.html 文件，编写 HTML 代码。
- 使用标记排版网页内容。
- 使用浏览器查看 HTML 网页。

（2）任务的代码模板

将下列 Example4_1.html 中的【代码】替换为程序代码。网页运行效果如图 4.1 所示。

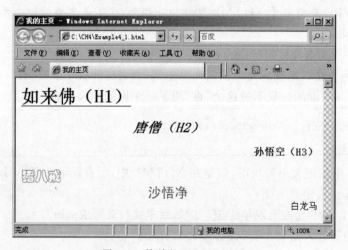

图 4.1　简单的 HTML 网页

**Example4_1.html 代码**

```
<html>
    <head>
        <title>我的主页</title>
    </head>
    <body>
```

```
        <H1>【代码 1】如来佛 (H1)【代码 1】</H1>                              //下划线标记
        <H2 align=center>【代码 2】唐僧 (H2)【代码 2】</H2>                    //斜体标记
        <H3 align=right><font color=blue>孙悟空 (H3)</font></H3>
        <font size=5 face=华文彩云 color=red>猪八戒</font>
        【代码 3】                                                          //回车换行标记
        【代码 4】沙悟净【代码 4】                                           //居中标记
        <【代码 5】 align=right>白龙马【代码 5】                              //分区标记
    </body>
</html>
```

（3）任务小结或知识扩展

• 标记可以嵌套使用，各个标记的顺序是任意的，例如代码中的 H3 和 font 标记。

• h1、h2、…、h6 标题标记具有自动回车换行的功能，align 属性是用来设置水平对齐方式的，可选值为 left、center 和 right，默认值为 left。

• 分区标记能自动另起一行开始，结束后自动回车换行。

（4）代码模板的参考答案

【代码 1】：<u>　</u>
【代码 2】：<i>　</i>
【代码 3】：<br>
【代码 4】：<center>　</center>
【代码 5】：div　</div>

**任务 2**：使用超链接标记进行网页之间的跳转。

（1）任务的主要内容

• 创建名为 Example4_2_1、Example4_2_2、Example4_2_3 和 Example4_2_4 的文本文档，修改扩展名为 HTML。

• 将 Example4_2_3.html 存放在子文件夹 1 中，将 Example4_2_4.html 存放在子文件夹 2 中。

• 使用<a>标记，使四个 HTML 网页能够互相跳转。

• 使用浏览器查看 HTML 网页。

（2）任务的代码模板

将 Example4_2_1.html、Example4_2_2.html、Example4_2_3.html 和 Example4_2_4.html 中的【代码】替换为程序代码。网页运行效果如图 4.2 所示。

**Example4_2_1.html 代码**

```
<html>
    <head>
        <title>Example4_2_1</title>
    </head>
    <body>
        <a href="Example4_2_2.html">Example4_2_2.html</a><br>
        <a href="1/Example4_2_3.html">Example4_2_3.html</a><br>
        <a href="2/Example4_2_4.html">Example4_2_4.html</a><br>
    </body>
</html>
```

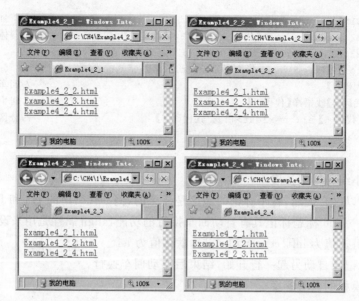

图 4.2　网页之间的跳转

## Example4_2_2.html 代码

```
<html>
    <head>
        <title>Example4_2_2</title>
    </head>
    <body>
        <a href="【代码 1】">Example4_2_1.html</a><br>    //Example4_2_1.html 相对路径
        <a href="1/Example4_2_3.html">Example4_2_3.html</a><br>
        <a href="【代码 2】">Example4_2_4.html</a><br>    //Example4_2_4.html 相对路径
    </body>
</html>
```

## Example4_2_3.html 代码

```
<html>
    <head>
        <title>Example4_2_3</title>
    </head>
    <body>
        <a href="../Example4_2_1.html">Example4_2_1.html</a><br>
        <a href="../Example4_2_2.html">Example4_2_2.html</a><br>
        <a href="../2/Example4_2_4.html">Example4_2_4.html</a><br>
    </body>
</html>
```

## Example4_2_4.html 代码

```
<html>
    <head>
        <title>Example4_2_4</title>
    </head>
    <body>
```

```
        <a href="【代码 3】">Example4_2_1.html</a><br>    //Example4_2_1.html 相对路径
        <a href="../Example4_2_2.html">Example4_2_2.html</a><br>
        <a href="【代码 4】">Example4_2_3.html</a><br>    //Example4_2_3.html 相对路径
    </body>
</html>
```

（3）任务小结或知识扩展

- 计算机中路径可以分为绝对路径和相对路径两种。绝对路径是从盘符开始的路径，例如 C:\windows\system32\cmd.exe；相对路径是从当前路径开始的路径。假如当前路径为 C:\windows，如果要使用该绝对路径，只需输入 system32\cmd.exe 即可。严格的相对路径写法应为.\system32\cmd.exe，其中，"."表示当前路径，通常情况可以省略。

- 使用相对路径时，如果要返回上一级目录，则使用两个".."即可。

- <a>标记的 href 属性用来指定目标网页的路径。

- <a>与</a>之间的文字为超链接显示的文字。

（4）代码模板的参考答案

【代码 1】：Example4_2_1.html
【代码 2】：2/Example4_2_4.html
【代码 3】：../Example4_2_1.html
【代码 4】：../1/Example4_2_3.html

**任务 3**：使用表格标记进行页面的布局设计。

（1）任务的主要内容

- 创建名为 Example4_3 的文本文档，修改扩展名为 HTML。

- 使用 TABLE、TH、TR 和 TD 标记设计表格。

- 使用浏览器查看 HTML 网页。

（2）任务的代码模板

将 Example4_3.html 中的【代码】替换为程序代码。网页运行效果如图 4.3 所示。

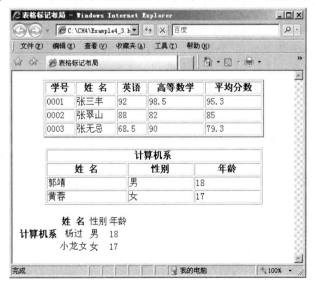

图 4.3  使用表格标记进行布局

**Example4_3. html 代码**

```
<HTML>
    <HEAD>
        <title>表格标记布局</title>
    </HEAD>
    <BODY>
        <TABLE align=center border=2 width=400>
                <TR><TH>学号<TH>姓   名<TH>英语<TH>高等数学<TH>平均分数
                <TR><TD>0001<TD>张三丰<TD>92<TD>98.5<TD>95.3
                <TR><TD align=center>0002<TD>张翠山<TD>88<TD>82<TD>85
                <TR><TD align=right>0003<TD>张无忌<TD>68.5<TD>90<TD>79.3
        【代码 1】                                    //TABLE 标记结束
        <BR>
        <TABLE align=center border=1【代码 2】>         //宽度是相对浏览器窗口的 80%
                <TR><TH colspan=3>计算机系
                <TR><TH>姓   名<TH>性别<TH>年龄
                <TR><TD>郭靖<TD>男<TD>18
                <TR><TD>黄蓉<TD>女<TD>17
        </TABLE>
        <BR>
        <TABLE【代码 3】>                              //表格无边框
                <TR><TH rowspan=3>计算机系<TH>姓   名<TD>性别<TD>年龄
                <TR>                      <TH>杨过<TD>男<TD>18
                <TR>                      <TH>小龙女<TD>女<TD>17
        </TABLE>
    </BODY>
</HTML>
```

（3）任务小结或知识扩展

- TABLE 标记常用的属性有：align 设置水平对齐方式，border 设置表格边框，width 设置表格宽度，height 设置表格高度。
- width 和 height 的值可以有两种形式：绝对值和相对值。绝对值的单位是像素 （px），例如任务中的第一个表格。相对值使用百分比表示，例如任务中的第二个 表格。
- TH、TR 和 TD 是双标记，也可以写成单标记。
- TH 和 TD 表格的属性 colspan 和 rowspan 是用来进行相邻单元格合并的。colspan 表示相邻列单元格的合并。rowspan 表示相邻行单元格的合并。
- TABLE 标记的重要作用是用做页面的整体布局的，使用 TABLE 标记可以将一个 页面根据需要分成若干行若干列，每一个单元格还可以嵌套 TABLE 标记。

（4）代码模板的参考答案

【代码 1】：</TABLE>
【代码 2】：width=80%
【代码 3】：border=0

**任务 4**：使用表单标记绘制文本框、单选按钮、下拉列表和按钮。

（1）任务的主要内容

• 创建名为 Example4_4 的文本文档，修改扩展名为 HTML。

• 使用 form、input 和 select 标记设计页面。

• 使用浏览器查看 HTML 网页。

（2）任务的代码模板

将 Example4_4.html 中的【代码】替换为程序代码。网页运行效果如图 4.4 所示。

图 4.4　使用表单标记举例

**Example4_4.html 代码**

```
<【代码 1】 name="form1">                      //表单标记的起始
    【代码 2】                                   //表格标记的起始
        <tr>
        <td>用户名:<td><input type="Text" name="age" value-"20" size="50px">
        <tr>
        <td>密码:<td><input type="Password" name="pw" value="999"size="50px">
        <tr>
        <td>性别:<td><input type="Radio" name="gender" value="female" checked>女
                        <input type="Radio" name="gender" value="male">男
        <tr>
        <td>籍贯:
        <td><select name="where">
            <option value="sy">北京</option>
            <option value="dl" selected>上海</option>
            <option value="as">广州</option>
            <option value="fs">深圳</option>
        </select>
        <tr>
        <td【代码 3】>                            //相邻两列单元格合并
            <input type="Submit" name="other_funtion" size="25px" value="确定">
    </table>
</form>
```

（3）任务小结或知识扩展

• 表单是 HTML 页面与浏览器端实现交互的重要手段，它是网站实现互动功能的重要组成部分。表单的主要功能是收集信息，也就是收集浏览者的信息。

• 表单信息处理的过程为：当单击表单中的"提交"按钮时，输入在表单中的信息就会上传到服务器端，然后由服务器端的有关应用程序进行处理，处理后或者将用户提交的信息储存在服务器端的数据库中，或者将有关的信息返回到客户端浏览器中。

• input 标记的 type 属性是用来设置输入控件的外观，可选值有：text、password、radio、button、submit 等。

• select 标记对之间包含 option 标记，用来设置下拉列表的菜单项。

（4）代码模板的参考答案

【代码 1】：form
【代码 2】：<table>
【代码 3】：colspan="2"

## 4.1.4 实践环节

使用 TABLE、TH、TR 和 TD 标记，绘制如图 4.5 所示的学生成绩表。

图 4.5  使用表格标记绘制学生成绩单

# 4.2  CSS

## 4.2.1 核心知识

CSS(Cascading Styles Sheets)，中文译为层叠样式表，是用于控制网页样式并允许将样式信息与网页内容分离的一种标记性语言，能够被浏览器解释执行。简单地说，CSS 的引入就是为了使 HTML 能够更好地适应页面的美工设计。它以 HTML 为基础，提供了丰富的格式化功能，如字体、颜色、背景、整体排版等，并且网页设计者可以针对各种可视化浏览器设置不同的样式风格，包括显示器、打印机、投影仪、平板电脑等。

HTML 和 CSS 的关系就是"内容"和"形式"的关系，由 HTML 组织网页的结构和内容，而通过 CSS 来决定页面的表现形式。

由于 HTML 的主要功能是描述网页的结构，所以控制网页外观和表现的能力很差。例如：

```
<body>
    <h2><font color="#FF0000" face="黑体">CSS 标记 1</font></h2>
    <p>CSS 标记的正文内容 1</p>
    <h2><font color="#FF0000" face="黑体">CSS 标记 2</font></h2>
    <p>CSS 标记的正文内容 2</p>
```

```
        <h2><font color="#FF0000" face="黑体">CSS标记3</font></h2>
        <p>CSS标记的正文内容3</p>
        <h2><font color="#FF0000" face="黑体">CSS标记4</font></h2>
        <p>CSS标记的正文内容4</p>
</body>
```

上述代码产生的问题有：代码冗余，写了四次相同的<font>标记；如果要修改元素的样式，也要一个个地改，修改工作量大。但使用 CSS 后，能够解决上述问题，如下所示。

```
    <style type="text/css">
    h2{
        font-famliy:黑体;
        color:red;
    }
    </style>
    <h2>CSS标记1</h2>
    <p>CSS标记的正文内容1</p>
    <h2>CSS标记2</h2>
    <p>CSS标记的正文内容2</p>
    <h2>CSS标记3</font></h2>
    <p>CSS标记的正文内容3</p>
    <h2>CSS标记4</font></h2>
    <p>CSS标记的正文内容4</p>
```

上述代码定义了一个名为 h2 的 CSS 规则，设定字体为黑体，文字颜色为红色。网页中所有<h2>标记作用的内容均按照该样式规则显示。

CSS 样式表由一系列样式规则组成，浏览器将这些规则应用到相应的元素上，下面是一条样式规则。

```
    h1{
        color: red;
        font-size: 25px;
    }
```

### 1. CSS 规则

一条 CSS 样式规则由选择器（Selector）和声明（Declarations）组成，其结构说明如下：

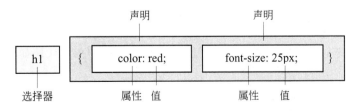

选择器是为了选中网页中某些元素的。选择器可以是一个标记名，表示将网页中该标记的所有元素都选中，也就是定义了 CSS 规则的作用对象。选择器也可以是一个自定义的类名，表示将自定义的一类元素全部选中，为了对这一类元素进行标识，必须在这一类的每个元素的标记里添加一个 html 属性 class="类名"；选择器还可以是一个自定义的 id 名，表示选中网页中某一个唯一的元素，同样，该元素也必须在标记中添加一个 html 属性 id="id

名"让 CSS 来识别。

声明则用于定义元素样式。在上面的示例中,h1 是选择器,介于大括号{ }之间的所有内容都是声明,声明又可以分为属性和值,属性和值用冒号隔开。属性和值可以设置多个,从而实现对同一标记声明多种样式风格。如果要设置多个属性和值,则每条声明之间要用分号隔开。

CSS 属性值的写法。

如果属性的某个值不是一个单词,则值要用引号引起来。

```
p {font-family: "Times New Roman"}
```

如果一个属性有多个值,则每个值之间要用空格隔开。

```
a {margin:4px 4px 5px 5px}
```

要为某个属性设置多个候选值,则每个值之间用逗号隔开。

```
p {font-family: "Times New Roman", Arial, serif}
```

### 2. 选择器分类

选择器分为 4 种:标记选择器、伪类选择器、类选择器和 id 选择器。

（1）标记选择器

CSS 标记选择器用来声明哪种标记采用哪种 CSS 样式,每一种 HTML 标记的名称都可以作为相应的标记选择器的名称。标记选择器将网页中拥有同一个标记的所有元素全部选中。例如:

```
<style type="text/css">
{
    color:blue;
    font-size:18px;
}
</style>
```

（2）伪类选择器

伪类就是指标记的状态。

网页中的链接标记能响应浏览者的点击。a 标记有四种状态能描述这种响应,分别是 a:link、a:visited、a:hover、a:active,a 标记在这几种状态下的样式能够通过伪类选择器来分别定义,伪类选择器的标记和伪类之间用":"隔开。

如果分别定义 a 标记在四种不同的状态下具有不同的颜色,则代码如下所示。

```
<style type="text/css">
a:link{  color:red;  }
a:visited{  color:blue;  }
a:hover{  color:yellow;  }
a:active{  color:green;  }
</style>
```

**说明:**

• 链接伪类选择器的书写应遵循 LVHA 的顺序,即 CSS 代码中四个选择器出现的顺序为 a:link→ a:visited→ a:hover→ a:active,若违反这种顺序鼠标停留和激活样式就不起作用了。

- 各种伪类选择器将继承 a 标记选择器定义的样式。

（3）类选择器

标记选择器一旦声明,则页面中所有该标记的元素都会产生相应的变化。例如当声明<p>标记为红色时,页面中所有<p>元素都将显示为红色。

如果希望其中某一些<p>元素不是红色,而是蓝色,就需要将这些<p>元素自定义为一类,用类选择器来选中它们;或者希望不同标记的元素应用同一样式,也可以将这些不同标记的元素定义为同一类。

类选择器以半角".”开头,且类名称的第一个字母不能为数字,其组成结构说明如下:

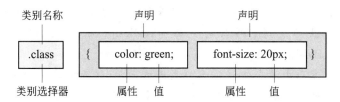

```
<style type="text/css">
.one{  color: red;  }
.two{  font-size:20px;  }
</style>
<p>选择器之标记选择器 1</p>
<p class="one">应用第一种 class 选择器样式</p>
<p class="two">应用第二种 class 选择器样式</p>
<p class="one two">同时应两种 class 选择器样式</p>
<h3 class="two">h3 同样适用</h3>
```

（4）id 选择器

id 选择器的使用方法与 class 选择器基本相同,不同之处在于一个 id 选择器只能应用于 HTML 文档中的一个元素,因此其针对性更强,而 class 选择器可以应用于多个元素。id 选择器以半角"♯"开头,且 id 名称的第一个字母不能为数字,其组成结构说明如下。

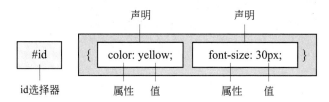

```
<head>
    <style type="text/css">
    #one{  font-weight:bold;    }
    #two{
        font-size:30px;
        color:#009900;
    }
    </style>
</head>
```

```
<body>
    <p id="one">ID选择器1</p>
    <p id="two">ID选择器2</p>
    <p id="two">ID选择器3</p>
    <p id="one two">ID选择器3</p>
</body>
```

说明：

- 上例中，第一行应用了＃one的样式，第二行和第三行将一个id选择器应用到了两个元素上，显然违反了一个id选择器只能应用在一个元素上的规定，但浏览器却也显示了CSS样式风格且没有报错。虽然如此，我们在编写CSS代码时，还是应该养成良好的编码习惯，一个id最多只能赋予一个html元素，因为每个元素定义的id不只是CSS可以调用，JavaScript等脚本语言也可以调用，如果一个html中有两个相同id属性的元素，那么将导致JavaScript在查找id时出错，例如函数getElementById。
- 第四行在浏览器中没有任何CSS样式风格显示，这意味着id选择器不支持像class选择器那样的多风格同时使用。因为元素和id是一一对应的关系，不能为一个元素指定多个id，也不能将多个元素定义为一个id。类似id＝"one two"这样的写法是完全错误的。

### 3. 引入 CSS 的方式

HTML和CSS是两种作用不同的语言，它们同时对一个网页产生作用，因此必须通过一些方法，将CSS与HTML挂接在一起，才能正常工作。

在HTML中，引入CSS的方法有行内式、嵌入式、链接式和导入式4种。

（1）行内式

HTML标记都有一个通用的style属性，行内式就是在该属性内添加CSS属性和值，例如：

```
<td style="color:#FF0000; text-decoration: underline" width="88%">
```

这种方式由于CSS属性就在标记内，其作用对象就是标记内的元素，所以不需要指定CSS的选择器，只需要书写CSS属性和值。但它没有体现出CSS统一设置许多元素样式的优势。

（2）嵌入式

嵌入式将页面中各种元素的CSS样式设置集中写在＜style＞和＜/style＞之间，＜style＞标记是专用于引入嵌入式CSS的一个HTML标记，它只能放置在文档头部，即下面这段代码只能放置在HTML文档的＜HEAD＞和＜/HEAD＞之间。

```
<style type="text/css">
h1{
    color: red;
    font-size: 25px;
}
</style>
```

对于单一的网页,这种方式很方便。但是对于一个包含很多页面的网站,如果每个页面都以嵌入式的方式设置各自的样式,不仅麻烦,冗余代码多,而且网站每个页面的风格不好统一。

(3) 链接式和导入式

链接式和导入式的目的都是将一个独立的 CSS 文件引入 HTML 文件,在制作单个网页时,为了方便可采取行内式或嵌入式方法,但若要制作网站则主要应采用链接式方法引入CSS。CSS 样式表文件扩展名为 .css。

链接式和导入式最大的区别在于:链接式用 HTML 标记引入外部 CSS 文件,而导入式用 CSS 的规则引入外部 CSS 文件。

链接式是在网页文档头部通过 HTML 的 link 标记引入外部 CSS 文件,格式如下:

```
<link href="style1.css" rel="stylesheet" type="text/css" />
```

而使用导入式则需要使用如下语句。

```
<style type="text/css">
    @import url("style2.css");
</style>
```

**说明:**

- 使用链接式时,会在装载页面主体部分之前装载 CSS 文件,这样显示出来的网页从一开始就是带有样式效果的。
- 使用导入式时,要在整个页面装载完之后再装载 CSS 文件,如果页面文件比较大,则开始装载时会显示无样式的页面。从浏览者的感受来说,这是使用导入式的一个缺陷。
- import 把 CSS 文件的内容复制到 HTML 文件中,link 直接向 CSS 文件读取所定义的 CSS 样式。

**4. CSS 特性**

(1) 层叠性

层叠性是指当有多个选择器都作用于同一元素时,即多个选择器的作用范围发生了重叠。这种情况下 CSS 的处理原则如下:

- 如果多个选择器定义的规则不发生冲突,则元素将应用所有选择器定义的样式。
- 如果多个选择器定义的规则发生了冲突,则 CSS 按选择器的优先级让元素应用优先级高的选择器定义的样式。

CSS 规定选择器的优先级从高到低为:

行内样式＞ID 样式＞类别样式＞标记样式

总的原则是：越特殊的样式,优先级越高。

(2) 继承性

继承性是指如果子元素定义的样式没有和父元素定义的样式发生冲突,那么子元素将继承父元素的样式风格,并可以在父元素样式的基础上再加以修改,自己定义新的样式,而子元素的样式风格不会影响父元素。

CSS 的继承贯穿整个 CSS 设计的始终,每个标记都遵循着 CSS 继承的概念。可以利用这种巧妙的继承关系,大大缩减代码的编写量,并提高可读性,尤其在页面内容很多且关系复杂的情况下。

## 4.2.2 能力目标

使用不同类型的选择器定义 CSS 样式。

## 4.2.3 任务驱动

使用 CSS 规则设置网页中每一行文字的显示效果。

(1) 任务的主要内容

- 创建名为 Example4_5 的文本文档,修改扩展名为 HTML。
- 在 head 标记中添加 style 标记分别定义标记选择器、类选择器和 id 选择器。
- 在 body 的标记中引用不同的选择器。
- 使用浏览器查看 HTML 网页。

(2) 任务的代码模板

将下列 Example4_5.html 中的【代码】替换为程序代码。网页运行效果如图 4.6 所示。

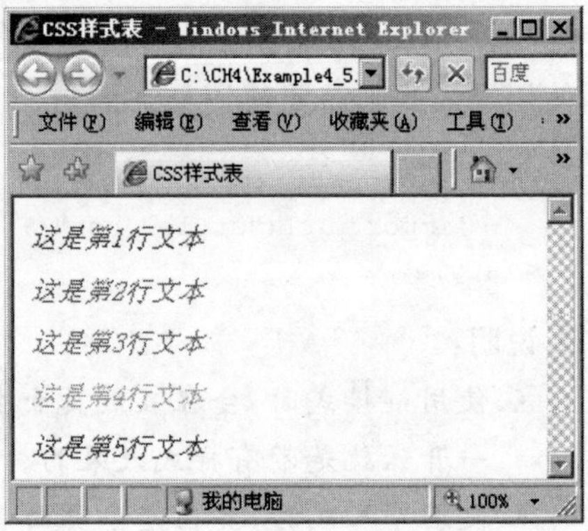

图 4.6  CSS 规则的使用

### Example4_5.html 代码

```
<html>
<head>
    <title>CSS 样式表</title>
    <【代码 1】type="text/css">            //HTML 样式标记的开始
        【代码 2】{  color:blue; font-style: italic; }  //为标记 p 定义标记选择器
        .green{  color:green;  }
        【代码 3】{  color:purple;  }        //定义名为 purple 的类选择器
        【代码 4】{  color:red;  }           //定义名为 red 的 id 选择器
    </style>
</head>
<body>
    <p>这是第 1 行文本
    <p【代码 5】>这是第 2 行文本           //引用类选择器 green
    <p【代码 6】>这是第 3 行文本           //引用 id 选择器 red
    <p id="red"【代码 7】>这是第 4 行文本   //使用行内式设置颜色为橘色 orange
    <p class="purple green">这是第 5 行文本
</body>
</html>
```

(3) 任务小结或知识扩展

- HTML 的 style 标记的 type 属性用来设置类型,属性值格式为:主类型/子类型。例如 css 类型的属性值为 text/css。
- body 标记的第 1 行文本为蓝色斜体,因为 p 标记选择器作用于它。
- body 标记的第 2 行文本为绿色,因为类选择器优先级高于标记选择器。

- body 标记的第 3 行文本为红色,因为 id 选择器优先级高于标记选择器。
- body 标记的第 4 行文本为橘色,因为行内样式优先级最高。
- body 标记的第 5 行文本为紫色,当多个类选择器同时作用时,遵循左边第一个类选择器。

（4）代码模板的参考答案

【代码 1】: style
【代码 2】: p
【代码 3】: .purple
【代码 4】: #red
【代码 5】: class="green"
【代码 6】: id="red"
【代码 7】: style="color:orange;"

## 4.2.4　实践环节

新建一个文本文件,修改扩展名为 CSS,将任务中的 CSS 规则代码剪切到 CSS 文件中。使用链接式导入 CSS 文件。

**注意**:在 CSS 文件中写 CSS 规则代码时,不要写 HTML 的<style>标记,否则出错。

# 4.3　JavaScript

## 4.3.1　核心知识

JavaScript 是一种基于对象(Object)和事件驱动(Event Driven)并具有安全性能的脚本语言,是一种解释性语言。使用它的目的是与 HTML 一起实现在一个 Web 页面中链接多个对象,与 Web 客户交互作用,从而可以开发客户端的应用程序等。它是通过嵌入或调入在标准的 HTML 语言中实现的。

仅需一个文字处理软件及一个浏览器就可以开发 JavaScript,无须 Web 服务器通道,通过自己的计算机即可完成所有的事情。JavaScript 语言可以做到回应使用者的事件请求(如: form 的输入),而不用任何的网络来回传输资料,所以当一位使用者输入一项资料时,它不用经过传给服务器端(Server)处理,再传回来的过程,而直接可以被客户端(Client)的应用程序所处理。

### 1. 浏览器对象模型

JavaScript 是运行在浏览器中的,因此提供了一系列对象用于与浏览器窗口进行交互。这些对象主要有: window、document、location、navigator 和 screen 等,把它们统称为 BOM (Browser Object Model,浏览器对象模型),如图 4.7 所示。

1) window 对象

window 对象对应着浏览器的窗口,使用它可以直接对浏览器窗口进行操作。window 对象提供的主要功能可以分为以下 5 类。

（1）调整窗口的大小和位置

① window. moveBy(dx, dy):该方法将浏览器窗口相对于当前的位置移动指定的距

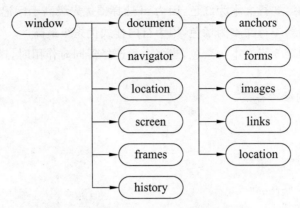

图 4.7 浏览器对象模型

离(相对定位),当 dx 和 dy 为负数时则向反方向移动。

② window.moveTo(x,y):该方法将浏览器窗口移动到屏幕指定的位置(x、y 处)(绝对定位)。同样可使用负数,只不过这样会把窗口移出屏幕。

③ window.resizeBy(dw,dh):相对于浏览器窗口的当前大小,把宽度增加 dw 个像素,高度增加 dh 个像素。两个参数也可以使用负数来缩小窗口。

④ window.resizeTo(w,h):把窗口大小调整为 w 像素宽,h 像素高,不能使用负数。

(2) 打开和关闭窗口

① window.open([url][,target][,options]):查找一个已经存在的或者新建的浏览器窗口。

② window.showModalDialog(sURL[,vArguments][,sFeatures]):用来创建一个显示网页内容的模态对话框。

③ window.showModelessDialog(sURL[,vArguments][,sFeatures]):用来创建一个显示网页内容的非模态对话框。与模式对话框的区别是:showModalDialog 被打开后就会始终保持输入焦点,除非对话框被关闭,否则用户无法切换到主窗口。类似 alert 的运行效果。而 showModelessDialog 被打开后,用户可以随机切换输入焦点,对主窗口没有任何影响。

④ window.close():关闭当前窗口。

(3) 系统对话框

① window.alert([message]):alert 方法只接收一个参数,即弹出对话框要显示的内容。调用 alert 语句后浏览器将创建一个单选按钮的消息警告框。

例如,在 HTML 的<HEAD></HEAD>标记中,添加如下 JavaScript 代码。

```
<script  type="text/javascript">
    window.alert("使用 alert 弹出警告框");
</script>
```

网页运行效果如图 4.8 所示。

图 4.8 alert 警告消息框的使用

② window. confirm([message])：该方法将显示一个确认提示框，其中包括"确定"和"取消"按钮。用户单击"确定"按钮时，window. confirm 返回 true；单击"取消"按钮时，window. confirm 返回 false。

例如，在 HTML 的＜HEAD＞＜/HEAD＞标记中，添加如下 JavaScript 代码。

```
<script  type="text/javascript">
    if(window.confirm("确认要删除吗?"))
        window.alert("正在删除...");
    else
        window.alert("取消删除");
</script>
```

网页运行效果如图 4.9 所示。

图 4.9　confirm 确认提示框的使用

③ window. prompt([message] [, default])：该方法将显示一个消息提示框，其中包含一个文本输入框。输入框能够接收用户输入参数，从而实现进一步的交互。该方法接收两个参数，第一个参数是显示给用户的文本，第二个参数为文本框中的默认值（可以为空）。整个方法返回字符串，值即为用户的输入。

例如，在 HTML 的＜HEAD＞＜/HEAD＞标记中，添加如下 JavaScript 代码。

```
<script  type="text/javascript">
    var nInput=window.prompt("请输入你的名字","");
    if(nInput!=null)
        window.alert("Hello! "+nInput);
</script>
```

网页运行效果如图 4.10 所示。

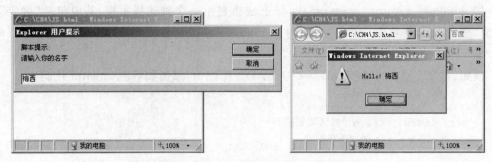

图 4.10　prompt 消息提示框的使用

（4）状态栏控制

① 状态栏控制（status 属性）：浏览器状态的显示信息可以通过 window.status 属性直接进行修改。例如：

window.status="看看状态栏中的文字变化了吗?";

② 浏览器后退和前进（history 属性）：window 有一个非常实用的属性是 history。它可以访问历史页面，但不能获取到历史页面的 URL。

如果希望浏览器返回前一页则可以使用如下代码。

window.history.go(-1);

如果希望前进一页，则只需要使用正数 1 即可，代码如下：

window.history.go(1);

如果希望刷新显示当前页，则使用 0 即可，代码如下：

window.history.go(0);

上面两句的效果还可以分别用 back 和 forward 函数实现，代码如下：

window.history.back();
window.history.forward();

（5）定时操作

定时操作通常有两种使用目的：一种是周期性地执行脚本，例如在页面上显示时钟，需要每隔 1 秒更新一次时间的显示；另一种则是将某个操作延时一段时间执行，例如迫使用户等待一段时间才能进行操作，可以使用 window.setTimeout 函数使其延时执行，而后面的脚本可以继续运行不受影响。下面的代码实现了动态显示系统时间的功能。

```
<head>
    <script type="text/javascript">
    function $ (id) {
        return document.getElementById(id);
    }
    function dispTime() {
        $ ("clock").innerHTML=(new Date()).toLocaleString();
                                //将时间显示在 id 为 clock 的 div 中
```

```
        }
        function init() {                        //启动时钟显示
                dispTime();                      //显示时间
            window.setTimeout(init, 1000);       //每隔 1 秒更新执行一次 init
        }
        </script>
</head>
<body onload="init()">
    <div id="clock"></div>
</body>
```

**说明:**

- 上述代码定义了三个函数: $ 、dispTime 和 init。
- 函数 $ 的作用是根据标记 id 获得文档中的指定标记。
- 函数 dispTime 的作用是在网页中指定标记处显示当前用户的计算机时间。
- 函数 init 的作用是启动定时器,每隔 1000 毫秒(1 秒)进行一次递归调用,重新获取用户计算机时间,实现动态显示时间的效果。

- 在 BODY 标记中添加 onload 事件处理器,网页加载时调用 init 函数执行。
- 在网页中,通过 DIV 标记设定一个区域的 id 为 clock。

网页运行效果如图 4.11 所示。

图 4.11  setTimeout 定时器的使用

2) document 对象

每个载入浏览器的 HTML 文档都是 document 文档对象。document 对象可以从脚本中对 HTML 页面中的所有元素进行访问。从图 4.7 可知,document 对象是 window 对象的一部分,可通过 window. document 属性对其进行访问,也可以直接写成 document。document 对象有如下几个重要的方法。

- document. getElementById:返回对拥有指定 id 的第一个对象的引用。
- document. getElementByName:返回带有指定名称的对象集合。
- document. write:向 document 文档写 HTML 表达式或 JavaScript 代码。

例如,获取网页中指定 id 标记包含文字的代码如下所示。

```
<html>
<head>
    <script type="text/javascript">
    function getValue()
    {
        var x=document.getElementById("myHeader")
        alert(x.innerHTML)
    }
    </script>
</head>
<body>
```

```
    <h1 id="myHeader" onclick="getValue()">这是一个标题</h1>
    <p>Click on the header to alert its value</p>
</body>
</html>
```

网页运行效果如图 4.12 所示。

图 4.12  获取网页指定文字的网页运行效果图

### 2. 网页中插入 JavaScript 脚本的方式

JavaScript 的最大特点便是和 HTML 结合，JavaScript 需要被嵌入 HTML 中才能对网页产生作用。就像网页中嵌入 CSS 一样，必须通过适当的方法将 JavaScript 引入 HTML 中才能使 JavaScript 脚本正常地工作。在 HTML 语言中插入 JavaScript 脚本的方法有三种，即嵌入式、行内式和链接式。

（1）嵌入式：使用＜script＞标记对将脚本嵌入网页中。示例代码如下所示。

```
<html>
    <head>
        <title>第一个 JavaScript 程序</title>
        <script language="javascript" type="text/javascript">
        function msg ()              //JavaScript 注释：建立函数
        {
            alert ("Hello JavaScript, I am coming!")
        }
        </script>
    </head>
    <body>
        <p onClick="msg()">Click Here</p>
    </body>
</html>
```

网页运行效果如图 4.13 所示。

（2）行内式：直接将脚本嵌入到 HTML 标记的事件处理器中。示例代码如下所示。

```
<html>
    <head>
        <title>行内式引入 JavaScript 脚本</title>
```

图 4.13　嵌入式插入 JavaScript 脚本的网页运行效果图

```
    </head>
    <body>
        <p onClick="JavaScript:alert('Hello JavaScript, I am coming!');">Click
        Here</p>
    </body>
</html>
```

（3）链接式：如果需要同一段脚本供多个网页文件使用，则可以把这一段脚本保存成一个单独的文件，JavaScript 的外部脚本文件扩展名为 JS。

```
<html>
    <head>
        <title>链接式插入 JS 脚本文件</title>
        <script type=" text/javascript " src=" common.js "></script>
    </head>
    <body>
        <p onClick="msg()">Click Here</p>
    </body>
</html>
```

common.JS 文件的代码。

```
function msg () {                      //建立函数
    alert ("Hello JavaScript, I am coming!")
}
```

### 4.3.2　能力目标

同时使用 HTML、CSS 和 JavaScript 并作用于同一个网页。

### 4.3.3　任务驱动

使用 JavaScript 脚本制作一个倒计时器。

（1）任务的主要内容

• 创建名为 Example4_6 的文本文档，修改扩展名为 .HTML。

• 在 body 标记中定义 id 为 number 的 div 标记。

• 定义 id 选择器和类选择器设置 div 标记的样式。

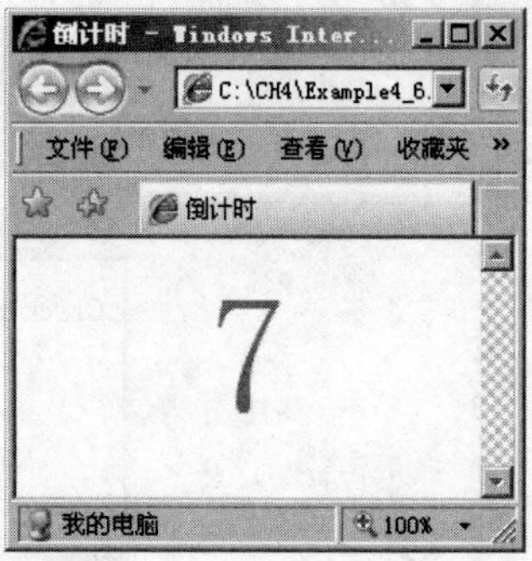

- 使用定时器在 div 标记中进行倒计时显示。
- 使用浏览器查看 HTML 网页。

（2）任务的代码模板

将下列 Example4_6.html 中的【代码】替换为程序代码。网页运行效果如图 4.14 所示。

**Example4_6.html 代码**

图 4.14　倒计时网页效果图

```html
<html>
    <head>
        <title>倒计时</title>
        <style type="text/css">
            【代码 1】{              //为 id 为 number 的 div 标记定义 id 选择器
                color:red;
            }
            【代码 2】{              //定义名为 number 的类选择器
                font-size:40px;
            }
        </style>
        <script type="text/javascript">
            var i=10;
            function ready(){
            var num=【代码 3】;         //获取 id 为 number 的标记
              num.innerHTML=i;
            if(i--==0)
            {
                num.innerHTML="登录成功";
                return;
            }
            【代码 4】;                  //每隔 1 秒调用本身 ready 函数
            }
        </script>
    </head>
    <body onload=ready();>
        <div id=number class=number></div>
    </body>
</html>
```

（3）任务小结或知识扩展

- JavaScript 使用 var 关键字定义变量，var 代表所有数据类型。
- body 标记的 onload 事件是当页面加载时自动执行。
- 使用 div 标记的 innerHTML 属性能够设置显示的文字。
- JavaScript 脚本使用 function 定义函数。

（4）代码模板的参考答案

【代码 1】：#number
【代码 2】：.number
【代码 3】：document.getElementById("number")
【代码 4】：window.setTimeout(ready,1000)

### 4.3.4 实践环节

（1）新建一个文本文件，修改扩展名为 JS，将任务中的 JavaScript 代码剪切到 JS 文件中。使用链接式导入 JS 文件（注意：在 JS 文件中写 JavaScript 代码时，不要写 HTML 的＜script＞标记，否则出错）。

（2）新建一个文本文件，修改扩展名为 CSS，将任务中的 CSS 样式规则代码剪切到 CSS 文件中。使用链接式导入 CSS 文件。

# 4.4 HTML 事件处理器

### 4.4.1 核心知识

在浏览器中内置了大量的事件处理器。这些处理器会监视特定的条件或用户行为，例如鼠标单击、移动光标等。通过使用客户端的 JavaScript，可以将某些特定的事件处理器作为属性添加给特定的标签，并可以在事件发生时执行 一个或多个 JavaScript 命令或函数。

事件处理器的值是一个或一系列以分号隔开的 JavaScript 表达式、方法和函数调用，并用引号引起来。当事件发生时，浏览器会执行这些代码。例如，当把鼠标移动到一个超链接时，会启动一个 JavaScript 函数。＜a＞标签中的一个特殊的 mouse over 事件处理器，被称为 onmouseover 来完成这项工作。

```
<a href=""  onmouseover="alert('Welcome'); ">鼠标悬浮</a>
```

根据触发对象的不同，事件可以分为以下 4 种。

（1）窗口触发的事件：仅在 HTML 标记的 body 和 frameset 标记中有效。常用窗口事件如表 4.8 所示。

表 4.8　常用窗口事件

| 事　件 | 描　　　述 | 事　件 | 描　　　述 |
|---|---|---|---|
| onload | 当文档被载入时执行脚本 | onunload | 当文档被卸下时执行脚本 |

例如，在 body 标记中添加 onload 和 onunload 事件处理器的代码如下：

```
<html>
    <head>
        <title>窗口事件</title>
    </head>
<body onload="javascript:alert('欢迎光临');"  onunload="javascript:alert('欢
    迎下次光临');">
    </body>
</html>
```

网页运行效果如图 4.15 所示。

（2）表单元素触发的事件：仅在 HTML 标记的表单元素中有效。常用表单元素事件如表 4.9 所示。

图 4.15　窗口触发事件的网页运行效果图

**表 4.9　常用表单元素事件**

| 事　件 | 描　述 | 事　件 | 描　述 |
|---|---|---|---|
| onchange | 当元素改变时执行脚本 | onselect | 当元素被选取时执行脚本 |
| onsubmit | 当表单被提交时执行脚本 | onblur | 当元素失去焦点时执行脚本 |
| onreset | 当表单被重置时执行脚本 | onfocus | 当元素获得焦点时执行脚本 |

例如,在 input 标记中添加 onfocus、onblur 和 onclick 事件处理器的代码如下:

```html
<html>
    <head><title>表单事件</title>
        <style type="text/css">
            .size{  height:23px;  width:150px;  }
        </style>
        <script language="javascript" type="text/javascript">
            function msg() {
                var s1=document.getElementById("username").value;
                var s2=document.getElementById("password").value;
                alert("用户名:"+s1+"\r\n"+"密码:"+s2);
            }
        </script>
    </head>
    <body>
        <form><table>
            <tr><td>username:<td><input class="size" id="username"
            type="text"onfocus="alert('获得焦点');"onblur="alert('失去焦点');"/>
            <tr><td>password:<td><input class="size" id="password" type=
            "password"/>
            <tr><td colspan="2"><input type="button" value="提交" style=
            "width:50px;"
                onclick="msg();"/>
        </table></form>
    </body>
</html>
```

网页运行效果如图 4.16 所示。

(3) 鼠标触发的事件:在 HTML 标记的 base、br、frame、frameset、head、html、iframe、meta、param、script、style 以及 title 元素中无效。常用鼠标事件如表 4.10 所示。

图 4.16　表单触发事件的网页运行效果图

表 4.10　常用鼠标事件

| 事　件 | 描　述 | 事　件 | 描　述 |
| --- | --- | --- | --- |
| onclick | 当鼠标被单击时执行脚本 | onmouseout | 当鼠标指针移出某元素时执行脚本 |
| ondblclick | 当鼠标被双击时执行脚本 | onmouseover | 当鼠标指针悬停于某元素之上时执行脚本 |
| onmousedown | 当鼠标按钮被按下时执行脚本 | onmouseup | 当鼠标按钮被松开时执行脚本 |
| onmousemove | 当鼠标指针移动时执行脚本 | | |

例如,在 p 标记中添加 onmouseover、onmouseout 和 onclick 事件处理器的代码如下:

```html
<html>
    <head>
        <title>鼠标事件</title>
    </head>
    <body>
        <p onmouseover="javascript:alert('鼠标悬浮');return false;"
           onmouseout="javascript:alert('鼠标移出');return false;">放上鼠标,移出
           鼠标看看</p>
        <p onclick="javascript:alert('被点中了!')">点我看看吧</p>
    </body>
</html>
```

网页运行效果如图 4.17 所示。

图 4.17　鼠标触发事件的网页运行效果图

(4) 键盘触发的事件:在 HTML 标记的 base、br、frame、frameset、head、html、iframe、meta、param、script、style 以及 title 元素中无效。常用键盘事件如表 4.11 所示。

表 4.11　常用键盘事件

| 事　件 | 描　述 | 事　件 | 描　述 |
|---|---|---|---|
| onkeydown | 当键盘被按下时执行脚本 | onkeyup | 当键盘被松开时执行脚本 |
| onkeypress | 当键盘被按下后又松开时执行脚本 | | |

例如，在 input 标记中添加 onkeydown 事件处理器的代码如下：

```html
<html>
    <head>
        <title>键盘事件</title>
    </head>
    <body>
        <form>
            <input type="text" onkeydown="javascript:alert('键盘被按下');"/>
        </form>
    </body>
</html>
```

网页运行效果如图 4.18 所示。

### 4.4.2　能力目标

使用 HTML 事件处理器，执行 JavaScript 脚本。

图 4.18　键盘触发事件的网页运行效果图

### 4.4.3　任务驱动

制作一个限制文字输入字数的文本框。

（1）任务的主要内容

* 创建名为 Example4_7 的文本文档，修改扩展名为 HTML。
* 添加 onload、onunload、onkeyup 和 onmouseout 事件处理器执行 JavaScript 脚本。
* 使用浏览器查看 HTML 网页。

（2）任务的代码模板

将下列 Example4_7.html 中的【代码】替换为程序代码。网页运行效果如图 4.19 所示。

图 4.19　4.4.3 任务的网页运行效果图

**Example4_7. html 代码**

```html
<html>
<head>
    <title>表单字数统计</title>
    <script language="javascript" type="text/javascript">
    function gbCount(message,total,used,remain)                //字数统计
    {
        var max;
        max=total.value;
        if (message.value.length>max) {
            message.value=message.value.substring(0,max);
            used.value=max;
            remain.value=0;
            alert("输入的内容已经超过允许的最大值"+max+"字节!\n 请删减部分内容再
            发表!");
        }
        else {
            used.value=message.valuc.length;
            remain.value=max-used.value;
        }
    }
    </script>
</head>
<body【代码 1】="javascript:alert('欢迎光临...');"【代码 2】="javascript:alert('欢迎
再次光临...');">
    //代码 1,当页面加载时
    //代码 2,当页面关闭时
    <form name="reply">
        <table width="400" align="center" cellpadding="0" cellspacing="0">
        <tr>
        <td height="30">
        字数统计:
        字限:<input name="total" type="text" id="total" value="150" size="5"
        disabled>
        已写:<input name="used" type="text" id="used" value="0" size="5" disabled>
        剩余:<input name="remain" type="text" id="remain" value="150" size="5"
        disabled>
        </td>
        </tr>
        <tr>
        <td align="left">
        <textarea name="content" cols=50 rows="8" id="content"
            【代码 3】="gbCount(this.form.content,this.form.total,this.form.used,
            this.form.remain)"
            【代码 4】="javascript:alert(this.value);"></textarea>
            //代码 3,当键盘被松开时
            //代码 4,当鼠标离开 textarea 时
        </td>
        </tr>
        <tr>
```

```
<td height="30" align="center">
    <input type="reset" name="Submit" value="重置">
</td>
</tr>
</table>
    </form>
</body>
</html>
```

（3）任务小结或知识扩展

- JavaScript 定义函数时，不需要指明参数类型，因为 JavaScript 是弱类型限制，所有数据类型都用 var 表示。
- value 属性表示标记的值。
- textarea 标记的 cols 属性表示每一行显示的字符数，rows 属性表示行数。
- input 标记的 disable 属性表示标记不可操作。
- input 标记的 type 等于 reset 时，是重置按钮，单击时能够清空表单中的数据。

（4）代码模板的参考答案

【代码 1】：onload
【代码 2】：onunload
【代码 3】：onkeyup
【代码 4】：onmouseout

### 4.4.4 实践环节

在 Example4_7. html 中添加标记＜textarea name＝content2 cols＝50 rows＝8 id＝content2/＞，使其内容随着 content 内容的改变而改变。

## 4.5 小　　结

- HTML、CSS 和 JavaScript 都是解释性语言，浏览器直接就能解释执行。
- HTML 用于网页内容的排版。
- CSS 用于网页外观的美化。
- JavaScript 用于在客户端和用户发生交互。
- HTML 事件处理器能够响应用户在网页中的各种操作。

本章的例子都是在 HTML 网页中实现的，而 ASP. NET 网站的 ASPX 网页使用的是 XHTML 语言，但 HTML 和 XHTML 的工作原理是相似的。

## 习　题　4

**一、填空题**

1. CSS 是＿＿＿＿的简称，用于增强控制网页样式并允许将样式信息与网页内容分离的一种标记语言。

2. 在 HTML 中,引入 CSS 的方法有_____、_____、_____和_____ 4 种。

3. 外部样式表文件的扩展名是_____。

4. 向页面中嵌入 JavaScript 脚本时,需要添加的标记是_____。

5. JavaScript 脚本中_____函数的作用是弹出警告消息框。

**二、选择题**

1. 下列(　　)语言不是解释性语言。

　　A. HTML　　　　　　B. CSS　　　　　　C. JavaScript　　　　D. C#

2. (　　)是写在 HTML 标记之中的,它只针对自己所在的标记起作用。

　　A. 行内式　　　　　B. 嵌入式　　　　　C. 链接式　　　　　D. 导入式

3. CSS 样式中优先级最低的是(　　)。

　　A. 行内式　　　　　B. 类选择器　　　　C. 标记选择器　　　D. id 选择器

4. 以下(　　)不是 XHTML 的文档声明。

　　A. 过渡的　　　　　B. 严格的　　　　　C. 选择的　　　　　D. 框架的

**三、判断题**

1. HTML 是一门排版语言,而不是编程语言。(　　)

2. HTML 严格区分大小写。(　　)

3. 伪类选择器的书写应遵循固定顺序,即 CSS 代码中四个选择器出现的顺序应为 a:link→a:visited→ a:hover→a:active。(　　)

4. 同一段文字可以用多个样式表从不同角度进行修饰,可以使用一个样式表设置颜色,使用另外一个样式表设置字体。(　　)

5. 内部样式表不只针对所在的 HTML 页面有效。(　　)

6. JavaScript 就是 Java 语言。(　　)

**四、简答题**

1. 简述 HTML 文件的组成。

2. 简述在 HTML 中引入 CSS 的方法。

3. 简述网页中插入 JavaScript 脚本的方法。

4. 简述 window 对象定时器的作用。

第 5 章

# 服务器端控件

主要内容

- 控件的属性设置和事件订阅；
- 标签控件、文本框控件、按钮控件、单选按钮控件、复选框控件、列表控件、文件上传控件和验证控件的使用。

ASP.NET 框架为开发人员提供大量的服务器控件使用，控件不仅解决了代码重用性的问题，而且控件还简单易用并能够轻松上手、投入开发。通过本章学习，使读者掌握 ASP.NET 网站中常用服务器端控件的使用方式。

## 5.1　服务器端控件概述

### 5.1.1　核心知识

ASP.NET 服务器控件是在服务器端运行并封装用户界面及其他相关功能的组件。服务器控件可以直接加入到 aspx 文件中，和 XHTML 标记一起配合使用。这些控件使用标记＜asp：ServerControl＞声明，并且所有的 ASP.NET 控件必须以标记＜/asp：ServerControl＞结束。

用户必须赋予每个控件一个 ID 属性，并且指定 runat 属性为 server，表示控件是在服务器端执行。Web 控件设定属性的方式有两种：一种是在页面布置对象时便将属性设定好；另一种是由程序来设定。

服务器端控件的执行过程：当用户请求一个包含有 Web 服务器端控件的 aspx 页面时，服务器首先对页面进行处理，将页面中包含的服务端控件及其他内容解释成标准的 XHTML 代码，然后将处理结果以标准 XHTML 的形式一次性发送给客户端。

### 5.1.2　能力目标

创建 ASP.NET 网站，向网页中添加服务器端控件。

### 5.1.3　任务驱动

任务的主要内容如下：

- 通过工具箱向网页中添加服务器端控件。
- 查看服务器端控件添加后网页设计模式和源模式的变化。

（1）创建名为 Example5_1 的 ASP. NET 网站

打开 Visual Studio 2008，在菜单项中选择"文件"→"新建"→"网站"命令，打开"新建网站"对话框。在"模板"中选择"ASP. NET 网站"，在"语言"下拉列表框中选择 Visual C♯，根据实际需要，修改网站项目存储位置。在选择的路径后面，先输入"\"，再输入网站名称"Example5_1"，单击"确定"按钮，完成 ASP. NET 网站项目的创建。

（2）查看"工具箱"窗体的组成

在菜单项中选择"视图"→"工具箱"命令，打开"工具箱"窗口。在"工具箱"窗口中，根据控件种类的不同，分为标准、数据、验证、导航等（本书主要讲解前四类服务器端控件的使用），如图 5.1 所示。展开"工具箱"窗口的"标准"分类，如图 5.2 所示。

图 5.1　"工具箱"窗口

图 5.2　工具箱标准分类

（3）向网页中添加 Label 控件和 Button 控件

将 Default.aspx 前台网页文件切换到"设计"模式。从工具箱中添加控件有以下两种方式。

- 双击某个控件，添加到网页"设计"模式下的光标所在位置。
- 按住鼠标左键选中要添加的控件，将控件拖曳到网页"设计"模式的指定位置。

从工具箱中分别使用两种方式，添加 Label 控件和 Button 控件，如图 5.3 所示。

图 5.3　向网页中添加控件

（4）查看"源"模式中代码的变化

将 Default.aspx 前台网页文件切换到"源"模式。添加控件后自动生成如下所示代码。

```
<asp:Label ID="Label1" runat="server" Text="Label"></asp:Label>
```

```
<asp:Button ID="Button1" runat="server" Text="Button" />
```

（5）运行网站

在菜单项中选择"调试"→"开始执行（不调试）"命令，快捷键为 Ctrl＋F5，运行网页 Default.aspx，如图 5.4 所示。

在浏览器菜单中，选择"查看"→"源文件"命令（或者在浏览器正文中右击，在弹出的菜单中选择"查看源文件"命令），可以查看经过服务器编译后的 ASPX 网页所生成的 XHTML 代码。其中，服务器端控件代码编译后如下所示。

图 5.4  5.1.3 任务的网页运行效果图

```
<span id="Label1">Label</span>
<input type="submit" name="Button1" value="Button" id="Button1" />
```

（6）任务小结或知识扩展

- 服务器端控件的标记以＜asp：服务器控件名＞开始，＜/asp：服务器控件名＞结束。
- 服务器端控件必须具备两个属性：ID 和 runat。将在 5.2 节进行详细讲解。
- ASPX 动态网页经过编译后，会生成对应 XHTML 代码。客户端的浏览器只能解释执行编译生成的 XHTML 代码，不能直接显示 ASPX 网页。读者可以打开网站的物理文件夹，尝试用浏览器直接打开 ASPX 网页，会出现如图 5.5 所示的错误提示页面。

图 5.5  直接用浏览器打开 ASPX 网页的错误信息

## 5.1.4  实践环节

分别使用两种方式向网页添加 TextBox 控件，并对比查看 TextBox 控件编译前后的代码。分别在网页的"设计"模式和"源"模式下练习删除服务器端控件。

# 5.2　控件的属性和事件

ASP. NET 中,每个控件都有若干个属性,例如字体颜色、边框的颜色、样式等。同时每个服务器控件都包含若干个事件,当客户在浏览器中触发了某个控件的事件后,该事件在服务器端所对应的代码会自动编译执行,例如单击事件(Click)、初始化事件(Init)和选择索引改变事件(SelectedIndexChanged)等。

在 Visual Studio 2008 中,选择相应的控件后右击,在弹出的菜单中选择"属性"命令,打开对应控件的"属性"对话框。在"属性"对话框中通过单击 ▦ 和 ⚡ 图标,可以分别显示该控件所拥有的属性和事件。显示的顺序有两种,通过单击 ▦ 和 ⏫ 图标,分别表示按分类顺序和字母顺序。图 5.6 表示的是一个 Label 控件所具有的属性和一个 Button 控件所具有的事件。

图 5.6　控件的"属性"对话框

控件的属性有两种设置方式:一种是通过"属性"对话框进行控件属性设置;另一种是当页面被加载时,通过编程的方法对控件的相应属性进行设置。

每个网页所对应的 aspx. cs 文件中,会自动包含一个名为 Page_Load 的方法,当页面被加载时,会自动执行 Page_Load 中的代码。在该方法中通过编程的方法对控件的属性进行更改,当页面加载时,控件的属性会被应用并呈现在浏览器中。

可以在"属性"对话框的事件菜单中,双击相应的事件名称,为该控件订阅事件。例如为按钮控件(Button)订阅单击(Click)事件,此时在前台网页文件的源中为该控件订阅服务器端事件,在后台对应的 cs 中生成对应的方法体。

通过两种不同的方式设置控件的属性,为控件订阅相应的事件。

任务的主要内容如下:
- 对 Label 控件通过"属性"对话框进行属性设置。
- 对 Label 控件通过编程方式进行属性设置。
- 对 Button 控件订阅单击事件。

（1）创建名为 Example5_2 的 ASP.NET 网站。

（2）在 Default.aspx 网页中添加 Label 和 Button 控件。

（3）打开 Label 控件的"属性"对话框，设定 Label 控件的 ForeColor 属性为 Red，如图 5.7 所示。

（4）打开 Default.aspx.cs 代码文件，在 Page_Load 方法中输入如下代码。

```
protected void Page_Load(object sender, EventArgs e)
{
    Label1.Text="欢迎进入 ASP.NET 世界!";          //设置 Label1 的 Text 属性
}
```

（5）打开 Button 控件的"属性"对话框，单击 图标显示 Button 控件所拥有的事件。双击 Click 选项，为该 Button 控件订阅单击事件，如图 5.8 所示。

图 5.7　设置 Label 控件的属性

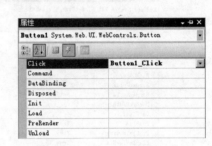

图 5.8　为 Button 控件订阅事件

此时，Default.aspx 源中 Button 控件代码如下所示。

```
<asp:Button ID="Button1" runat="server" onclick="Button1_Click" Text="Button" />
```

在 Default.aspx.cs 文件中会自动生成 Button1_Click 方法，在该方法体中输入如下代码。

```
protected void Button1_Click(object sender, EventArgs e)
{
    Label1.Text="Hello C# Programing!";
}
```

（6）运行 Default.aspx 网页，如图 5.9 所示。

(a) 网页初始化效果　　　　　　　(b) 单击Button按钮后效果

图 5.9　5.2.3任务的网页运行变化效果图

（7）任务小结或知识扩展。

① 服务器端必须具有 ID 和 runat 属性。

ID 属性能够在网页中唯一标识该控件。每个控件都会有一个默认的 ID 值,但为了控件的区分,请读者一定要遵照编码规范来修改 ID 值,并且保证控件 ID 具有易读性。常用控件的命名规则如表 5.1 所示。

表 5.1　常用控件的命名规则

| 控 件 类 型 | 命名规则 | 控 件 类 型 | 命名规则 |
| --- | --- | --- | --- |
| Label | lbl | TextBox | txt |
| Button | btn | LinkButton | lbtn |
| ImageButton | ibtn | HyperLink | hl |
| DropDownList | ddl | ListBox | lstb |
| CheckBox | cb | CheckBoxList | cbl |
| RadioButton | rbtn | RadioButtonList | rbtnl |
| Image | img | FileUpload | fu |
| GridView | gv | DataList | dl |

runat 属性的值固定为 server,表示该控件为服务器端控件。

② 每当为一个控件订阅了相应事件,在 aspx 网页的源文件和对应的 aspx.cs 后台文件中都发生变化。当要取消事件订阅时,两个位置的代码都要手工删除掉。

③ 控件的颜色属性有两种赋值方式:颜色单词和♯六位十六进制数。

## 5.2.4　实践环节

（1）修改上述任务中 Label 控件的 ID 为 lblMessage,Button 控件的 ID 为 btnClick。

（2）修改上述任务中 Label 控件的文字大小属性为 20px。

（3）在 Page_Load 方法中,设置 Button 控件的 Text 属性为 Click。

（4）在网页中再添加一个 Button 控件,为其订阅 Click 单击事件,再删除该单击事件。

# 5.3　标 签 控 件

## 5.3.1　核心知识

在 Web 应用中,希望显示文本,或者当触发事件时,某一段文本能够在运行时更改,则可以使用标签控件(Label)。标签控件的常用属性如下。

- ID:控件的名称。

- Text:显示的文字。

开发人员可以非常方便地将标签控件拖放到页面,拖放到页面后,该页面将自动生成一段标签控件的声明代码,示例代码如下所示。

```
<asp:Label ID="Label1" runat="server" Text="Label"></asp:Label>
```

上述代码中,声明了一个标签控件,标签控件的 ID 属性的默认值为 Label1。由于该控件是服务器端控件,所以在控件属性中必须包含 runat="server"属性。Text 属性表示显示的文本。

## 5.3.2　能力目标

通过在 Page_Load 方法中编写代码，修改 Label 控件显示的文本。

## 5.3.3　任务驱动

任务的主要内容如下：

- 获得网站访问者的 IP 地址。
- 获得服务器当前系统时间。
- 在网页中显示访问者的 IP 地址和系统时间。

（1）创建名为 Example5_3 的 ASP.NET 网站。

（2）在 Default.aspx 网页中添加一个 Label 控件，修改 ID 属性为 lblMessage，Text 属性为空。

（3）在 Default.aspx.cs 的 Page_Load 方法中，通过 Requet 对象的 UserHostAddress 属性获得访问者 IP 地址，通过 DateTime 对象的 Now 属性获得服务器的当前系统时间。将获得的 IP 地址和系统时间赋值给 lblMessage 控件的 Text 属性，代码如下所示。

```
protected void Page_Load(object sender, EventArgs e)
{
    string userIP=Request.UserHostAddress;
    string dt=DateTime.Now.ToString();
    lblMessage.Text="欢迎来自"+userIP+"的用户"+"<br>"+"现在时间："+dt;
}
```

（4）运行 Default.aspx 网页，如图 5.10 所示。

图 5.10　5.3.3 任务的网页运行效果图

（5）任务小结或知识扩展。

- 如果开发人员只是为了静态显示一般的文本，程序执行过程中不会发生文字的变化，不推荐使用 Label 控件，因为当服务器控件过多，会导致性能问题。使用静态的 HTML 文本能够让页面解析速度更快。
- Label 控件的 Text 属性可以使用字符串连接符"＋"，进行字符串的拼接。
- Label 控件的 Text 属性中可以包含 HTML 标记，HTML 标记在浏览器中会被解释执行。本任务中使用了<br>HTML 标记，表示回车换行。

### 5.3.4　实践环节

（1）修改上述任务中 IP 地址的显示颜色为红色。

（2）修改"现在时间："文本的显示为一级标题。

# 5.4　按　钮　控　件

### 5.4.1　核心知识

在网站应用程序和用户交互时，常常需要通过按钮控件来进行提交表单、获取表单信息等操作。按钮控件能够触发事件，或者将网页中的信息回传给服务器。在 ASP.NET 中，包含三种按钮控件，分别为 Button、LinkButton 和 ImageButton。三种按钮使用上基本一致，区别在于显示的形式不同：LinkButton 是以超链接的形式显示按钮，ImageButton 是以图片的形式显示按钮。

按钮控件的常用通用属性如下。

- CausesValidation：按钮是否导致激发验证控件的检查。默认值为 True。验证控件将在 5.9 节详细讲解。
- CommandArgument：与此按钮关联的命令参数。通常是数据绑定表达式。将在 7.1 节详细讲解。
- CommandName：与此按钮关联的命令名称。
- ValidationGroup：使用该属性可以指定单击按钮时调用页面上的哪些验证程序。如果未建立任何验证组，则会调用页面上的所有验证程序。

按钮控件的常用事件如下。

- Click：对按钮的单击事件。
- Command：按钮命令事件。Click 事件并不能传递参数，所以处理的事件相对简单。而 Command 事件可以传递参数，负责传递参数的是控件的 CommandArgument 属性和 CommandName 属性。

### 5.4.2　能力目标

设置三种按钮控件的属性和订阅事件。

### 5.4.3　任务驱动

任务的主要内容如下：

- 设置 Button 和 LinkButton 控件的 ID 和 Text 属性。
- 设置 ImageButton 控件的 ID 和 ImageUrl 属性。
- 为按钮控件订阅单击 Click 和 Command 事件。

（1）创建名为 Example5_4 的 ASP.NET 网站。

（2）在 Default.aspx 网页中添加 Label、Button、LinkButton 和 ImageButton 控件，分别设置相关属性和订阅事件。

其中，ImageButton 控件需要设置 ImageUrl 属性来指定显示图片的相对路径。首先打开解决方案资源管理器，右击网站项目，在弹出的菜单中选择"新建文件夹"命令，为文件夹取名 Image，复制图片素材到 Image 文件夹下，如图 5.11 所示。

图 5.11　为网站添加图片素材

打开 ImageButton 控件的"属性"对话框，单击"ImageUrl"属性，此时会自动出现一个选择按钮，单击该选择按钮，弹出"选择图像"对话框，在对话框中选择相应的图片，如图 5.12 所示。

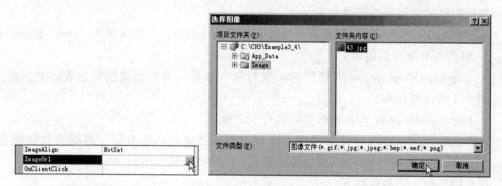

图 5.12　为 ImageButton 控件设置 ImageUrl 属性

所有控件属性设置后，Default.aspx 中代码如下所示。

```
<asp:Label ID="lblMessage" runat="server"></asp:Label>
<br />
<asp:Button ID="btnClick" runat="server" Text="普通按钮" onclick="btnClick_
Click" />
<br />
<asp:LinkButton ID="lbtnClick" runat="server" onclick="lbtnClick_Click">超链接
按钮</asp:LinkButton>
<br />
<asp:ImageButton ID="ibtnClick" runat="server" ImageUrl="~ /Image/43.jpg"
          onclick="ibtnClick_Click" />
<br />
<asp:Button ID="btnCommand" runat="server" Text="按钮 Command 事件" CommandName="cmd"
          CommandArgument="Comand 事件被触发" oncommand="btnCommand_Command" />
```

Default.aspx.cs 中代码如下所示。

```
protected void btnClick_Click(object sender, EventArgs e)
{
```

```
        lblMessage.Text="普通按钮触发事件";
    }
    protected void lbtnClick_Click(object sender, EventArgs e)
    {
        lblMessage.Text="超链接按钮触发事件";
    }
    protected void ibtnClick_Click(object sender, ImageClickEventArgs e)
    {
        lblMessage.Text="图片按钮触发事件";
    }
    protected void btnCommand_Command(object sender, CommandEventArgs e)
    {
        if (e.CommandName=="cmd")
        {
            lblMessage.Text=e.CommandArgument.ToString();
        }
    }
```

上述代码中前三种按钮控件分别是 Button、LinkButton 和 ImageButton。为它们订阅了 Click 单击事件。当单击不同的按钮时，Label 控件显示不同的文字。

第四个按钮订阅了 Command 事件，CommandName 属性为 cmd，CommandArgument 属性为"Comand 事件被触发"。当单击该按钮时，Label 控件显示 CommandArgument 属性值。

（3）运行 Default.aspx 网页，如图 5.13 所示。

（4）任务小结或知识扩展。

当按钮控件同时包含 Click 事件和 Command 事件时，先执行 Click 事件，再执行 Command 事件。

图 5.13　5.4.3 任务的网页运行效果图

### 5.4.4　实践环节

为任务中的第四个按钮再订阅一个 Click 事件。运行网页，查看 Click 事件和 Command 事件的执行顺序。

# 5.5　文本框控件

### 5.5.1　核心知识

在网站开发中，应用程序通常需要和用户进行交互，例如用户注册、登录、发帖等，那么就需要文本框控件（TextBox）来接收用户输入的信息。

文本框控件的常用属性如下。

- AutoPostBack：在文本被修改以后，是否自动向服务器重发请求，默认为 False。

在网页的交互中，如果用户提交了表单，或者执行了相应的方法，那么该页面将会发送到服务器上，服务器将执行表单的操作或者执行相应方法后，再呈现给用户，例如按钮控件、下拉列表控件等。如果将某个控件的 AutoPostBack 属性设置为 True 时，则如果该控件的内容被修改，那么会使页面请求自动发回到服务器。

- EnableViewState：控件是否自动保存其状态以用于往返过程，默认为 True。

ViewState 是 ASP.NET 中用来保存 Web 控件回传状态的一种机制，它是由 ASP.NET页面框架管理的一个隐藏字段。在回传发生时，ViewState 数据同样将回传到服务器，ASP.NET 框架解析 ViewState 字符串并为页面中的各个控件填充该属性。而填充后，控件通过使用 ViewState 将数据重新恢复到以前的状态。在使用某些特殊的控件时，如数据控件，来显示数据库中表的数据。每次打开页面执行一次数据库往返过程是非常不明智的。开发人员可以绑定数据，在加载页面时仅对页面设置一次，在后续的回传中，控件将自动从 ViewState 中重新填充，减少了数据库的往返次数，从而不占用过多的服务器资源。

- MaxLength：用户输入的最大字符数。
- ReadOnly：是否为只读，在客户端浏览器中不能修改，默认为 False。
- TextMode：文本框的模式，设置单行（SingleLine）、多行（MultiLine）或者密码（Password），默认为单行。
- Text：设置或获取 TextBox 中的文本。

文本框控件的常用事件如下。

TextChanged：当文本框中文字值发生变化时，触发此事件，向服务器提交表单。但此事件起作用的前提是 AutoPostBack 属性值修改为 True。

### 5.5.2　能力目标

掌握 TextBox 控件常用属性的设置和 TextChanged 事件的使用。

### 5.5.3　任务驱动

任务的主要内容如下：
- 使用 TextBox 和 Button 控件做出一个登录页面。
- 使用 HTML 的<table>标记进行页面的布局。

(1) 创建名为 Example5_5 的 ASP.NET 网站。

(2) 使用 HTML 的<table>标记进行页面布局。

为了页面的整齐美观，在进行页面设计时，通常需要使用<table>标记进行布局。表格由<table>标记来定义。每个表格均有若干行（由<tr>标记定义），每行被分割为若干单元格（由<td>标记定义）。字母 td 指表格数据（table data），即数据单元格的内容。数据单元格可以包含文本、图片、列表、段落、表单、水平线和表格嵌套等。

本任务中需要一个六行二列的表格，代码如下所示。

```
<table>
<tr><td></td><td></td></tr>
<tr><td></td><td></td></tr>
<tr><td colspan="2"></td></tr>
```

```
<tr><td colspan="2"></td></tr>
<tr><td></td><td></td></tr>
<tr><td colspan="2"></td></tr>
</table>
```

图 5.14　5.5.3 任务的页面设计图

第三行、第四行和第六行通过<td>标记的 clospan 属性进行了相邻列单元格合并。

（3）在单元格内添加控件，并设置属性，如图 5.14 所示。

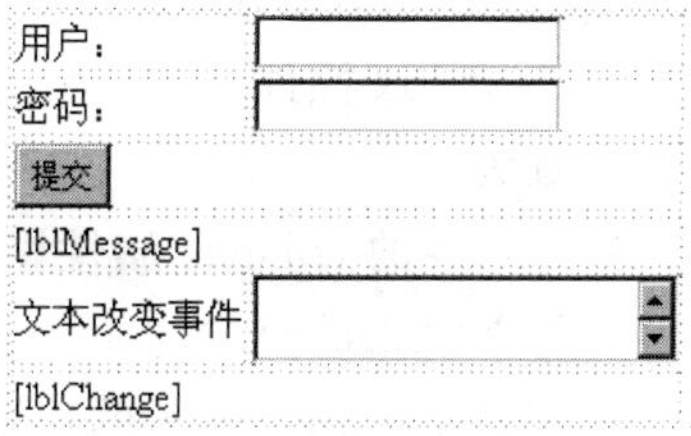

三个 TextBox 在 Default.aspx 源中的代码如下所示。

```
<asp:TextBox ID="txtUsername" runat="server"></asp:TextBox>
<asp:TextBox ID="txtPassword" runat="server" TextMode="Password"></asp:TextBox>
<asp:TextBox ID="txtChange" runat="server" ontextchanged="txtChange_TextChanged"
AutoPostBack="True" TextMode="MultiLine">
```

txtPassword 控件的 TextMode 属性设置为 Password，用来对文本进行密文显示。txt-Change 控件的 TextMode 属性设置为 MultiLine，用来输入多行文本，订阅了 TextChanged 事件，AutoPostBack 为 True。

Default.aspx.cs 中代码如下所示。

```
protected void btnSubmit_Click(object sender, EventArgs e)
{
    lblMessage.Text="<font color=\"red\">用户名："+txtUsername.Text+"<br>密码：
    "+txtPassword.Text+"<font>";
}
protected void txtChange_TextChanged(object sender, EventArgs e)
{
    lblChange.Text=txtChange.Text;
}
```

（4）运行 Default.aspx 网页，如图 5.15 所示。

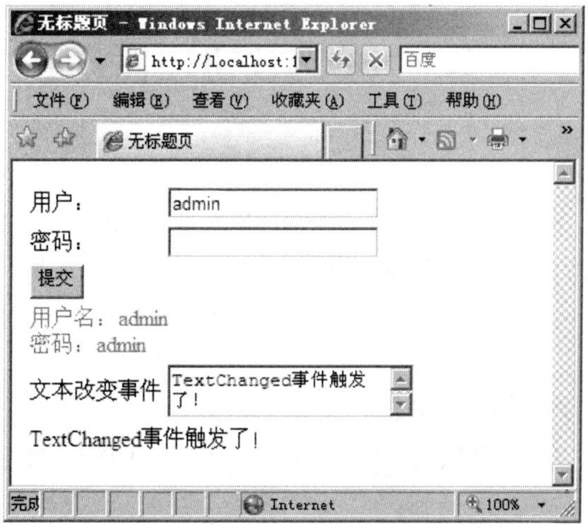

图 5.15　5.5.3 任务的网页运行效果图

(5) 任务小结或知识扩展。

- TextBox 控件的 TextChanged 事件执行的前提条件是 AutoPostBack 属性值必须设置为 True。
- <td>的 colspan 属性用来进行相邻列单元格的合并,rowspan 属性用来进行相邻行单元格的合并。
- 本任务页面中显示的提示文本,因为不需要改变,所以没有是 Label 控件,而是直接在网页中添加的文本。

### 5.5.4 实践环节

仿照任务,做出一个如图 5.16 所示的注册页面。用户单击 Button 控件时,在 Label 控件中显示四个 TextBox 控件中输入的文字。

图 5.16 注册界面网页运行效果图

# 5.6 单选按钮控件

### 5.6.1 核心知识

在性别选择、投票等系统中,通常需要使用单选控件(RadioButton)和单选组控件(RadioButtonList),从而实现在有限种选择中进行一个项目的选择。

每个 RadioButton 只能显示一个候选项,而 RadioButtonList 可以根据需要动态显示若干个候选项。

RadioButton 控件的常用属性如下。

- AutoPostBack:在单选按钮被选中以后,是否自动向服务器重发请求,默认为 False。
- Checked:控件是否被选中,默认值为 False。通常用 Checked 属性来判断某个选项是否被选中。

- GroupName：单选控件所处的组名,同一组的单选按钮此属性必须相同,否则可以多选。
- Text：设定单选按钮显示文字。

RadioButtonList 控件的常用属性如下。

- AutoPostBack：在单选组按钮中某个选项被选中以后,是否自动向服务器重发请求,默认为 False。
- Items：列表中项的集合。当单击 Items 属性的按钮时,会弹出"ListItem 集合编辑器"对话框,如图 5.17 所示。项集合是由若干个 ListItem 组成的。每一个 ListItem 主要是由文本(Text)和值(Value)组成的,可以指定其中一个 ListItem 的 Selected 属性为 True,设为默认选中项。

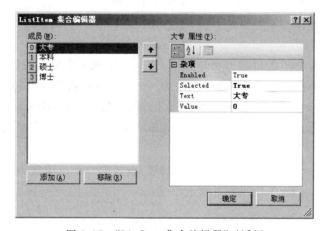

图 5.17　"ListItem 集合编辑器"对话框

- RepeatDirection：用于单选项的布局方向。默认值为 Vertical。

RadioButtonList 控件的常用事件如下。

SelectedIndexChanged：当选中项被改变时,触发此事件,向服务器提交表单。但此事件起作用的前提是 AutoPostBack 属性值修改为 True。

## 5.6.2　能力目标

掌握 RadioButton 控件和 RadioButtonList 控件的使用。

## 5.6.3　任务驱动

任务的主要内容如下。

- 使用两个 RadioButton 控件,实现性别的单项选择。
- 从 RadioButtonList 控件中进行学历的单项选择。

(1) 创建名为"Example5_6"的 ASP.NET 网站。

(2) 在页面中使用<table>标记做布局,画出一个四行二列的表格,在单元格中添加两个 RadioButton 控件和一个 RadioButtonList 控件,如图 5.18 所示。

图 5.18　5.6.3 任务的页面设计图

（3）设置 RadioButton 控件和 RadioButtonList 控件属性。Default. aspx 源中代码如下所示。

```
<asp:RadioButton ID="rbtnMale" runat="server" Checked="True" GroupName="sex"
Text="男" />
<asp:RadioButton ID="rbtnFemale" runat="server" GroupName="sex" Text="女" />
<asp:RadioButtonList ID="rbtnlEdu" runat="server" AutoPostBack="True"
    onselectedindexchanged="rbtnlEdu_SelectedIndexChanged" RepeatDirection="
    Horizontal">
    <asp:ListItem Selected="True" Value="0">大专</asp:ListItem>
    <asp:ListItem Value="1">本科</asp:ListItem>
    <asp:ListItem Value="2">硕士</asp:ListItem>
    <asp:ListItem Value="3">博士</asp:ListItem>
</asp:RadioButtonList>
```

其中：

- 设置 RadioButton 控件的 GroupName 为 sex，实现两个单选按钮单选的作用。
- 设置 rbtnMale 控件的 Checked 属性为 True，实现其默认选中的作用。
- 设置 RadioButtonList 控件的 RepeatDirection 属性为 Horizontal，使选项水平显示。
- 为 RadioButtonList 控件订阅 SelectedIndexChanged 事件，设置 AutoPostBack 属性为 True。
- 为 RadioButtonList 控件添加四个单选项，设置第一个单选项为默认选中。

（4）Default. aspx. cs 中代码如下所示。

```
protected void rbtnlEdu_SelectedIndexChanged(object sender, EventArgs e)
{
    foreach (ListItem i in rbtnlEdu.Items)
    {
        if (i.Selected)
            lblEdu.Text="学历："+i.Text;
    }
}
protected void btnSubmit_Click(object sender, EventArgs e)
{
    if (rbtnMale.Checked)
        lblSex.Text="性别：男";
    else
        lblSex.Text="性别：女";
}
```

其中：

- 通过 foreach 循环，实现对 RadioButtonList 控件的单选项集合的遍历。如果当前遍历的单选项的 Selected 属性为 true，则表明该项被选中。
- 通过判断 RadioButton 的 Checked 属性，判断男或女哪个被选中。

（5）运行 Default. aspx 网页，如图 5.19 所示。

（6）任务小结或知识扩展。

- RadioButton 控件一定要设置 GroupName 为相同值，否则不能实现单选的功能。

图 5.19　5.6.3 任务的网页运行效果图

- RadioButtonList 控件中添加单选项时，要设置文本（Text）和值（Value）属性，Selected 属性设置默认选中项。

### 5.6.4　实践环节

将任务中的性别改成用 RadioButtonList 实现，学历改成用四个 RadioButton 实现。

# 5.7　复选框控件

### 5.7.1　核心知识

当一个投票系统需要用户能够同时选择多个选择项时，则单选按钮控件就不符合要求了。ASP. NET 还提供了复选框控件（CheckBox）和复选组控件（CheckBoxList）来满足多选的要求。复选框控件和复选组控件同单选按钮控件和单选组控件一样，都是通过Checked 属性来判断是否被选择。每个 CheckBox 只能显示一个候选项，而 CheckBoxList可以根据需要动态显示若干个候选项。

CheckBox 控件的常用属性如下。

- AutoPostBack：在复选框按钮被选中以后，是否自动向服务器重发请求，默认为False。
- Checked：控件是否被选中，默认值为 False。通常 Checked 属性来判断某个选项是否被选中。
- Text：设定复选按钮显示文字。

CheckBoxList 控件的常用属性如下。

- AutoPostBack：在复选组按钮中某个选项被选中以后，是否自动向服务器重发请求，默认为 False。
- Items：列表中项的集合。当单击 Items 属性的按钮时，会弹出"ListItem 集合编辑器"对话框，如图 5.20 所示。项集合是由若干个 ListItem 组成的。每一个 ListItem主要是由文本（Text）和值（Value）组成的，可以指定其中若干个 ListItem 的Selected 属性为 True，设为默认选中项。
- RepeatDirection：用于复选项的布局方向。默认值为 Vertical。

ListItem 集合编辑器
成员(M):
0 自己平时不够努力
1 没有家长或教师指导
2 自己本来就不行
3 考试时候太马虎
自己平时不够努力 属性(P):
杂项
Enabled True
Selected False
Text 自己平时不够努力
Value 0
添加(A)
移除(R)
确定
取消

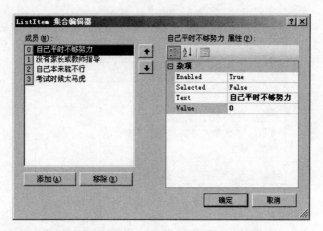

图 5.20 “ListItem 集合编辑器”对话框

CheckBoxList 控件的常用事件如下。

SelectedIndexChanged：当选中项被改变时，触发此事件，向服务器提交表单。但此事件起作用的前提是 AutoPostBack 属性值修改为 True。

## 5.7.2 能力目标

掌握 CheckBox 控件和 CheckBoxList 控件的使用。

## 5.7.3 任务驱动

任务的主要内容如下。

- 使用四个 CheckBox 控件实现复选框的多项选择。
- 使用 CheckBoxList 控件实现多项选择。

(1) 创建名为 Example5_7 的 ASP. NET 网站。

(2) 在页面中添加两个 Label 控件，四个 CheckBox 控件，一个 Button 控件和一个 CheckBoxList 控件，如图 5.21 所示。

[lblFavorite]
[lblReason]
兴趣爱好：跑步 游泳 足球 读书
确认
考试成绩不好的原因：
自己平时不够努力
没有家长或教师指导
考试时太紧张
考试时候太马虎

图 5.21 5.7.3 任务的页面设计图

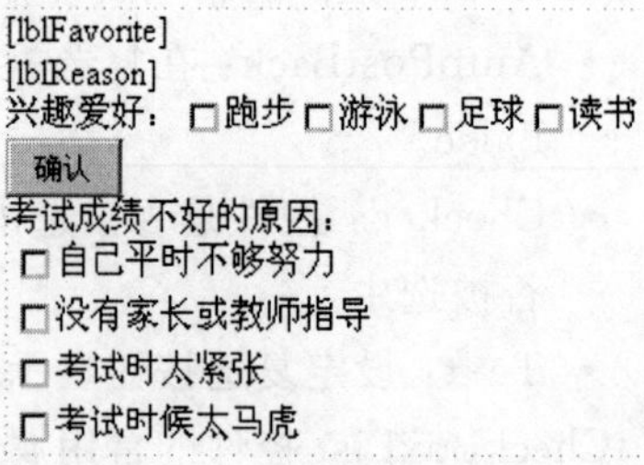

(3) 设置控件属性。Default. aspx 源中代码如下所示。

```
<asp:Label ID="lblFavorite" runat="server">
</asp:Label><br />
<asp:Label ID="lblReason" runat="server">
</asp:Label><br />
兴趣爱好：<asp:CheckBox ID="chkRunning" runat=
"server"Text="跑步" />
<asp:CheckBox ID="chkSwimming" runat="server" Text="游泳" />
<asp:CheckBox ID="chkFootball" runat="server" Text="足球" />
<asp:CheckBox ID="chkReading" runat="server" Text="读书" /><br />
<asp:Button ID="btnSubmit" runat="server" OnClick="btnSubmit_Click" Text="确认"
Width="53px" />
<br />
考试成绩不好的原因：
```

```
<asp:CheckBoxList ID="chklstReason" runat="server" AutoPostBack="True"
   OnSelectedIndexChanged="CheckBoxList1_SelectedIndexChanged">
   <asp:ListItem Value="0">自己平时不够努力</asp:ListItem>
   <asp:ListItem Value="1">没有家长或教师指导</asp:ListItem>
   <asp:ListItem Value="2">考试时太紧张</asp:ListItem>
   <asp:ListItem Value="3">考试时候太马虎</asp:ListItem>
</asp:CheckBoxList>
```

其中：

- 两个 Label 控件用来显示用户的选择项。
- 为 Button 控件订阅了单击事件。
- 为 CheckBoxList 订阅了 SelectedIndexChanged 事件，并将 AutoPostBack 属性设置为 True。
- 为 CheckBoxList 添加了四个候选项。

（4）Default.aspx.cs 中代码如下所示。

```
protected void btnSubmit_Click(object sender, EventArgs e)
{
    string s="兴趣爱好：";
    if (chkRunning.Checked)
        s+="跑步 ";
    if (chkSwimming.Checked)
        s+="游泳 ";
    if (chkFootball.Checked)
        s+="足球 ";
    if (chkReading.Checked)
        s+="读书";
    lblFavorite.Text=s;
}
protected void CheckBoxList1_SelectedIndexChanged(object sender, EventArgs e)
{
    string s="考试成绩不好的原因：";
    foreach (ListItem i in chklstReason.Items)
    {
        if (i.Selected)
            s+=i.Text+" ";
    }
    lblReason.Text=s;
}
```

其中：

- 在 Button 按钮的单击方法中，定义了一个字符串 s，通过对每一个 CheckBox 的 Checked 属性来判断是否被选中，如果被选中，则对字符串 s 进行拼接。
- 通过 foreach 循环，实现对 CheckBoxList 控件的复选项集合的遍历。如果当前遍历的复选项的 Selected 属性为 true，则表明该项被选中，对字符串 s 进行拼接。

（5）运行 Default.aspx 网页，如图 5.22 所示。

（6）任务小结或知识扩展。

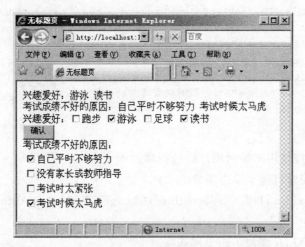

图 5.22　5.7.3 任务的网页运行效果图

复选组控件与单选组控件不同的是,不能够直接获取复选组控件某个选中项目的值,因为复选组控件返回的是第一个选择项的返回值,只能够通过 Item 集合来获取选择某个或多个选中的项目值。

### 5.7.4　实践环节

将任务中的兴趣爱好改成 CheckBoxList 实现,考试成绩不好的原因改成 CheckBox实现。

## 5.8　列 表 控 件

### 5.8.1　核心知识

在网站开发中,经常会需要使用列表控件,让用户的输入更加简单。例如在用户注册时,用户的所在地是有限的集合,而且用户不喜欢经常输入,这样就可以使用列表控件。同样列表控件还能够简化用户输入并且防止用户输入在实际中不存在的数据。

ASP.NET 提供了下拉列表(DropDownList)和列表框(ListBox)两种列表控件供用户使用。二者的区别在于:DropDownList 一次只能显示一个列表项(ListItem),而 ListBox一次可以显示若干个列表项(ListItem),并且按住 Ctrl 键,可以进行多选。

DropDownList 控件和 ListBox 控件的常用公用属性如下。

* AutoPostBack:在列表项被选中以后,是否自动向服务器重发请求,默认为 False。
* Items:列表中项的集合。当单击 Items 属性的按钮时,会弹出"ListItem 集合编辑器"对话框。

ListBox 控件独有的属性如下。

* Rows:设定显示的可见行数。
* SelectionMode:设定列表框的选择模式(Single 和 Multiple),默认为 Single。

DropDownList 控件和 ListBox 控件的常用公用事件如下。

SelectedIndexChanged：当选中项被改变时，触发此事件，向服务器提交表单。但此事件起作用的前提是 AutoPostBack 属性值修改为 True。

## 5.8.2　能力目标

使用 DropDownList 控件和 ListBox 控件实现对列表项的选择。

## 5.8.3　任务驱动

任务的主要内容如下：

- 从 DropDownList 控件中，获得用户选择项。
- 实现对 ListBox 控件列表项的添加和删除。

（1）创建名为 Example5_8 的 ASP.NET 网站。

（2）在页面中添加两个 Label 控件和一个 DropDownList 控件，如图 5.23 所示。

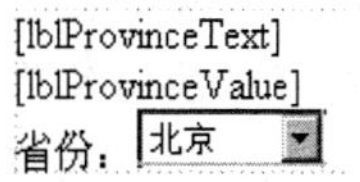

（3）设置控件属性。Default.aspx 源中代码如下所示。

[lblProvinceText]
[lblProvinceValue]
省份：北京

图5.23　5.8.3 任务的页面设计图(一)

```
<asp:Label ID="lblProvinceText" runat="server"></asp:Label><br />
<asp:Label ID="lblProvinceValue" runat="server"></asp:Label><br />
省份：
<asp:DropDownList ID="ddlProvince" runat="server" AutoPostBack="True"
                  OnSelectedIndexChanged="ddlProvince_SelectedIndexChanged">
    <asp:ListItem Value="0">北京</asp:ListItem>
    <asp:ListItem Value="1">上海</asp:ListItem>
    <asp:ListItem Value="2">天津</asp:ListItem>
    <asp:ListItem Value="3">辽宁</asp:ListItem>
    <asp:ListItem Value="4">吉林</asp:ListItem>
    <asp:ListItem Value="5">黑龙江</asp:ListItem>
</asp:DropDownList>
```

其中：

- 两个 Label 控件用来显示用户的选择省份的名称和编号值。
- 为 DropDownList 控件订阅了 SelectedIndexChanged 事件，修改 AutoPostBack 属性值为 True。
- 每个 ListItem 项设定了文本(Text)和值(Value)属性。

（4）Default.aspx.cs 中代码如下所示。

```
protected void ddlProvince_SelectedIndexChanged(object sender, EventArgs e)
{
    lblProvinceText.Text="省份名称："+ddlProvince.SelectedItem.Text;
    lblProvinceValue.Text="省份编号："+ddlProvince.SelectedItem.Value;
}
```

代码中，DropDownList 控件的 SelectedItem 属性获得用户的选择项 ListItem，再通过选择项的 Text 和 Value 属性获得选择项的文本和值。

（5）运行 Default.aspx 网页，如图 5.24 所示。

图 5.24　5.8.3 任务的网页运行效果图(一)

（6）为网站新添加一个网页 ListBoxTest.aspx。

打开解决方案资源管理器，鼠标右击网站名称，在弹出的菜单中选择"添加新项"命令，弹出"添加新项"对话框，在"模板"列表框中选择"Web 窗体"选项，在"名称"文本框中输入 ListBoxTest.aspx，单击"添加"按钮，如图 5.25 所示。

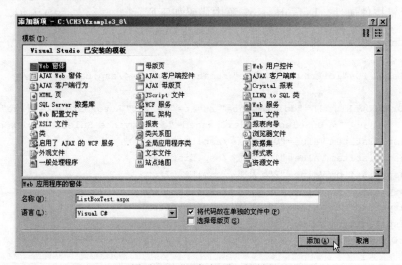

图 5.25　"添加新项"对话框

（7）在 ListBoxTest.aspx 页面中添加两个 ListBox 控件和两个 Button 控件，如图 5.26 所示。

（8）设置控件属性。控件在 ListBoxTest.aspx 源中代码如下所示。

图 5.26　5.8.3 任务的页面设计图(二)

```
< asp:ListBox ID="lstFavorite" runat="server"
Rows="6"SelectionMode="Multiple"Width="91px">
    <asp:ListItem>灌篮高手</asp:ListItem>
    <asp:ListItem>机器猫</asp:ListItem>
    <asp:ListItem>忍者神龟</asp:ListItem>
    <asp:ListItem>圣斗士</asp:ListItem>
    <asp:ListItem>聪明的一休</asp:ListItem>
    <asp:ListItem>变形金刚</asp:ListItem>
</asp:ListBox>
<asp:Button ID="btnAdd" runat="server" Text=">>" onclick="btnAdd_Click" />
```

```
<asp:Button ID="btnDelete" runat="server" Text="<<" onclick="btnDelete_Click"/>
<asp:ListBox ID="lstbYourFavorite" runat="server" Width="91px" Height="102px"
    SelectionMode="Multiple"></asp:ListBox>
```

其中：

- 两个 ListBox 控件的 SelectionMode 属性设置为 Multiple，表示允许按住 Ctrl 键实现多选。

- 为两个 Button 控件订阅了单击事件。

（9）ListBoxTest.aspx.cs 中代码如下所示。

```
protected void btnAdd_Click(object sender, EventArgs e)
{
    bool flag=false;
    foreach (ListItem lsti in lstFavorite.Items){
        flag=false ;
        if (lsti.Selected){
            if (lstbYourFavorite.Items.Count !=0){
                for (int i=0; i<lstbYourFavorite.Items.Count; i++){
                    if (lstbYourFavorite.Items[i].Text==lsti.Text){
                        flag=true;
                    }
                }
                if (!flag){
                    ListItem li=new ListItem();
                    li.Text=lsti.Text;
                    li.Value=lsti.Value;
                    lstbYourFavorite.Items.Add(li);
                }
            }
            else{
                ListItem li=new ListItem();
                li.Text=lsti.Text;
                li.Value=lsti.Value;
                lstbYourFavorite.Items.Add(li);
            }
        }
    }
}
protected void btnDelete_Click(object sender, EventArgs e)
{
    for(int i=0;i<lstbYourFavorite.Items.Count;i++)
    {
        if(lstbYourFavorite.Items[i].Selected)
        {
            lstbYourFavorite.Items.Remove(lstbYourFavorite.Items[i]);
        }
    }
}
```

（10）运行 ListBoxTest.aspx 网页，如图 5.27 所示。

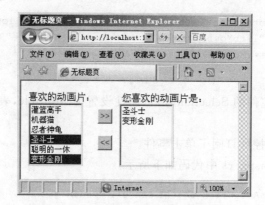

图 5.27　5.8.3 任务的网页运行效果图(二)

(11) 任务小结或知识扩展。

- 当网站中包含多个网页时,在解决方案资源管理器中,鼠标右击指定网页,在弹出的菜单中选择"在浏览器中查看"命令,便可以实现运行指定网页。
- 当 ListBox 控件中列表项数目固定时,使用 foreach 循环遍历方便;而 ListBox 控件中列表项数目不固定时,不能使用 for 循环进行遍历。

### 5.8.4　实践环节

在项目中添加新网页,把上面任务的添加删除 ListBox 列表项的功能,用 ListBox 控件的 SelectedIndexChanged 事件实现。

# 5.9　验　证　控　件

### 5.9.1　核心知识

ASP.NET 提供了强大的验证控件,它可以验证用户的输入,并在验证失败的情况下显示一条自定义错误消息。验证控件直接在客户端执行,用户提交后执行相应的验证无须使用服务器端进行验证操作,从而减少了服务器与客户端之间的往返过程。服务器端的验证控件经过编译后,会自动生成相应的 JavaScript 脚本在客户端执行。

常用的验证控件有如下五种。

(1) 必填验证控件

在实际的应用中,如在用户填写表单时,有一些项目是必填项,例如用户名和密码。必填验证控件(RequiredFieldValidator)的常用属性如下。

- ControlToValidate:指定绑定控件 ID 名。
- ErrorMessage:当验证的控件无效时,在 ValidationSummary 控件中显示的信息。
- Text:当验证的控件无效时,显示的报错提示信息。

使用 RequiredFieldValidator 控件能够指定某个用户在特定的控件中必须提供相应的信息,如果不填写相应的信息,必填控件就会提示错误信息。

(2) 范围验证控件

范围验证控件(RangeValidator)可以检查用户的输入是否在指定的上限与下限之间。

通常情况下用于检查数字、日期、货币等。范围验证控件的常用属性如下。

- ControlToValidate：指定绑定控件 ID 名。
- ErrorMessage：当验证的控件无效时，在 ValidationSummary 控件中显示的信息。
- MinimumValue：指定有效范围的最小值。
- MaximumValue：指定有效范围的最大值。
- Type：指定要比较的值的数据类型。
- Text：当验证的控件无效时，显示的报错提示信息。

（3）比较验证控件

比较验证控件对照特定的数据类型来验证用户的输入。因为当用户输入信息时，难免会输入错误信息，如当需要了解用户的密码时，因为密码不是明文显示，用户很可能输入了其他的字符串。CompareValidator 比较验证控件能够比较控件中的值是否符合开发人员的需要。比较验证控件的常用属性如下。

- ControlToCompare：指定与绑定控件比较的控件 ID 名。
- ControlToValidate：指定绑定控件 ID 名。
- ErrorMessage：当验证的控件无效时，在 ValidationSummary 控件中显示的信息。
- Operator：要使用的比较操作。
- Type：指定要比较的两个值的数据类型。
- Text：当验证的控件无效时，显示的报错提示信息。

（4）正则表达式控件

正则表达式验证控件（RegularExpressionValidator）的功能非常强大，它用于确定输入的控件的值是否与某个正则表达式所定义的模式相匹配，如电子邮件、电话号码以及序列号等。正则表达式验证控件的常用属性如下。

- ControlToValidate：指定绑定控件 ID 名。
- ErrorMessage：当验证的控件无效时，在 ValidationSummary 控件中显示的信息。
- Text：当验证的控件无效时，显示的报错提示信息。
- ValidationExpression：指定用于验证的输入控件的正则表达式。客户端的正则表达式验证语法和服务端的正则表达式验证语法不同，因为在客户端使用的是 JSript

正则表达式语法，而在服务器端使用的是 Regex 类提供的正则表达式语法。使用正则表达式能够实现强大的字符串的匹配并验证用户的输入格式是否正确，系统提供了一些常用的正则表达式，开发人员能够选择相应的选项进行规则筛选，如图 5.28 所示。

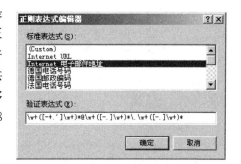

图 5.28 "正则表达式编辑器"对话框

（5）验证总结摘要控件

验证总结摘要控件（ValidationSummary）能够对同一页面的多个控件进行验证总结。验证总结摘要控件通过 ErrorMessage 属性为页面上的每个验证控件显示错误信息。验证总结摘要控件的常用属性如下。

- DisplayMode：摘要可显示为列表，项目符号列表或单个段落。
- HeaderText：标题部分指定一个自定义标题。
- ShowMessageBox：是否在消息框中显示摘要。
- ShowSummary：控制是显示还是隐藏 ValidationSummary 控件。

### 5.9.2  能力目标

掌握五种验证控件的使用方法。

### 5.9.3  任务驱动

任务的主要内容如下：

- 画出一个注册页面。
- 只用五种控件，对用户输入的信息进行验证。

（1）创建名为 Example5_9 的 ASP.NET 网站。

（2）在页面中添加五个 TextBox 控件、必填验证控件、比较验证控件、正则表达式验证控件、范围验证控件和验证总结摘要控件，如图 5.29 所示。

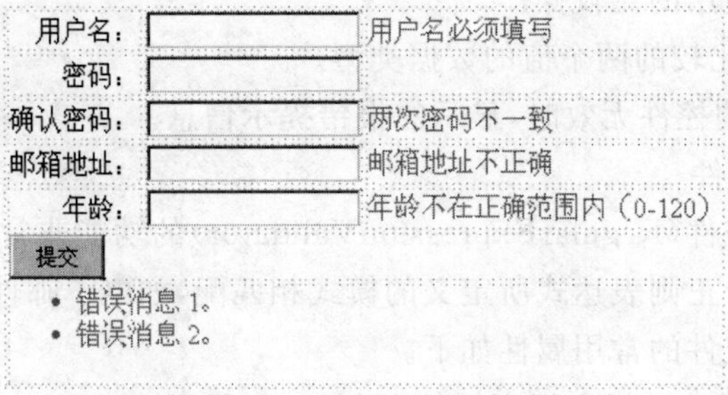

图 5.29  5.9.3 任务的页面设计图

（3）设置控件属性。Default.aspx 源中代码如下所示。

```
<table>
    <tr>
        <td class="style1">用户名：</td>
        <td><asp:TextBox ID="txtUsername" runat="server"></asp:TextBox></td>
        <td><asp:RequiredFieldValidator ID="rfvUsername" runat="server"
                ControlToValidate="txtUsername" ErrorMessage="用户名必须填写">
            </asp:RequiredFieldValidator>
        </td>
    </tr>
    <tr>
        <td class="style1">密码：</td>
        <td>
            <asp:TextBox ID="txtPWD" runat="server" TextMode="Password"></asp:
            TextBox>
        </td>
        <td> </td>
    </tr>
```

```
    <tr>
        <td class="style1">确认密码：</td>
        <td><asp:TextBox ID="txtConfirmPWD" runat="server"
                TextMode="Password"></asp:TextBox>
        </td>
        <td><asp:CompareValidator ID="cvPWD" runat="server"
                ControlToCompare="txtConfirmPWD" ControlToValidate="txtPWD"
                ErrorMessage="两次密码不一致"></asp:CompareValidator>
        </td>
    </tr>
    <tr>
        <td class="style1">邮箱地址：</td>
        <td><asp:TextBox ID="txtEmail" runat="server"></asp:TextBox></td>
        <td><asp:RegularExpressionValidator ID="RegularExpressionValidator1"
         runat="server"
            ControlToValidate="txtEmail" ErrorMessage="RegularExpressionValidator"
            ValidationExpression="\w+([-+.']\w+)*@\w+([-.]\w+)*\.\w+([-.]
            \w+)*">邮箱地址不正确
            </asp:RegularExpressionValidator>
        </td>
    </tr>
    <tr>
        <td class="style1">年龄：</td>
        <td><asp:TextBox ID="txtAge" runat="server"></asp:TextBox></td>
        <td><asp:RangeValidator ID="RangeValidator1" runat="server"
        ControlToValidate="txtAge"
                    ErrorMessage="年龄不在正确范围内(0-120)" MaximumValue="120"
                    MinimumValue="0" Type="Integer"></asp:RangeValidator>
        </td>
    </tr>
    <tr>
        <td colspan="3"><asp:Button ID="btnSubmit" runat="server" Text="提交"
        Width="58px" />
        </td>
    </tr>
    <tr>
        <td colspan="3"><asp:ValidationSummary ID="ValidationSummary1" runat=
        "server"/></td>
    </tr>
</table>
```

（4）运行 Default.aspx 网页，如图 5.30 所示。

（5）任务小结或知识扩展。

- 验证控件的验证是在客户端执行的。当发生错误时，用户会立即看到该错误提示而不会立即进行页面提交，当用户正确填写完成并再次单击按钮控件时，页面才会向服务器提交。

- 在进行验证时，验证控件必须绑定一个服务器控件（除验证总结摘要控件），通过将其 ControlToValidate 属性设置为绑定服务器控件的 ID 名来实现。

- 范围验证控件在进行控件的值的范围设定时，其范围不仅仅可以是一个整数值，同

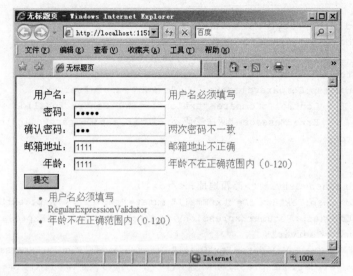

图 5.30　5.9.3 任务的网页运行效果图

样还能够是时间、日期等值。如果两个控件之间的值不相等,则范围验证控件会将
自定义错误信息呈现在用户的客户端浏览器中。
- 开发人员也可以自定义正则表达式来规范用户的输入。使用正则表达式能够加快
  验证速度并在字符串中快速匹配;而另一方面,使用正则表达式能够减少复杂的应
  用程序的功能开发和实现。
- 当有多个错误发生时,验证总结摘要控件能够捕获多个验证错误并呈现给用户。验
  证总结摘要控件要想显示错误信息,必须为上面的每一个控件的 ErrorMessage 属
  性赋值。

### 5.9.4　实践环节

(1) 使用范围验证控件对字符串内容进行验证。
(2) 使用比较控件,对文本框进行不等于验证。
(3) 使用正则表达式控件,进行邮政编码的验证。

# 5.10　文件上传控件

### 5.10.1　核心知识

　　在网站开发中,如果需要加强用户与应用程序之间的交互,就需要上传文件。例如在论
坛中,用户需要上传文件分享信息或在博客中上传视频分享快乐等。在 ASP.NET 中,提
供了文件上传(FileUpload)控件来实现上传的工作。当开发人员使用文件上传控件时,将
会显示一个文本框,用户可以输入或通过“浏览”按键浏览和选择希望上传到服务器的文件。
　　文件上传控件可视化设置属性较少,大部分都是通过代码控制完成的。当用户选择了
一个文件并提交页面后,该文件作为请求的一部分上传,文件将被完整地缓存在服务器内存
中。当文件完成上传,页面才开始运行,在代码运行的过程中,可以检查文件的特征,然后保

存该文件。同时,上传控件在选择文件后,并不会立即执行操作,需要其他的控件来完成操作,例如按钮(Button)控件。

　　用户将文件上传到服务器上时,为了便于文件管理,通常需要在网站中创建一个文件夹用来存储文件。

## 5.10.2　能力目标

　　使用文件上传控件来实现文件的上传。

## 5.10.3　任务驱动

　　任务的主要内容如下:
- 使用文件上传控件选择用户要上传的图片文件。
- 通过 Button 控件,实现用户选择的图片文件的验证和上传。
- 将用户上传的图片显示出来。

(1) 创建名为 Example5_10 的 ASP. NET 网站。

(2) 在页面中添加 FileUpload 控件、Button 控件和 Image 控件,如图 5.31 所示。

(3) 设置控件属性。Default. aspx 源中代码如下所示。

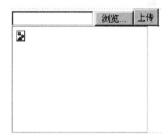

```
<asp:FileUpload ID="fuPhoto" runat="server" />
<asp:Button ID="btnUpload" runat="server" onclick=
"btnUpload_Click" Text="上传" />
<br />
<asp:Image ID="imgPhoto" runat="server" Height=
"160px" Width="213px" />
```

其中:
- 为 Button 控件订阅了单击事件。
- Image 控件的作用是通过 ImageUrl 属性来显示图片。

图5.31　5.10.3 任务的
页面设计图

(4) Default. aspx. cs 中代码如下所示。

```
protected void btnUpload_Click(object sender, EventArgs e)
{
    if (fuPhoto.HasFile)
    {
        if (fuPhoto.PostedFile.ContentLength<100000)
        {
            string[] arr=fuPhoto.PostedFile.FileName.Split('.');
            string extFileName=arr[arr.Length-1];
            string[] extFileNameAllow={"jpg", "jpeg", "gif", "bmp"};
            Boolean flag=false;
            foreach (string s in extFileNameAllow)
            {
                if (s==extFileName)
                {
                    flag=true;
                    break;
```

```
            }
        }
        if (flag)
        {
            string year=DateTime.Now.Year.ToString();
            string month=DateTime.Now.Month.ToString();
            string day=DateTime.Now.Day.ToString();
            string hour=DateTime.Now.Hour.ToString();
            string minute=DateTime.Now.Minute.ToString();
            string second=DateTime.Now.Second.ToString();
            string mil=DateTime.Now.Millisecond.ToString();
            string newFileName=year+month+day+hour+minute+second+mil+"."+
            extFileName;
            string path=Server.MapPath("~ \\photo");
            fuPhoto.PostedFile.SaveAs(path+"\\"+newFileName);
            imgPhoto.ImageUrl="~ \\photo\\"+newFileName;
        }
        else
        {
            Response.Write("<script>alert('文件格式不正确')</script>");
        }
    }
    else
    {
        Response.Write("<script>alert('文件请小于 100KB')</script>");
    }
}
else
{
    Response.Write("<script>alert('请选择文件')</script>");
}
}
```

其中：

- FileUpload 控件的 HasFile 属性为 bool 类型，表示用户是否通过 FileUpload 控件选择了文件，如果选择了文件，则为 true，否则为 false。
- FileUpload 控件的 PostedFile 属性为 HttpPostedFile 类型，表示用户选择上传的文件对象。
- HttpPostedFile 类型的文件上传对象的 ContentLength 属性为 int 类型，表示用户选择文件的大小，单位为字节(Byte)。
- HttpPostedFile 类型的文件上传对象的 FileName 属性为 string 类型，能够获取用户上传文件的绝对路径。string 类型对象的 split 方法能够根据条件对字符串进行分割。因为文件的绝对路径中，一定包含"."，所以本任务中根据"."进行分割，得到字符串数组。最后一个数组元素表示文件的扩展名。
- 将文件扩展名和允许的文件类型进行比较，如果合法，则允许上传，否则不允许上传文件。

- 会有多个用户上传文件,这时不可避免地会出现文件重名的问题。本任务中,通过文件上传时的系统时间,来给用户上传的文件重命名。
- 本任务中,在网站的根目录中创建了一个名为 photo 的文件夹用来存储文件。
- 因为文件上传时,需要目标路径的绝对路径,所以通过 Server 对象 MapPath 方法,将"～\\photo"相对路径转换为绝对路径。"～"表示网站的根目录。
- HttpPostedFile 类型的文件上传对象的 SaveAs 方法将文件上传到指定的绝对路径里。
- Image 对象的 ImageUrl 属性需要相对路径来显示图片。

(5) 运行 Default.aspx 网页,如图 5.32 所示。

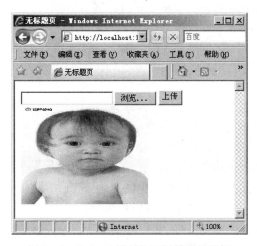

图 5.32 5.10.3 任务的网页运行效果图

(6) 任务小结或知识扩展。

上传的文件在.NET 中,默认上传文件最大为 4MB 左右,不能上传超过该限制的任何内容。当然,开发人员可以通过配置 ASP.NET 网站相应的配置文件来更改此限制,但是推荐不要更改此限制,否则可能造成潜在的安全威胁。如果需要更改默认上传文件大小的值,则可以直接修改存放在 C:\WINDOWS\Microsoft.NET\FrameWork\V2.0. 50727\CONFIG 目录下的 ASP.NET 2.0 配置文件,通过修改文件中的 maxRequestLength 标签的值,或者可以通过 web.config 来修改配置文件。

## 5.10.4 实践环节

将任务改成上传文件的类型为 Word 文档,文件大小小于 1M,上传到网站的 DOC 文件夹中。

# 5.11 小 结

- ASP.NET 服务器控件是在服务器端运行并封装用户界面及其他相关功能的组件。这些控件是使用标记<asp:ServerControl>声明的,所有的 ASP.NET 控件都必须以结束标记</asp:ServerControl>结束。

- 通过控件的属性设置控件的外观,通过控件的事件实现对用户操作的响应。
- 标签控件实现静态和动态的显示文本,如果显示文本内容不变时,则不推荐使用标签控件。
- 通过按钮控件实现表单的提交。
- 使用文本框控件,收集用户在网页中的输入。
- 单选按钮控件实现用户的单项选择。
- 复选框控件实现用户的多项选择。
- 列表控件实现多候选项的选择。
- 验证控件实现用户输入的客户端验证。
- 文件上传控件使用户的文件上传。

# 习 题 5

## 一、填空题

1. Label 控件即_____,用于在页面上显示文本。

2. CheckBox 控件即_____控件。

3. CheckBoxList 控件常用的事件为_____,代表选项发生变化时引发的事件。

4. RadioButton 是_____。RadioButtonList 控件呈现为一组互相_____的单选按钮。在任一时刻,只有_____个单选按钮被选中。

5. DropDownLis 是下拉列框控件,该控件类似于_____控件。

6. RangeValidator 控件设定的最小和最大值可以是_____、_____、货币或字符串等类型。

## 二、选择题

1. 下面( )是单选按钮。

    A. ImageButton        B. LinkButton        C. RadioButton        D. Button

2. TextBox 是常用的控件,它是指( )。

    A. 列表框             B. 文本框          C. 向导控件        D. 标签

3. RegularExpressionValidator 控件的功能是( )。

    A. 用于验证规则

    B. 用于展示验证结果

    C. 用于判断输入的内容是否满足制定的范围

    D. 用于判断输入的内容是否符合指定的格式

4. 用于在页面上显示文本的控件是( )。

    A. Label             B. TextBox         C. Button         D. LinkButton

5. 下列( )按钮可以同时被选中多个。

    A. RadioButton        B. CheckBox        C. ListBox        D. TextBox

## 三、判断题

1. Label 控件显示的信息可分为静态和动态两种。( )

2．LinkButton 控件是一个超文本按钮，它的功能不同于 Button 控件。（　　）

3．位于同一个 CheckBoxList 中的复选框允许同时选中几个或全部选项。（　　）

4．每个单选按钮可以被选中或不选中，在任一时刻，可以有多个单选按钮被选中。（　　）

5．DropDownList 控件与 ListBox 控件的不同之处在于它只在框中显示选定项，同时还显示下拉按钮。（　　）

6．列表框可以为用户提供所有选项的列表。（　　）

7．TextBox 常用的事件有 TextChanged，该事件在文本框被点击时发生。（　　）

**四、简答题**

1．简述在网站的页面中添加控件的两种方法及其步骤。

2．简述文件上传控件的使用过程。

# ADO.NET 数据访问模型

# 第 6 章

主要内容

- ADO.NET 数据访问模型；
- SqlConnection 对象、SqlCommand 对象、SqlDataReader 对象、SqlDataAdapter 对象、DataSet 对象、SqlParameter 对象的使用。

ADO.NET(ActiveX Data Objects)是.NET Framework 中的一系列类库,它能够让开发人员更加方便地在应用程序中使用和操作数据。在 ADO.NET 中,大量复杂的数据操作的代码被封装起来,所以在 ASP.NET 应用程序开发中,只需要编写少量的代码即可处理大量的操作。通过本章的学习,使读者掌握使用 ADO.NET 操作 Microsoft SQL Server 的方法。

## 6.1 ADO.NET 概述

ADO.NET 提供对 Microsoft SQL Server 等数据源的访问。应用程序可以使用 ADO.NET来连接到这些数据源,并检索、操作和更新数据。

ADO.NET 有效地从数据操作中将数据访问分解为多个可以单独使用或一前一后使用的不连续组件。ADO.NET 包含用于连接到数据库、执行命令和检索结果等操作的.NET 数据提供程序。

在.NET 应用程序开发中,ADO.NET 可以被看做是一个介于数据源和数据使用者之间的转换器。ADO.NET 接收使用者语言中的命令,如连接数据库、返回数据集之类,然后将这些命令转换成在数据源中可以正确执行的语句。ADO.NET 中常用的对象如图 6.1 所示。

ADO.NET 中操作 Microsoft SQL Server 数据库的类的名称前面加上 Sql 三个字母。

- SqlConnection：该对象表示与数据库服务器进行连接。
- SqlCommand：该对象表示要执行的 SQL 命令。
- SqlDataReader：该对象是大多数有效的情况下读取数据的好的方式。
- SqlDataAdapter：该对象具有填充命令中的 DataSet 对象的能力。

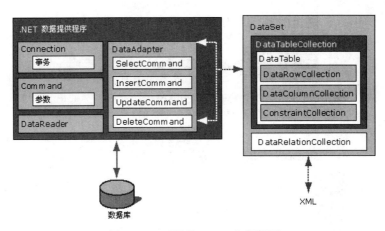

图 6.1 .NET Framework 框架图

- DataSet：该对象表示数据集对象，以 XML 的形式存在于内存中。
- DataTable：该对象表示内存中数据的一个表。DataSet 对象可以包含多个 DataTable 对象。
- SqlParameter：该对象代表了一个将被命令中标记所代替的值。

因为在安装 Microsoft Visual Studio 2008 的同时，程序安装包会自动安装 Microsoft SQL Server 2005 Express Edition，所以在.NET 数据库程序开发中，通常推荐使用 SQL Server 2005 数据库作为数据源。此时需要在 C♯ 程序中引入命名空间 System.Data. SqlClient，因为该命名空间为开发人员提供了操作 SQL Server 2005 数据库的 ADO.NET 相关类，命名空间引用示例代码如下所示。

```
using System.Data.SqlClient;
```

### 6.1.2 能力目标

在 SQL Server 2005 数据库中创建数据库及数据表。

### 6.1.3 任务驱动

为后续任务创建实验数据库 aspnet。

任务的主要内容如下：

- 创建数据库。
- 创建用于实验的表。
- 使用 insert 语句向表中插入数据。

（1）创建名为 aspnet 的数据库。

打开 SQL Server Management Studio Express，单击"新建查询"按钮，进行 SQL 语句的编写，如图 6.2 所示。

在 SQLQuery1.sql 文件中，书写 SQL 语句，如下所示。

```
create database aspnet
```

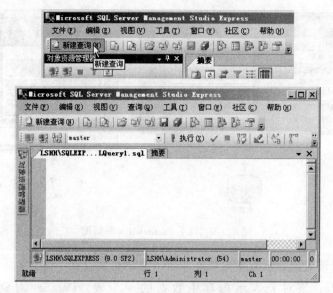

图 6.2 打开"新建查询"界面(一)

单击"！执行"按钮(快捷键为 F5)，执行 SQL 语句，如图 6.3 所示。打开对象资源管理器，鼠标右击"数据库"文件夹，在弹出的菜单中选择"刷新"命令，这时就可以看见创建成功的 aspnet 数据库，如图 6.4 所示。

图 6.3 打开"新建查询"界面图(二)

图 6.4 创建 aspnet 数据库成功

(2) 使用指定数据库。

选择 aspnet 数据库，再单击"新建查询"按钮，此时可以看到工具栏的下拉列表框中选择的是 aspnet 数据库，如图 6.5 所示。

图 6.5 "新建查询"界面图

(3) 创建数据表。

本书中,主要使用学生表(学生编号、姓名、性别、年龄和院系)、课程表(课程编号、课程名称和学分)和选课表(学生编号、课程编号和成绩),SQL 语句如下所示。

```
create table student
(
    sno char(9) primary key,
    sname char(10) not null,
    sex char(2),
    age tinyint,
    dept char(20)
)
create table course
(
    cno char(10) not null,
    cname char(20) not null,
    credit tinyint,
    primary key(cno)
)
create table sc
(
    sno char(9) not null,
    cno char(10) not null,
    grade smallint,
    primary key(sno,cno),
    foreign key(sno) references student(sno),
    foreign key(cno) references course(cno)
)
```

其中:

- 学生编号和课程编号分别作为学生表和课程表的主键。
- 学生编号和课程编号联合作为选课表的联合主键。
- 课程表的学生编号作为外键依赖于学生表的学生编号。
- 课程表的课程编号作为外键依赖于课程表的课程编号。

(4) 向表中插入数据。

向三张表中分别插入若干行数据,SQL 语句如下所示。

```
insert into student values('012880101','赵一','男',19,'计算机系')
insert into student values('012880102','钱二','女',20,'计算机系')
insert into student values('012880103','孙三','男',19,'数学系')
insert into student values('012880104','李四','女',21,'数学系')
insert into student values('012880105','周五','男',20,'信息系')

insert into course values('10001','数据结构',4)
insert into course values('10002','SQL Server数据库',3)
insert into course values('10003','ASP.NET',3)
insert into course values('10004','C语言',5)
insert into course values('10005','离散数学',2)
```

```
insert into sc values('012880101','10001',85)
insert into sc values('012880101','10002',90)
insert into sc values('012880101','10003',80)
insert into sc values('012880102','10003',95)
insert into sc values('012880103','10004',75)
insert into sc values('012880103','10005',95)
insert into sc values('012880104','10005',70)
insert into sc values('012880105','10003',88)
```

insert 语句执行成功后，再通过执行 select 语句，查看三张表中的数据，代码如下所示。

```
select * from student
select * from course
select * from sc
```

数据表查询结果如图 6.6 所示。

图 6.6　数据表查询结果

（5）任务小结或知识扩展。

ADO.NET 是一组用于和数据源进行交互的面向对象类库。通常情况下，数据源是数据库，但它同样也能够是文本文件、Excel 表格或者 XML 文件。

### 6.1.4　实践环节

在 aspnet 数据库中创建员工表 emp（员工号 empno、员工姓名 ename、工作 job、上级编号 mgr、受雇日期 hiredate、薪金 sal、佣金 comm 和部门编号 deptno）和部门表（部门编号 deptno、部门名称 dname 和地点 loc）。

# 6.2　SqlConnection 对象

### 6.2.1　核心知识

SqlConnection 对象表示与 SQL Server 数据源的一个唯一的会话。对于客户端/服务器数据库系统，它等效于到服务器的网络连接。SqlConnection 与 SqlDataAdapter 和 SqlCommand 一起使用，可以在连接 Microsoft SQL Server 数据库时提高性能。

SqlConnection 常用属性如下。

- ConnectionString：string 类型，获取或设置用于打开 SQL Server 数据库的字符串。
- ConnectionTimeout：int 类型，获取在尝试建立连接时，终止尝试并生成错误之前所等待的时间。等待连接打开的时间，默认值为 15 秒。

- State：ConnectionState 枚举类型，指示与数据源连接的当前状态。ConnectionState 是 System.Data 命名空间中的一个枚举类型，成员包括 Closed、Open、Connecting、Executing、Fetching 和 Broken。

SqlConnection 常用方法如下。

- Open：使用 ConnectionString 所指定的属性设置打开数据库连接。
- Close：关闭与数据库的连接。这是关闭任何打开连接的首选方法。

连接 SQL Server 数据库服务器有两种身份认证模式：Windows 身份认证和 SQL Server 身份认证。

- Windows 身份验证就是使用当前访问操作系统的用户，直接登录 SQL Server，如同用钥匙进入了房子大门就可以直接进入各个房间。
- SQL Server 身份验证就是单独设置访问 SQL Server 的权限，如同进入房子之后还需要房间的钥匙。

（1）使用 Windows 身份认证模式，创建 SqlConnection 对象代码如下所示。

```
SqlConnection myConn=new SqlConnection();
myConn.ConnectionString="server=.\\SQLEXPRESS; database=aspnet; Integrated
Security=SSPI";
```

上述代码创建了一个 SqlConnection 对象，并且通过连接字符串属性 ConnectionString 配置了连接数据库字符串。其中：

- ".\\SQLEXPRESS"表示要访问的数据库服务器的名称。
- "."表示本地计算机，可以改写成"本地计算机名称"或者"localhost"。如果访问非本地的 SQL Server 数据库服务器，此处应该写成对方的 IP 地址。
- "\\"的第一个"\"表示转义字符，所以第二个"\"表示反斜杠字符，用来分割路径。
- SQLEXPRESS 表示 SQL Server 2005 在计算机中服务的名称。

（2）使用 SQL Server 身份认证模式，创建 SqlConnection 对象代码如下所示。

```
SqlConnection myConn=new SqlConnection();          //创建连接对象
myConn.ConnectionString="server=.\\SQLEXPRESS; database=aspnet; uid=sa; pwd=
123456 ";
```

说明：在本书中，笔者使用 SQL Server 身份认证连接数据库时，用户名为 sa，密码为 123456。读者可根据自己 SQL Server 实际用户名和密码情况对书中代码进行修改。

（3）数据库连接字符串中属性键值对的使用说明如表 6.1 所示。

表 6.1　连接字符串说明表

| 连接字符串参数 | 描　　述 |
| --- | --- |
| Data Source/server | 指明数据库服务器名称。可以是本地机器、机器域名或者 IP 地址 |
| Initial Catalog/database | 指明数据库名字。一个数据库服务器同时可以运行多个数据库 |
| Integrated Security | 设置为 SSPI，使连接使用 Windows 身份认证模式 |
| User ID/uid | 使用 SQL Server 身份认证模式。SQL Server 的用户名为 sa |
| Password/pwd | 与 SQL Server 的用户名匹配的密码 |

## 6.2.2 能力目标

使用 SqlConnection 对象连接 SQL Server 2005 数据库。

## 6.2.3 任务驱动

创建与 aspnet 数据库的连接。

任务的主要内容如下：

• 引入 ADO.NET 数据访问模型所在命名空间。

• 使用 SQL Server 身份认证模式访问本机的 aspnet 数据库。

• 打开和关闭数据库连接。

（1）创建名为 Example6_1 的 ASP.NET
网站。

（2）在 Default.aspx 网页中添加 Label 控件。
修改 ID 为 lblConn。

（3）任务的代码模板。

将下列 Default.aspx.cs 中的【代码】替换为
程序代码。网页运行效果如图 6.7 所示。

图 6.7  数据库连接的打开和关闭

**Default.aspx.cs 代码**

```
【代码 1】                        //引入访问 SQL Server 所需的 ADO.NET 对象所在命名空间
public partial class _Default: System.Web.UI.Page
{
    protected void Page_Load(object sender, EventArgs e)
    {
        SqlConnection myConn=new SqlConnection();          //创建数据库连接对象
        myConn.ConnectionString=【代码 2】
                            //使用 SQL Server 身份认证访问本机的 aspnet 数据库
        try
        {
            if (myConn.State==ConnectionState.Closed)     //判断当前数据库连接状态
            {
                lblConn.Text="与 aspnet 数据库连接处于关闭状态";
                【代码 3】                              //打开与数据库的连接
            }
            lblConn.Text+="<br>与 aspnet 数据库连接成功";
            if (myConn.State==ConnectionState.Open)
            {
                【代码 4】                                  //关闭与数据库的连接
                lblConn.Text+="<br>与 aspnet 数据库连接关闭";
            }
        }
        catch (Exception ep)
        {
            lblConn.Text="与 aspnet 数据库连接失败,请查看错误信息";
            lblConn.Text=ep.Message;                    //输出异常信息
        }
```

```
    }
}
```

（4）任务小结或知识扩展。

- 上述代码尝试判断是否数据库连接被打开，使用 Open 方法能够建立应用程序与数据库之间的连接。当数据库访问完毕后，必须调用 Close 方法，断开与数据库的连接。数据库连接失败网页效果如图 6.8 所示。

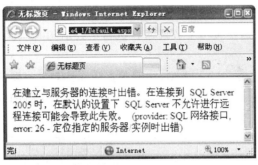

(a) 数据库服务器错误，导致连接失败

(b) 数据库名称错误，导致连接失败　　　(c) 用户名密码错误，导致连接失败

图 6.8　数据库连接失败网页运行图

- 通过 SqlConnection 对象的 State 属性判断当前与数据库的连接状态。
- 通过捕获异常来判断与数据库连接失败的原因。
- 当你在一个独立的机器上面做开发的时候，Windows 身份认证模式登录是安全的。而当你通过客户端连接到非本机的 SQL Server 时，应该基于 SQL Server 身份认证模式登录。

（5）代码模板的参考答案。

【代码 1】: using System.Data.SqlClient;
【代码 2】: "server=.\\SQLEXPRESS;database=aspnet;uid=sa;pwd=123456";
【代码 3】: myConn.Open();
【代码 4】: myConn.Close();

## 6.2.4　实践环节

（1）将【代码 2】改成使用 Windows 身份认证模式连接 aspnet 数据库。

（2）选择"控制面板"→"管理工具"→"服务"选项，将 SQL Server（SQLEXPRESS）停

止。重新执行 Default.aspx 网页,查看网页执行时输出的错误提示信息。

# 6.3  SqlCommand 对象

## 6.3.1  核心知识

ADO.NET 中,SqlCommand 对象使用数据库 SQL 命令直接与数据源进行通信。例如,当需要执行插入或者删除数据库中的某条数据的时候,就需要使用 SqlCommand 对象。

SqlCommand 对象的属性包括了数据库在执行某条语句时所必需的信息,这些信息如下所示。

- Connection:SqlConnection 类型,指明数据库连接对象。默认值为 null。
- CommandText:string 类型,获取或设置要对数据源执行的 Transact-SQL 语句、表名或存储过程名。默认值为空字符串。
- CommandType:CommandType 枚举类型,指定命令文本 CommandText 是使用 SQL 文本命令,还是使用存储过程,默认情况下是 SQL 文本命令。为其赋值需使用 System.Data 命名空间下的 CommandType 枚举类型,该枚举类型包含 3 个成员:Text(SQL 文本命令)、StoredProcedure(存储过程名称)和 TableDirect(表的名称)。
- Parameters:SqlParameterCollection 类型,表示 Transact-SQL 语句或存储过程的参数。默认值为空集合。SqlParameterCollection 类表示与 SqlCommand 相关联的参数的集合以及各个参数到 DataSet 中列的映射。

通常情况下,SqlCommand 对象用于对数据进行操作,例如执行数据的插入和删除,也可以执行数据库结构的更改。示例代码如下所示。

```
string connString="server=.\\SQLEXPRESS;database=aspnet;uid=sa;pwd=123456";
SqlConnection myConn=new SqlConnection(connString);
myConn.Open();
SqlCommand cmd=new SqlCommand();
cmd.Connection=myConn;
cmd.CommandText="select * from student";
```

上述代码实例化 SqlCommand 对象,并设置 Connection 和 CommandText 属性,但并没有对数据进行具体的操作。SqlCommand 对象对数据执行操作常用的方法有:ExecuteScalar、ExecuteReader 和 ExecuteNonQuery。

### 1. ExecuteScalar 方法

SqlCommand 的 ExecuteScalar 方法提供了执行 SELECT 语句返回单个值的功能,方法签名如下所示。

```
public object ExecuteScalar()
```

方法返回值为 object 类型,只能返回 SELECT 语句第一行第一列的单一值。当开发人员在 SQL 语句中需要使用 count、sum、avg、max、min 等聚合函数返回单一的结果值,则可以使用 ExecuteScalar 方法。示例代码如下所示。

```
string connString="server=.\\SQLEXPRESS;database=aspnet;uid=sa;pwd=123456";
```

```
SqlConnection myConn=new SqlConnection(connString);
myConn.Open();
SqlCommand cmd=new SqlCommand("select count(*) from student", myConn);
                                            //创建 SqlCommand
int i=(int)cmd.ExecuteScalar();             //使用 ExecuteScalar 执行
myConn.Close();
```

上述代码创建了一个连接,并创建了一个 SqlCommand 对象,使用构造函数来初始化对象,第一个字符串参数会自动赋给 CommandText 属性,第二个连接对象参数会自动赋给 Connection 属性。当使用 ExecuteScalar 方法执行时,会返回单个值,其返回值类型为 Object,对返回值做了强制类型转换。

**说明:**

(1) ExecuteScalar 方法的返回值为 object 类型,所以需要根据具体情况对返回值进行强制类型转换。

(2) ExecuteScalar 方法对应执行的 SELECT 语句当得到多行多列数据值时,由于该方法只能返回第一行第一列的值,会发生数据丢失,因此该方法不适合执行返回多数据的 SELECT 语句。

(3) ExecuteScalar 方法同样也可以执行 INSERT、UPDATE 和 DELETE 语句,但是与 ExecuteNonQuery 方法不同的是,当语句不为 SELECT 语句时,则返回一个没有任何数据的 SqlDataReader 类型的集合。

### 2. ExecuteReader 方法

SqlCommand 的 ExecuteReader 方法提供了执行 SELECT 语句并返回多行多列数据的功能。方法签名如下所示。

```
public SqlDataReader ExecuteReader();
```

方法返回值为 SqlDataReader 类型,在 6.4 节中会详细讲解。当开发人员在 SQL 语句中需要使用 SELECT 语句查询多行多列数据时,可以使用 ExecuteReader 方法。示例代码如下所示。

```
SqlConnection myConn=new SqlConnection("server=.\\SQLEXPRESS;Initial Catalog=aspnet;
                                        Integrated Security=SSPI");
SqlDataReader sdr=null;try
{
    myConn.Open();
    SqlCommand cmd=new SqlCommand("select * from student", myConn);
    sdr=cmd.ExecuteReader();
    while (sdr.Read())
    {
        lblMsg.Text+="<br>"+sdr[0]+" "+sdr[1];
    }
}
catch(Exception ex)
{
    Response.Write(ex.Message);
}
```

```
finally
{
    if (sdr !=null)
    {
        sdr.Close();                          //关闭 sdr 对象
    }
    if (myConn!=null)
    {
        myConn.Close();                       //关闭连接对象
    }
}
```

### 3. ExecuteNonQuery 方法

SqlCommand 的 ExecuteNonQuery 方法提供了执行 Transact-SQL 语句并返回受影响的行数。方法签名如下所示。

```
public int ExecuteNonQuery();
```

返回值为 int 型，对于 UPDATE、INSERT 和 DELETE 语句，返回值为该命令所影响的行数。对于所有其他类型的语句，返回值均为 -1。如果发生回滚，返回值也为 -1。

（1）要对数据库插入数据，使用 SqlCommand 对象的 ExecuteNonQuery 方法，示例代码如下所示。

```
string connString="server=.\\SQLEXPRESS;database=aspnet;uid=sa;pwd=123456";
SqlConnection myConn=new SqlConnection(connString);              //创建连接对象
myConn.Open();                                                   //打开连接
string insertString="insert into student values('012880106','郑六','女',19,'信息系')";
SqlCommand cmd=new SqlCommand (insertString, myConn);
int i=cmd.ExecuteNonQuery();
myConn.Close();
if(i>0)
{
    lblMsg.Text="插入成功";
}
else
{
    lblMsg.Text="插入失败";
}
```

**说明**：上述代码中，SqlCommand 对象通过执行 ExecuteNonQuery 方法，向 student 表中插入一行数据，返回值赋给整型变量 i。将 i 和 0 进行比较，如果 i>0，则表示插入成功，否则表示插入失败。

（2）要对数据库更新数据，使用 SqlCommand 对象的 ExecuteNonQuery 方法，示例代码如下所示。

```
string connString="server=.\\SQLEXPRESS;database=aspnet;uid=sa;pwd=123456";
SqlConnection myConn=new SqlConnection(connString);
myConn.Open();
string updateString="update student set sex='男' where sno='012880106' ";
```

```
SqlCommand cmd=new SqlCommand();
cmd.Connection=myConn;
cmd.CommandText=updateString;
int i=cmd.ExecuteNonQuery();
myConn.Close();
if(i>0)
{
    lblMsg.Text="更新成功";
}
else
{
    lblMsg.Text="更新失败";
}
```

说明：上述代码，SqlCommand 对象通过执行 ExecuteNonQuery 方法，修改 student 表中 sno 为 012880106 的若干行数据，返回值赋给整型变量 i。将 i 和 0 进行比较，如果 i>0，则表示更新成功，否则表示更新失败。

（3）要对数据库删除数据，使用 SqlCommand 对象的 ExecuteNonQuery 方法，示例代码如下所示。

```
string connString="server=.\\SQLEXPRESS;database=aspnet;uid=sa;pwd=123456";
SqlConnection myConn=new SqlConnection(connString);
myConn.Open();
string deleteString=" delete from student where sno='012880106' ";
SqlCommand cmd=new SqlCommand();
cmd.Connection=myConn;
cmd.CommandText=deleteString;
cmd.CommandType=CommandType.Text;
int i=cmd.ExecuteNonQuery();
myConn.Close();
if(i>0)
{
    lblMsg.Text="删除成功";
}
else
{
    lblMsg.Text="删除失败";
}
```

说明：上述代码中，SqlCommand 对象通过执行 ExecuteNonQuery 方法，删除 student 表中所有 sno 为 012880106 的若干行数据，返回值赋给整型变量 i。将 i 和 0 进行比较，如果 i>0，则表示删除成功，否则表示删除失败。

## 6.3.2　能力目标

使用 SqlCommand 对象的 ExecuteScalar 方法、ExecuteReader 方法和 ExecuteNon-Query 方法对数据库进行增加、删除、修改和查询操作。

## 6.3.3　任务驱动

任务 1：使用 SqlCommand 对象的 ExecuteScalar 方法查询数据表中的数据行数。

任务的主要内容如下：

- 添加新网页，在网页中添加 Label 控件。
- 在 Page_Load 方法中使用 SqlConnection、SqlCommand 对象操作数据库。
- 输出数据表中的数据行数。

（1）创建名为 Example6_2 的 ASP. NET 网站。

（2）在网站中添加名为 ExecuteScalar. aspx 的
网页。在网页中添加 ID 为 lblMsg 的 Label 控件。

（3）任务的代码模板

将下列 ExecuteScalar. aspx. cs 中的【代码】替换
为程序代码。网页运行效果如图 6.9 所示。

图 6.9　6.3.3 任务 1 的网页运行效果图

**ExecuteScalar. aspx. cs 代码**

```
【代码 1】                    //引入访问 SQL Server 所需的 ADO.NET 对象所在命名空间
public partial class ExecuteScalar: System.Web.UI.Page
{
    protected void Page_Load(object sender, EventArgs e)
    {
        SqlConnection myConn=new SqlConnection();
        myConn.ConnectionString="server=.\\SQLEXPRESS;database=aspnet;uid=sa;
        pwd=123456";
        myConn.Open();
        【代码 2】                     //定义名为 cmd 的命令对象
        cmd.Connection=myConn;
        cmd.CommandText=【代码 3】     //查询 course 表中的数据行数
        int count=【代码 4】//执行命令对象的 ExecuteScalar 方法,获得 course 表中的数据行数
        lblMsg.Text="course 表中数据行数为"+count;
        myConn.Close();
    }
}
```

（4）任务小结或知识扩展。

ExecuteScalar 方法的返回值为 object 类型，表示返回 SELECT 第一行第一列的值，本
任务中统计数据行数，因此强制转换为 int 类型。

（5）代码模板的参考答案。

【代码 1】: using System.Data.SqlClient;
【代码 2】: SqlCommand cmd=new SqlCommand();
【代码 3】: "select count(*) from course";
【代码 4】: (int)cmd.ExecuteScalar();

**任务 2**：使用 SqlCommand 对象的 ExecuteReader 方法读取数据表中所有数据。

任务的主要内容如下：

- 添加新网页，在网页中添加 Label 控件。
- 在 Page_Load 方法中使用 SqlConnection、SqlCommand 对象操作数据库。
- 输出数据表中所有数据。

（1）在任务 1 的网站中添加名为 ExecuteReader. aspx 的网页。在网页中添加 ID 为

lblMsg 的 Label 控件。

（2）任务的代码模板。

将下列 ExecuteReader. aspx. cs 中的【代码】替换为程序代码。网页运行效果如图 6.10 所示。

**ExecuteReader. aspx. cs 代码**

图 6.10   6.3.3 任务 2 的网页运行效果图

```
using System.Data.SqlClient;
public partial class ExecuteReader:
System.Web.UI.Page
{
    protected void Page_Load(object
    sender, EventArgs e)
    {
        SqlConnection myConn=new SqlConnection();
        myConn.ConnectionString="server=.\\SQLEXPRESS;database=aspnet;uid=sa;
        pwd=123456";
        myConn.Open();
        SqlCommand cmd=new SqlCommand();
        cmd.Connection=myConn;
        cmd.CommandText=【代码 1】              //查询 course 表中所有数据
        SqlDataReader sdr=【代码 2】            //执行 cmd 对象的 ExecuteReader 方法
        lblMsg.Text=【代码 3】                  //使用<table><tr><td>标记画出表头
        while (sdr.Read())
        {
            lblMsg.Text+="<tr><td>"+sdr[0].ToString()+"<td>"+sdr[1].ToString
            ()+"<td>"+sdr[2].ToString();
        }
        lblMsg.Text+=【代码 4】                 //结束<table>标记
        sdr.Close();
        myConn.Close();
    }
}
```

（3）任务小结或知识扩展。

关于 SqlDataReader 对象在 6.4 节中会详细讲解。本任务中为了输出效果整齐，给 lblMsg 控件的 Text 属性赋值时，字符串中添加了<table><tr><td>标记。

（4）代码模板的参考答案。

【代码 1】："select * from course";
【代码 2】：cmd.ExecuteReader();
【代码 3】："<table border=1><tr><td>课程编号<td>名称<td>学分";
【代码 4】："</table>";

**任务 3**：使用 SqlCommand 对象的 ExecuteNonQuery 方法添加、修改和删除数据。
任务的主要内容如下：

• 添加新网页，在网页中添加若干个控件。

• 创建 CourseLoad 方法，用来返回数据表中所有数据。

- 在 Page_Load 方法中调用 CourseLoad 方法。
- 为三个 Button 控件订阅单击事件,实现对 Course 表的添加、修改和删除,并调用 CourseLoad 方法及时显示最新的数据表中的数据。

（1）在任务 1 的网站中添加名为 ExecuteNonQuery.aspx 的网页。在网页中添加 Label 控件、静态文本、TextBox 控件和 Button 控件,如图 6.11 所示。

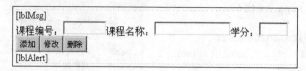

图 6.11　6.3.3 任务 3 的网页设计图

（2）任务的代码模板。

将下列 ExecuteNonQuery.aspx.cs 中的【代码】替换为程序代码。网页运行效果如图 6.12 所示。

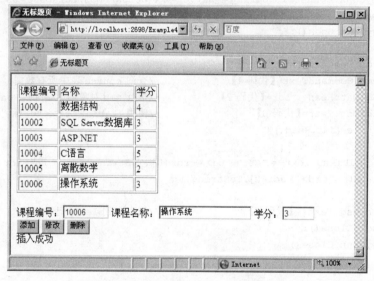

图 6.12　6.3.3 任务 3 的网页运行效果图

**ExecuteNonQuery.aspx.cs 代码**

```
using System.Data.SqlClient;
public partial class ExecuteNonQuery: System.Web.UI.Page
{
    protected void Page_Load(object sender, EventArgs e)
    {
        if (【代码 1】)                    //判断网页是否是首次加载,如果是则 if 语句成立
        {
            【代码 2】                    //调用显示 Course 表中所有数据的 CourseLoad 方法
        }
    }
    private void CourseLoad()
    {
```

```
        SqlConnection myConn=new SqlConnection();        //定义数据库连接对象
        myConn.ConnectionString="server=.\\SQLEXPRESS;database=aspnet;uid=sa;
        pwd=123456";
        myConn.Open();
        SqlCommand cmd=new SqlCommand();                 //定义命令对象
        cmd.Connection=myConn;                           //指定命令对象的连接属性
        cmd.CommandText="select * from course";
        SqlDataReader sdr=cmd.ExecuteReader();
        lblMsg.Text="<table border='1px'><tr><td>课程编号<td>名称<td>学分";
        while (sdr.Read())
        {
            lblMsg.Text+="<tr><td>"+sdr[0].ToString()+"<td>"+sdr[1].ToString()+"
            <td>"+sdr[2].ToString();
        }
        lblMsg.Text+="</table>";
        sdr.Close();
        myConn.Close();
    }
    protected void btnAdd_Click(object sender, EventArgs e)
    {
        string cno;
        string cname;
        int credit;
        SqlConnection myConn=new SqlConnection();
        myConn.ConnectionString="server=.\\SQLEXPRESS;database=aspnet;uid=sa;
        pwd=123456";
        myConn.Open();
        SqlCommand cmd=new SqlCommand();
        cmd.Connection=myConn;
        cno=txtCno.Text.Trim();
        cname=txtCname.Text.Trim();
        credit=【代码 3】                    //获取用户在网页中输入的学分
        cmd.CommandText=【代码 4】            //向 course 表中插入数据
        int i=【代码 5】                      //执行 cmd 对象的 ExecuteNonQuery 方法
        myConn.Close();
        if (【代码 6】)                        //判断 i 是否大于 0
            lblAlert.Text="插入成功";
        else
            lblAlert.Text="插入失败";
        CourseLoad();
    }
    protected void btnUpdate_Click(object sender, EventArgs e)
    {
        string cno;
        string cname;
        int credit;
        SqlConnection myConn=new SqlConnection();        //定义数据库连接对象
        myConn.ConnectionString="server=.\\SQLEXPRESS;database=aspnet;uid=sa;
        pwd=123456";
        myConn.Open();
        SqlCommand cmd=new SqlCommand();                 //定义命令对象
```

```
        cmd.Connection=myConn;                    //指定命令对象的连接属性
        cno=txtCno.Text.Trim();
        cname=txtCname.Text.Trim();
        credit=Convert.ToInt32(txtCredit.Text.Trim());
        cmd.CommandText=【代码 7】                  //根据课程编号修改 course 表中数据
        int i=【代码 8】                            //执行 cmd 对象的 ExecuteNonQuery 方法
        myConn.Close();
        if (i>0)
            lblAlert.Text="修改成功";
        else
            lblAlert.Text="修改失败";
        CourseLoad();
    }
    protected void btnDelete_Click(object sender, EventArgs e)
    {
        string cno;
        SqlConnection myConn=new SqlConnection();      //定义数据库连接对象
        myConn.ConnectionString="server=.\\SQLEXPRESS;database=aspnet;uid=sa;
        pwd=123456";
        myConn.Open();
        SqlCommand cmd=new SqlCommand();               //定义命令对象
        cmd.Connection=myConn;
        cno=txtCno.Text.Trim();
        cmd.CommandText=【代码 9】                     //根据课程编号删除 course 表中数据
        int i=【代码 10】                              //执行 cmd 对象的 ExecuteNonQuery 方法
        myConn.Close();
        if (i>0)
            lblAlert.Text="删除成功";
        else
            lblAlert.Text="删除失败";
        CourseLoad();
    }
}
```

（3）任务小结或知识扩展。

- IsPostBack 是 Page 对象的一个 bool 类型属性。因为每一个 ASPX 网页类都继承自 System.Web.UI.Page 类，所以可以直接使用 IsPostBack 属性。
- 通常在 Page_Load 方法中获取 IsPostBack 值，该值指示该页是否正为响应客户端回发而加载，或者它是否正被首次加载和访问，如果是为响应客户端回发而加载该页，则为 true，否则为 false。
- 如果用户在页面上触发某事件再次请求该页面，那么执行 Page_Load 时，就会看到 IsPostBack 等于 true；如果你的页面是第一次被打开，则返回 false。
- 当希望 Page_Load 中的某些代码只在首次加载时执行，则可以使用 IsPostBack 属性实现。

（4）代码模板的参考答案。

【代码 1】: !IsPostBack
【代码 2】: CourseLoad();

**【代码 3】**: Convert.ToInt32(txtCredit.Text.Trim());

**【代码 4】**: "insert into course values('"+cno+"','"+cname+"',"+credit+")";

**【代码 5】**: cmd.ExecuteNonQuery();

**【代码 6】**: i>0

**【代码 7】**: "update course set cname='"+cname+"',credit="+credit+" where cno= '"+cno+"'";

**【代码 8】**: cmd.ExecuteNonQuery();

**【代码 9】**: "delete from course where cno='"+cno+"'";

**【代码 10】**: cmd.ExecuteNonQuery();

## 6.3.4　实践环节

(1) 任务 3 执行添加操作时,没有判断课程编号是否可用,请修改程序代码。

(2) 任务 3 执行修改操作时,没有判断课程编号是否可用,请修改程序代码。

(3) 任务 3 执行删除操作时,没有判断课程编号是否可用,请修改程序代码。

# 6.4　SqlDataReader 对象

## 6.4.1　核心知识

SqlDataReader 对象是用来读取数据流,不能用它来写入数据。

SqlDataReader 能够以只向前的顺序方式从数据流中读取每一行数据。只要已经读取了某行数据,就必须保存它们,因为将不能够返回并再一次读取它。如果希望再次读取上一行数据,必须创建一个新的 SqlDataReader 对象并且再次从数据流中读取它。

创建 SqlDataReader 对象与实例化其他 ADO. NET 对象不同,必须使用 SqlCommand 对象的 ExecuteReader 方法创建,代码如下所示。

```
SqlDataReader sdr=cmd.ExecuteReader();
```

SqlCommand 对象 cmd 的 ExecuteReader 方法返回一个 SqlDataReader 实例。而如果使用 new 关键字实例化 SqlDataReader 对象,虽然语法没有错误,但却没有获取任何数据流。

SqlDataReader 常用属性如下。

- FieldCount:int 类型,表示获取当前行中的字段数。默认值为 −1。
- HasRows:bool 类型,该值指示 SqlDataReader 对象是否包含一行或多行数据。包含的话为 true,否则为 false。

SqlDataReader 常用方法如下。

- Close:关闭 SqlDataReader 对象。SqlDataReader 对象使用完毕后,必须关闭。
- Read:返回值为布尔型。使 SqlDataReader 对象前进到下一条记录。如果下一条记录存在则为 true,否则为 false。

## 6.4.2　能力目标

使用 SqlDataReader 对象对数据流进行顺序读取。

### 6.4.3  任务驱动

使用 SqlDataReader 读取数据表中所有数据。

任务的主要内容如下:

- 在网页中添加 Label 控件。
- 在 Page_Load 方法中使用 SqlConnection、SqlCommand 和 SqlDataReader 对象读取数据。

（1）创建名为 Example6_3 的 ASP. NET 网站。

（2）在 Default. aspx 网页中添加 ID 为 lblMsg 的 Label 控件。

（3）任务的代码模板。

将下列 Default. aspx. cs 中的【代码】替换为程序代码。网页运行效果如图 6.13 所示。

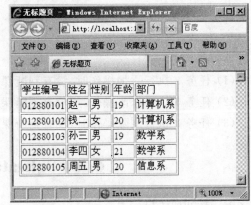

图 6.13  6.4.3 任务的网页运行效果图

**Default. aspx. cs 代码**

```
using System.Data.SqlClient;
public partial class_Default: System.Web.UI.Page
{
    protected void Page_Load(object sender, EventArgs e)
    {
        SqlConnection myConn=new SqlConnection();
        myConn.ConnectionString="server=.\\SQLEXPRESS;database=aspnet;uid=sa;
        pwd=123456";
        myConn.Open();
        SqlCommand cmd=new SqlCommand();
        cmd.Connection=myConn;
        cmd.CommandText="select * from student";
        【代码1】                      //实例化 SqlDataReader 对象 sdr
        if (【代码2】)                  //判断 sdr 对象是否读取到数据
        {
            lblMsg.Text="<table border='1'><tr><td>学生编号<td>姓名<td>性别
            <td>年龄<td>部门";
            while (【代码3】)            //使 sdr 对象读取下一行数据
            {
                string sno=sdr[0].ToString();
                string sname=sdr["sname"].ToString();
                string sex=sdr["sex"].ToString();
                string age=sdr["age"].ToString();
                string dept=sdr["dept"].ToString();
                lblMsg.Text+="<tr><td>"+sno+"<td>"+sname+"<td>"+sex+"<td>"+
                                age+"<td>"+dept;
            }
            lblMsg.Text+="</table>";
        }
```

```
        else
        {
            lblMsg.Text="没有数据";
        }
        【代码 4】                        //关闭 sdr 对象
        myConn.Close();
    }
}
```

（4）任务小结或知识扩展。

- 任务代码给出了 SqlDataReader 对象的典型应用，使用 while 循环迭代每一行。通过 SqlCommand 对象的 ExecuteReader 方法，创建 SqlDataReader 对象；根据 Read 方法依次读取每一行，通过索引器（索引值下标或列名）获取当前行指定字段的数据。

- 在 while 循环的表达式中使用 SqlDataReader 对象的 Read 方法。Read 方法的返回值为 bool 类型，并且只要有记录读取就返回 true。当数据流中最后一条记录被读取了，Read 方法就返回 false。

- 使用 SqlDataReader 的索引器，比如 sdr[0]，提取当前行中的第一个字段。使用诸如这样的数值索引器可以提取行中的字段，但是它并不具有很好的可读性。任务的例子也使用了字符串索引器，这里的字符串是从 SQL 查询语句中得到的字段名。

- 在使用 SqlDataReader 时，关联的 SqlConnection 正忙于为 SqlDataReader 服务，所以 SqlConnection 无法执行任何其他操作，只能将其关闭。除非调用 SqlDataReader 的 Close 方法，否则会一直处于此状态。Close 方法保证资源泄露不会发生。

（5）代码模板的参考答案。

【代码 1】：SqlDataReader sdr=cmd.ExecuteReader();
【代码 2】：sdr.HasRows
【代码 3】：sdr.Read()
【代码 4】：sdr.Close();

### 6.4.4  实践环节

将 aspnet 数据库的 course 表的数据仿照任务步骤在网页中输出。

# 6.5  DataTable 对象

### 6.5.1  核心知识

DataTable 类是 .NET Framework 类库中 System.Data 命名空间的成员。可独立创建和使用 DataTable，也可以作为 DataSet 的成员创建和使用。在 DataSet 对象中通过 Tables 属性访问 DataSet 中表的集合。

- 表的架构由列和约束表示。使用 DataColumn 对象以及 ForeignKeyConstraint 和 UniqueConstraint 对象定义 DataTable 的架构。表中的列可以映射到数据源中的列,包含从表达式计算所得的值、自动递增它们的值,或包含主键值。

- 除架构以外,DataTable 还必须具有行,在其中包含数据,并对数据排序。
- 可以使用表中的一个或多个相关的列来创建表与表之间的依赖关系。DataTable 对象之间的关系可使用 DataRelation 来创建。

DataTable 对象创建的过程可以分为以下 6 步。

(1) 使用关键字 new 实例化 DataTable 对象,代码如下所示。

```
DataTable dt=new DataTable();
```

由于内存中会有多个 DataTable 对象存在,可以通过在实例化 DataTable 对象的同时为其命名来区别不同的 DataTable 对象,代码如下所示。

```
DataTable dt=new DataTable("名称");
```

(2) 使用关键字 new 实例化 DataColumn 对象,代码如下所示。

```
DataColumn dc=new DataColumn();
```

DataColumn 对象的常用属性如下。

- DataType:type 类型,表示列的数据类型。
- ColumnName:string 类型,表示列的名称。

(3) 添加 DataColumn 对象到 DataTable 对象的 Columns 集合中,代码如下所示。

```
dt.Columns.Add(dc);
```

(4) 根据 DataTable 对象的架构,创建 DataRow 对象。

DataRow 对象不能使用关键字 new 来实例化,而要使用 DataTable 对象的 NewRow 方法来自动根据 DataTable 对象的架构来创建 DataRow 对象,代码如下所示。

```
DataRow row=dt.NewRow();
```

(5) 为 DataRow 对象的每个单元格赋值。

有两种索引器为 DataRow 对象的单元格赋值:单元格下标整型索引器和列名称字符串型索引器。其中整型索引器下标从 0 开始。代码如下所示。

```
dr[下标]=值 1;
dr["列名"]=值 2;
```

每个单元格的类型均为 object 类型,读取数据的时候,根据实际情况进行类型转换。

(6) 添加 DataRow 对象到 DataTable 对象的 Rows 集合中,代码如下所示。

```
dt.Rows.Add(row);
```

## 6.5.2 能力目标

创建 DataTable 对象,构建表架构,向表中添加数据。

## 6.5.3 任务驱动

创建 DataTable 对象存储数据。

任务的主要内容如下：

- 在网页中添加 Label 控件。

- 在 Page_Load 方法中构造 DataTable 对象，并添加数据。

（1）创建名为 Example6_4 的 ASP.NET 网站。

（2）在 Default.aspx 网页中添加 ID 为 lblMsg 的 Label 控件。

（3）任务的代码模板。

将下列 Default.aspx.cs 中的【代码】替换为程序代码。网页运行效果如图 6.14 所示。

**Default.aspx.cs 代码**

图 6.14　6.5.3 任务的网页运行效果图

```
using System.Data;
public partial class_Default: System.Web.UI.Page
{
    protected void Page_Load (object sender, EventArgs e)
    {
        DataTable dt=【代码 1】                    //创建 DataTable 对象,命名为 Football
        DataColumn idColumn=【代码 2】            //创建 DataColumn 对象
        idColumn.DataType=System.Type.GetType("System.Int32");
                                                  //设置 DataColumn 对象数据类型
        idColumn.ColumnName="编号";              //设置 DataColumn 对象的列名
        idColumn.AutoIncrementSeed=1000;         //设置自动增加种子的初值为 1000
        idColumn.AutoIncrement=true;             //设置 DataColumn 对象是否自动增长
        【代码 3】                                 //向 dt 对象的 Columns 集合中添加 idColumn 对象
        DataColumn nameColumn=new DataColumn();
        nameColumn.DataType=System.Type.GetType("System.String");
        nameColumn.ColumnName="姓名";
        dt.Columns.Add(nameColumn);
        DataColumn clubColumn=new DataColumn();
        clubColumn.DataType=System.Type.GetType("System.String");
        clubColumn.ColumnName="俱乐部";
        dt.Columns.Add(clubColumn);
        DataColumn[] keys=new DataColumn[1];       //设置主键列
        keys[0]=idColumn;
        dt.PrimaryKey=keys;
        DataRow row;
        row=【代码 4】                              //创建 DataRow 对象
        row["姓名"]="鲁尼";                        //为当前行的单元格赋值
        row["俱乐部"]="曼联";
        【代码 5】                                  //向 DataTable 对象的 Rows 集合添加 DataRow 对象
        row=dt.NewRow();
        row["姓名"]="梅西";
        row["俱乐部"]="巴萨";
        dt.Rows.Add(row);
        row=dt.NewRow();
        row["姓名"]="C 罗";
        row["俱乐部"]="皇马";
        dt.Rows.Add(row);
        row=dt.NewRow();
        row["姓名"]="卡卡";
```

```
        row["俱乐部"]="皇马";
        dt.Rows.Add(row);
        lblMsg.Text="<table border='1'><tr>";
        foreach (DataColumn column in dt.Columns)    //打印表头
            lblMsg.Text+="<td>"+column.ColumnName;
        foreach (DataRow dr in dt.Rows)               //打印表中数据
            lblMsg.Text+="<tr><td>"+dr["编号"].ToString()+"<td>"+dr["姓名"].
            ToString()+"<td>"+dr["俱乐部"].ToString();
        lblMsg.Text+="</table>";
    }
}
```

（4）任务小结或知识扩展。

- 任务中，首先创建了名为 Football 的 DataTable 对象。
- 然后，向 dt 对象的 Columns 集合添加三列：idColumn、nameColumn 和 clubColumn，其中 idColumn 被设定为主键列。
- 接着，向 dt 对象的 Rows 集合添加了四行。
- 最后，将 dt 对象中的数据依次打印出来。

（5）代码模板的参考答案。

【代码 1】：new DataTable("Football");
【代码 2】：new DataColumn();
【代码 3】：dt.Columns.Add(idColumn);
【代码 4】：dt.NewRow();
【代码 5】：dt.Rows.Add(row);

## 6.5.4　实践环节

按照 6.1 节中的 student 表结构构造 DataTable 对象。

# 6.6　DataSet 对象

## 6.6.1　核心知识

DataSet 是 ADO.NET 框架的主要组件，是数据以 XML 的形式驻留于内存的表示形式，它把从数据源中检索到的数据存放在内存的缓存中。

DataSet 由表、关系和约束的集合组成。数据可以来自本地基于 .NET 的应用程序，也可从数据源（例如，使用 SqlDataAdapter 的 Microsoft SQL Server）中导入。

DataSet 表示整个数据集，包含对数据进行包含、排序和约束的表以及表间的关系，如图 6.15 所示。

使用 DataSet 的方法有若干种，常用以下两种方式。

（1）以编程方式在 DataSet 中创建 DataTable、DataRelations 和 Constraints，并使用数据填充表。可以分为以下四步。

① 使用关键字 new 实例化 DataSet 对象，代码如下所示。

```
DataSet ds=new DataSet();
```

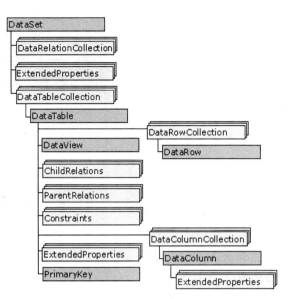

图 6.15　DataSet 对象结构图

由于内存中会有多个 DataSet 对象存在,可以通过在实例化 DataSet 对象的同时为其命名来区别不同的 DataSet 对象,代码如下所示。

```
DataSet ds=new DataSet("名称");
```

② 添加 DataTable 对象到 DataSet 对象的 Tables 集合中,代码如下所示。

```
ds.Tables.Add(dt);
```

③ 为 DataTable 对象创建约束对象,添加到 DataTable 对象的 Constraints 集合中。代码如下所示。

```
ds.Tables["表名称"].Constraints.Add(约束对象);
```

④ 添加 DataTable 对象之间的关系到 DataSet 对象的 Relations 集合当中。

(2) 通过 SqlDataAdapter 对象,用现有关系数据源中的数据表填充 DataSet。它通过 SqlDataAdapter 来管理与数据源的连接并给予非连接的行为。只有当需要的时候,SqlDataAdapter 才打开连接并在完成任务后自动关闭它。在 6.7 节中详细讲解。

### 6.6.2　能力目标

创建 DataSet 对象,添加具有约束关系的 DataTable 对象到数据集对象中。

### 6.6.3　任务驱动

使用编程方式创建 DataSet 对象。

任务的主要内容如下:

- 在网页中添加 Label 控件。
- 在 Page_Load 方法中构造 DataSet 对象,在 DataSet 对象中添加两个 DataTable 对象,并添加 DataTable 之间的关系。

（1）创建名为 Example6_5 的 ASP. NET 网站。

（2）在 Default. aspx 网页中添加 ID 为 lblMsg 的 Label 控件。

（3）任务的代码模板。

将下列 Default. aspx. cs 中的【代码】替换为程序代码。网页运行效果如图 6.16 所示。

**Default. aspx. cs 代码**

图 6.16　6.6.3 任务的网页运行效果图

```
using System.Data;
public partial class_Default: System.Web.
UI.Page
{
    protected void Page_Load(object sender, EventArgs e)
    {
        DataSet ds=【代码 1】                        //创建数据集对象,起名为 myDS
        DataTable dtMaster=new DataTable ("Master"); //创建数据表对象
        DataTable dtChild=new DataTable ("Child");
        【代码 2】                                    //把数据表 dtMaster 添加到数据集中
        ds.Tables.Add(dtChild);                      //把数据表 dtChild 添加到数据集中
        //为 Master 添加 2 列
        ds.Tables["Master"].Columns.Add("MasterID", typeof(int));
        ds.Tables["Master"].Columns.Add("MasterValue", typeof(string));
        //为 Child 添加 3 列
        ds.Tables["Child"].Columns.Add("MasterLink", typeof(int));
        ds.Tables["Child"].Columns.Add("ChildID", typeof(int));
        ds.Tables["Child"].Columns.Add("ChildValue", typeof(string));
        //修改表头
        ds.Tables["Master"].Columns["MasterID"].Caption="主 ID";
        ds.Tables["Master"].Columns["MasterValue"].Caption="值";
        //为 Master 表添加 2 行数据
        DataRow dr=【代码 3】                          //为 Master 表创建 DataRow 对象
        dr["MasterID"]=1;
        dr["MasterValue"]="MasterOne";
        ds.Tables["Master"].Rows.Add(dr);
        dr=ds.Tables["Master"].NewRow();
        dr["MasterID"]=2;
        dr["MasterValue"]="MasterTwo";
        ds.Tables["Master"].Rows.Add(dr);
        //为 Child 表添加 3 行数据
        dr=ds.Tables["Child"].NewRow();
        dr["MasterLink"]=1;
        dr["ChildID"]=1;
        dr["ChildValue"]="ChildOne";
        ds.Tables["Child"].Rows.Add(dr);
        dr=ds.Tables["Child"].NewRow();
        dr["MasterLink"]=1;
        dr["ChildID"]=2;
        dr["ChildValue"]="ChildTwo";
```

```
        ds.Tables["Child"].Rows.Add(dr);
        dr=ds.Tables["Child"].NewRow();
        dr["MasterLink"]=2;
        dr["ChildID"]=3;
        dr["ChildValue"]="ChildThree";
        ds.Tables["Child"].Rows.Add(dr);
        //为 Master 表添加主键约束
        System.Data.UniqueConstraint uc=new
                    UniqueConstraint ( " unqi ", ds. Tables [ " Master "]. Columns
                    ["MasterID"]);
        ds.Tables["Master"].Constraints.Add(uc);
        //为 Child 表添加外键约束
        System.Data.ForeignKeyConstraint fc=new ForeignKeyConstraint("fc",
            ds.Tables [ " Master "]. Columns [ " MasterID"], ds. Tables [ " Child "].
            Columns["MasterLink"]);
        ds.Tables["Child"].Constraints.Add(fc);
        //为 Master、Child 表添加关系
        DataRelation masterChildRelation=ds.Relations.Add("MasterChild",
            ds.Tables["Master"].Columns["MasterID"],ds.Tables["Child"].Columns
            ["MasterLink"]);
        //根据 dtMaster、dtChild 表关系,从两表中查询数据
        foreach (DataRow mstRow in ds.Tables["Master"].Rows)
        {
            lblMsg.Text+="<br>"+mstRow["MasterValue"].ToString();
            foreach(DataRow childRow in mstRow.GetChildRows(masterChildRelation))
            {
                lblMsg.Text+="<br>    "+
                                childRow["ChildValue"].ToString();
            }
        }
    }
}
```

(4) 任务小结或知识扩展。

- 任务中,首先创建了一个名为 myDS 的 DataSet 对象。
- 接着,在 ds 对象中添加了 dtMaster 和 dtChild 两个 DataTable 对象。
- 然后,分别为两个表对象构建架构,添加数据和主外键约束。
- 再为 dtMaster 和 dtChild 表对象添加关系。
- 最后,根据 dtMaster、dtChild 表关系,从两表中查询数据,并打印出来。

(5) 代码模板的参考答案。

【代码 1】: new DataSet("myDS");
【代码 2】: ds.Tables.Add(dtMaster);
【代码 3】: ds.Tables["Master"].NewRow();

## 6.6.4　实践环节

创建 DataSet 对象,按照 6.1 节中的 student、course 和 sc 表结构与关系,在 DataSet 对象中创建三个 DataTable 对象并添加 DataTable 对象之间的关系。

# 6.7 SqlDataAdapter 对象

## 6.7.1 核心知识

SqlDataAdapter 对象是用于填充 DataSet 和更新 SQL Server 数据库的一组数据命令和一个数据库连接。SqlDataAdapter 提供了 DataSet 对象和数据源之间的连接。

SqlDataAdapter 常用属性如下。

- DeleteCommand：SqlCommand 类型，获取或设置一个 Transact-SQL 语句或存储过程，用于在数据源中删除记录。
- InsertCommand：SqlCommand 类型，获取或设置一个 Transact-SQL 语句或存储过程，用于在数据源中插入新记录。
- SelectCommand：SqlCommand 类型，获取或设置一个 Transact-SQL 语句或存储过程，用于在数据源中选择记录。
- UpdateCommand：SqlCommand 类型，获取或设置一个 Transact-SQL 语句或存储过程，用于在数据源中修改记录。

SqlDataAdapter 常用方法如下。

- Fill：int 类型，使用 SELECT 语句从数据源中检索数据，将其填充到 DataSet 对象中，返回值为在 DataSet 中成功添加的行数。与 SELECT 命令关联的 SqlConnection 对象必须有效，但不需要将其打开。如果调用 Fill 之前 SqlConnection 已关闭，则将自动打开连接以检索数据，然后自动再将其关闭。如果调用 Fill 之前连接已打开，它将保持打开状态。
- Update：int 类型，为指定 DataSet 中每个已插入、已更新或已删除的行调用相应的 INSERT、UPDATE 或 DELETE 语句，返回值为在 DataSet 中成功更新的行数。

使用 SqlDataAdapter 的过程如下：

（1）使用关键字 new 来实例化 SqlDataAdapter 对象，代码如下所示。

```
SqlDataAdapter sda=new SqlDataAdapter();
```

（2）根据 SqlCommand 对象执行的是 SELECT、UPDATE、INSERT 或 DELETE 的哪一种语句，将其赋给 SqlDataAdapter 对象 SelectCommand、UpdateCommand、InsertCommand 或 DeleteCommand 属性。代码如下所示。

```
SqlCommand cmd=new SqlCommand("select * from student", myConn);
cmd.SelectCommand=cmd;
```

（3）实例化 DataSet 对象，调用 SqlDataAdapter 对象的 Fill 方法填充 DataSet 对象，代码如下所示。

```
DataSet ds=new DataSet();
sda.Fill(ds,"名称");
```

## 6.7.2 能力目标

使用 SqlDataAdapter 对象向 DataSet 对象中填充数据。

## 6.7.3   任务驱动

在网页中输出 aspnet 数据库中 student 表数据。

任务的主要内容如下：

- 在网页中添加 Label 控件。
- 在 Page_Load 方法中使用 SqlDataAdapter 对象填充 DataSet 对象。

（1）创建名为 Example6_6 的 ASP.NET 网站。

（2）在 Default.aspx 网页中添加 ID 为 lblMsg 的 Label 控件。

（3）任务的代码模板。

将下列 Default.aspx.cs 中的【代码】替换为程序代码。网页运行效果如图 6.17 所示。

图 6.17   6.7.3 任务的网页运行效果图

**Default.aspx.cs 代码**

```
using System.Data.SqlClient;
public partial class_Default: System.Web.UI.Page
{
    protected void Page_Load(object sender, EventArgs e)
    {
        SqlConnection myConn=new SqlConnection();
        myConn.ConnectionString=【代码 1】
                            //创建和 aspnet 数据库的连接,使用 Windows 安全模式
        【代码 2】                //创建适配器对象 studentSda
        SqlCommand studentCmd=new SqlCommand("select * from student", myConn);
        studentSda.SelectCommand=【代码 3】
                            //将命令对象赋给适配器对象的 SeleceCommand 属性
        【代码 4】                //实例化 DataSet 对象 ds
        【代码 5】    //使用 studentSda 适配器对象向 ds 中填充名为 student 的 DataTable 对象
        SqlDataAdapter scSda=new SqlDataAdapter();
        SqlCommand scCmd=new SqlCommand("select * from sc", myConn);
        scSda.SelectCommand=scCmd;
        scSda.Fill(ds, "sc");
        //根据 sno 创建两张表的关系
        DataColumn parentColumn=ds.Tables["student"].Columns["sno"];
```

```
DataColumn childColumn=ds.Tables["sc"].Columns["sno"];
 DataRelation studentSCRelation= new System.Data.DataRelation("Student-
SC",parentColumn, childColumn);
【代码 6】                    //向 ds 对象的关系集合中添加 studentSCRelation 关系
lblMsg.Text=studentSCRelation.RelationName+"两个表的关系被创建.";
//根据关系,打印两张表中的数据
foreach (DataRow studentDR in ds.Tables["student"].Rows)
{
    lblMsg.Text+="<br>学生编号: "+studentDR["sno"].ToString();
    foreach (DataRow scDR in studentDR.GetChildRows(studentSCRelation))
    {
        lblMsg.Text+="<br>成绩: "+scDR["grade"].ToString();
    }
}
}
```

（4）任务小结或知识扩展。

- 任务中创建了 studentSda 和 scSda 两个适配器对象,分别从 aspnet 数据库的 student 和 sc 两种表中获取数据,填充到 DataSet 对象中名为 student 和 sc 的两种表中。

- 根据两张表的 sno 列,创建两张表的关系。

- 最后,根据关系打印两张表中的数据。

（5）代码模板的参考答案。

【代码 1】: "server=.\\SQLEXPRESS;database=aspnet;integrated security=sspi;";
【代码 2】: SqlDataAdapter studentSda=new SqlDataAdapter();
【代码 3】: studentCmd;
【代码 4】: DataSet ds=new DataSet();
【代码 5】: studentSda.Fill(ds, "student");
【代码 6】: ds.Relations.Add(studentSCRelation);

### 6.7.4  实践环节

分别针对 aspnet 数据库中的 course 表和 sc 表,创建两个适配器,仿照本节任务在 DataSet 对象中创建关系,并将数据输出在网页中。

# 6.8  SqlParameter 对象

### 6.8.1  核心知识

当操作数据的时候,通常需要基于某些标准来过滤结果。这些都是从用户处得到的输入和使用输入构成的 SQL 语句实现的。

SQL 语句赋值给一个 SqlCommand 对象只是一个简单的字符串。当进行一个过滤查询时,可以动态地绑定字符串,下面是一个过滤查询示例。

```
string str=txtInput.Text.Trim();
```

```
SqlCommand cmd=new SqlCommand();
cmd.CommandText="select * from Customers where city='"+str+"'";
```

但千万不要以这种方式创建查询! 输入变量 str 是从键盘得到输入。键盘上输入的字符串将直接存入 str 并添加到你的 SQL 字符串中。黑客可以使用恶意的代码来替换这段字符串,更糟糕的是,进而能够控制你的计算机。

对上面糟糕的例子可以使用 Parameters 动态创建字符串来替代。任何放置在Parameters 中的东西都将被看作字段数据对待,而不是 SQL 语句的一部分,这样就让你的应用程序更加安全。

SqlParameter 表示 SqlCommand 的参数,也可以是它到 DataSet 列的映射。SqlParameter 对象常用属性如下。

- Direction:ParameterDirection 枚举类型,获取或设置一个值,该值指示参数是输入、输出、双向还是存储过程返回值参数。为其赋值需使用 System.Data 命名空间中的 ParameterDirection 枚举类型,该枚举类型包含 4 个成员:Input(输入参数)、Output(输出参数)、InputOutput(输入输出参数)和 ReturnValue(参数表示诸如存储过程、内置函数或用户定义函数之类的操作的返回值)。默认值为 Input。
- ParameterName:string 类型,获取或设置 SqlParameter 的名称。ParameterName以"@参数名"格式来指定。
- SqlDbType:SqlDbType 枚举类型,获取或设置参数的 SqlDbType。为其赋值需使用 System.Data 命名空间中的 SqlDbType 枚举类型,指定要用于 SqlParameter 中的字段和属性的 SQL Server 特定的数据类型。
- Value:object 类型,获取或设置该参数的值。

使用参数化查询分如下三步。

(1) 使用 Parameters 构建 SqlCommand 命令字符串。

首先创建包含参数"占位符"对象的字符串。占位符在 SqlCommand 执行的时候填充实际的参数值。Parameters 使用一个"@"符号作为参数名的前缀,如下所示。

```
SqlCommand cmd=new SqlCommand("select * from Customers where city=@City",  myConn);
```

上例中只使用一个参数。可以根据需要为查询定制需要的参数个数,每一个参数都必须匹配一个 SqlParameter 对象。

(2) 声明 SqlParameter 对象,将适当的值赋给它。

在 SQL 语句中的每一个参数必须被定义。代码必须为每一个在 SqlCommand 对象的 SQL 命令中的参数定义一个 SqlParameter 实体。下面的代码为"@City"参数定义实体。

```
string str=txtInput.Text.Trim();
SqlParameter para=new SqlParameter();
para.ParameterName="@City";
para.SqlDbType=SqlDbType.Char;
para.Value=str;
```

**说明**:SqlParameter 实体的 ParameterName 属性必须和 SqlCommand SQL 命令字符串中使用的参数一致。当 SqlCommand 对象执行的时候,此参数将被它的值替换。

（3）将 SqlParameter 对象赋值给 SqlCommand 对象的 Parameters 属性。

SqlCommand 对象的 Parameters 属性的 Add 方法将 SqlParameter 对象赋值到 SqlCommand 对象的参数集合中。代码如下：

```
cmd.Parameters.Add(param);
```

## 6.8.2 能力目标

使用 SqlParameter 对象实现带变量的 SQL 语句。

## 6.8.3 任务驱动

建立一个用户登录页面，判断用户名和密码是否正确。

任务的主要内容如下：

- 创建用户登录表。
- 在网页中添加 Label 控件、TextBox 控件和 Button 控件。
- 为 Button 控件订阅单击事件。

（1）创建名为 Example6_7 的 ASP.NET 网站。

（2）在 Default.aspx 网页中添加 ID 为 lblMsg 的 Label 控件，ID 为 txtUsername 和 txtPassword 的 TextBox 控件，ID 为 btnSubmit 的 Button 控件。为 Button 控件订阅单击事件。

（3）在 aspnet 数据库中创建名为 tb_user 的表。SQL 语句如下所示。

```
create table tb_user
(
    uid int identity(100000,1),
    username varchar(20) not null unique,
    password varchar(20) not null
)
insert into tb_user values('admin','admin')
```

（4）任务的代码模板。

将下列 Default.aspx.cs 中的【代码】替换为程序代码。网页运行效果如图 6.18 所示。

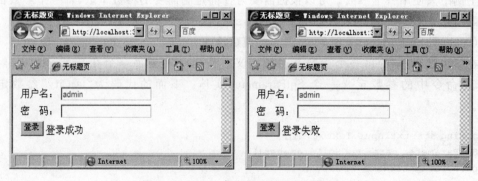

图 6.18　6.8.3 任务的网页运行效果图

**Default.aspx.cs 代码**

```
using System.Data.SqlClient;
```

```
public partial class_Default: System.Web.UI.Page
{
    protected void btnSubmit_Click(object sender, EventArgs e)
    {
        SqlConnection myConn=new SqlConnection();              //创建数据库连接对象
        myConn.ConnectionString="server= .\\SQLEXPRESS;database=aspnet;
                                    integrated security=sspi;";
        myConn.Open();
        SqlCommand cmd=new SqlCommand();                       //创建命令对象
        cmd.Connection=myConn;
        cmd.CommandText=【代码 1】     //在 tb_user 表中判断用户名和密码是否正确的 select
                                      //语句,包含@username 和@passwor 两个占位符
        //两种方式向命令对象添加 Parameter 参数
        //第一种:创建 Sqlparameter 对象,调用 Add 方法添加
        【代码 2】                     //实例化 SqlParameter 对象 para
        para.ParameterName="@username";
        para.SqlDbType=SqlDbType.Char;
        para.Value=txtUsername.Text.Trim();
        【代码 3】                     //添加 para 对象到 cmd 对象的 Parameters 集合中
        //第二种:调用 AddWithValue 方法添加
        cmd.Parameters.AddWithValue("@password", txtPassword.Text.Trim());
        int i;
        i=【代码 4】                    //执行 cmd 对象,返回单一值
        myConn.Close();
        if (i>0)
            lblMsg.Text="登录成功";
        else
            lblMsg.Text="登录失败";
    }
}
```

（5）任务小结或知识扩展。

任务中使用了两种方式向命令对象添加 SqlParameter 参数,其中第二种方式比较方便,调用 AddWithValue 方法,传递两个参数:参数名和参数值。

（6）代码模板的参考答案。

【代码 1】: "select count（*）from tb_user where username=@username and password=@ password";

【代码 2】: SqlParameter para=new SqlParameter();

【代码 3】: cmd.Parameters.Add(para);

【代码 4】: (int)cmd.ExecuteScalar();

## 6.8.4　实践环节

将 6.3 节任务 3 中的 SQL 语句改成用 SqlParameter 对象来实现。

# 6.9 小　结

- SqlConnection 对象实现与数据库服务器的连接。
- SqlCommand 对象用来执行 SQL 命令。
- SqlDataReader 对象是顺序的读取数据流。
- SqlDataAdapter 对象具有填充 DataSet 对象的能力。
- DataSet 对象表示数据集对象，以 XML 的形式存在于内存中。
- DataTable 对象表示内存中数据的一个表。DataSet 对象可以包含多个 DataTable 对象。
- SqlParameter 对象代表了一个将被 SQL 命令中标记所代替的值。

# 习　题　6

**一、填空题**

1. ADO. NET 中操作 SQL Server 数据库应用的类属于＿＿＿＿＿命名空间。

2. 访问 SQL Server 数据库服务器的两种方式是＿＿＿＿＿和＿＿＿＿＿。

3. SqlDataReader 对象是通过＿＿＿＿＿对象的 ExecuteReader 方法创建的。

4. SqlCommand 对象的 ExecuteScalar 方法只能返回＿＿＿＿＿个＿＿＿＿＿类型的值。

5. SqlCommand 对象的 ExecuteNonQuery 方法返回值为＿＿＿＿＿类型，表示影响的行数。

**二、选择题**

1. 以下（　　）不属于 System. Data. SqlClient 命名空间中。
    A. SqlConnection　　B. SqlCommand　　C. SqlDataAdapter　　D. DataSet

2. SqlCommand 对象用于执行 SELECT 语句返回多行多列数据的方法是（　　）。
    A. ExecuteScalar　　　　　　　　B. ExecuteSelect
    C. ExecuteReader　　　　　　　　D. ExecuteNonQuery

3. 使用 Windows 身份认证访问 SQL Server 数据库时，数据库连接字符串是由（　　）部分组成。
    A. 2　　　　　　B. 3　　　　　　C. 4　　　　　　D. 5

4. DataSet 对象是存在于（　　）中的。
    A. 硬盘　　　　　B. 内存　　　　　C. U 盘　　　　　D. 以上都对

**三、判断题**

1. Visual Studio 2008 集成了数据库 SQL Server 2008。（　　）

2. SqlDataReader 对象的 HasRows 属性是 int 型，表示行数。（　　）

3. SqlCommand 对象的 CommandType 属性的默认值为 Text 文本型。（　　）

4. 连接 SQL Server 数据库只有一种登录安全模式。（　　）

5. SqlDataReader 对象可以随意向前和向后读取数据。（　　）

6. 使用 SqlDataAdapter 对象访问数据库时,可以不显式地打开和关闭数据库连接。
(　　)

**四、简答题**

1. ADO.NET 数据访问模型是由哪些组件组成的?

2. 简述使用 SqlDataAdapter 填充 DataSet 的过程。

3. 简述 SQL 语句中使用 SqlParameter 对象的过程。

# 数据绑定技术

主要内容

- 数据绑定表达式；
- 服务器控件的数据绑定。

在 ASP. NET 中,服务器控件可以直接与数据源进行交互(如显示或修改数据),ASP. NET 称这种技术为数据绑定技术。数据绑定技术用于在 Web 页面上显示数据,即把服务器控件中用于显示的属性绑定到数据源来显示数据。通过本章的学习,使读者掌握数据绑定表达式的书写方式和几种常用服务器控件的数据绑定方法,包括 DropDownList 控件、ListBox 控件、GridView 控件和 DataList 控件。

## 7.1  数据绑定表达式

数据绑定表达式可以创建服务器控件的属性和数据源之间的绑定。数据绑定表达式不但可以包含在 Web 窗体页面"源"中的任何位置,而且可以包含在服务器控件标记中的"属性=值"的值一侧。声明数据绑定表达式是以"<%#"开始,以"%>"结束的,语法如下:

```
<%#数据绑定表达式%>
```

或者

```
<tagprefix:tagname 属性="<%#数据绑定表达式%>"  runat="server" />
```

(1) 数据绑定表达式包含以下五种类型。

① 变量

```
<asp:Label ID="Label1" runat="server" Text="<%#变量名%>"></asp:Label>
```

② 服务器控件的属性值

```
<asp:Label ID="Label1" runat="server" Text="<%#Label2.Text%>"></asp:Label>
```

③ 数组等集合对象

例如把一个数组绑定到列表控件,例如 DropDownList、ListBox、DataList、GridView 这样的控件等,此时只需要设置属性 DataSource＝'＜％＃ 数组名％＞'即可。在 7.2 节详细讲解。

④ 表达式

例如,Person 是一个对象,Name 和 City 是两个属性,则数据绑定表达式可以是:

```
<%#(Person.Name+""+Person.City)%>
```

⑤ 方法

```
<%#GetUserName()%>        //GetUserName 是已经定义的 C#方法,一般要求有返回值
```

(2) 数据绑定表达式可以出现在页面的以下三个位置。

① 可以将数据绑定表达式包含在服务器控件或者普通的 HTML 元素的开始标记中"属性＝值"的值一侧。例如:

```
<asp:TextBox ID="TextBox1" runat="server" Text='<%#数据绑定表达式%>' >
                </asp:TextBox>
```

**注意**:此时数据绑定表达式可以是一个变量;也可以是一个带返回值的 C#方法;还可以是某个控件的某个属性的值;也可以是 C#对象的某个字段或者属性的值等;当然也可以直接就是一个字符串,例如"hello"。

② 数据绑定表达式包含在页面中的任何位置。例如:

```
<form id="form1" runat="server">
    <div>
        <%#数据绑定表达式1%>
        <%#数据绑定表达式2%>
    </div>
</form>
```

③ 可以将数据绑定表达式包含在 JavaScript 代码中,从而实现在 JavaScript 中调用 C#的方法。

```
<script language="javascript" type="text/javascript">
function AAA()
{
    <%#调用 C#中的方法%>
}
</script>
```

## 7.1.2 能力目标

掌握数据绑定表达式的类型和可以出现的位置。

## 7.1.3 任务驱动

任务的主要内容如下:

- 使用变量进行数据绑定。
- 使用服务器控件属性进行数据绑定。
- 将数据绑定表达式包含在 JavaScript 代码中。

(1) 创建名为 Example7_1 的 ASP.NET 网站。

(2) 任务的代码模板。

将下列 Default.aspx 源中和 Default.aspx.cs 中的【代码】替换为程序代码。网页运行效果如图 7.1 所示。

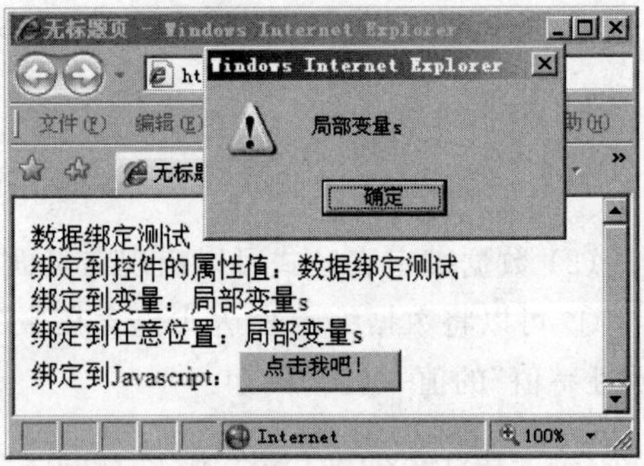

**Default.aspx 源代码**

```
< html xmlns = " http://www.w3.org/1999/
xhtml">
<head runat="server">
    <title>无标题页</title>
    < script language="javascript" type=
    "text/javascript">
    function GetStr()
    {
        var a;
        a='';
        a='【代码 1】';              //调用 c#的 CSharpToJavascript 方法
        alert(a);
    }
    </script>
</head>
<body>
    < form id="form1" runat="server">
    <div>
        <asp:Label ID="Label1" runat="server" Text="数据绑定测试"></asp:Label>
        <br />
        绑定到控件的属性值：<asp:Label ID="Label2"runat="server" Text="【代码 2】">
        </asp:Label><%--绑定 Label1 控件的 Text 属性值--%>
        <br />
        绑定到变量：<asp:Label ID="Label3" runat="server" Text="【代码 3】"></asp:
        Label><%--显示字符串变量 s 的值--%>
        <br />
        绑定到任意位置：【代码 4】<%--显示字符串变量 s 的值--%>
        <br />
        绑定到 Javascript: < input id="Button1" type="button" value="点击我吧!"
        onclick="GetStr()" />
    </div>
    </form>
</body>
</html>
```

图 7.1  7.1.3 任务的网页运行效果图

**Default.aspx.cs 代码**

```
public partial class_Default: System.Web.UI.Page
{
    public string s="局部变量 s";
```

```
protected void Page_Load(object sender, EventArgs e)
{
    Page.DataBind();
}
public string CSharpToJavascript()
{
    return s;
}
}
```

（3）任务小结或知识扩展。

一般情况下，数据绑定表达式不会自动计算它的值，除非它所在的页面或者控件显示调用 DataBind 方法。DataBind 方法是 ASP.NET 的页面对象（Page 对象）和所有服务器控件的成员方法。Page 对象是该页面上所有控件的父控件。在页面上调用 DataBind 方法会导致页面上的所有数据绑定都被处理。通常情况下，Page 对象的 DataBind 方法都在 Page_Load 事件响应方法中调用。本任务中，如果不调用 Page 对象的 DataBind 方法，则页面上的数据绑定都不起作用。

（4）代码模板的参考答案。

【代码 1】：<%#CSharpToJavascript()%>
【代码 2】：<%#Label1.Text%>
【代码 3】：<%#s%>
【代码 4】：<%#s%>

## 7.1.4　实践环节

在任务中，添加新的 Web 窗体，在窗体中添加 Button 控件和 TextBox 控件。把当前服务器时间分别绑定到两个控件的 Text 属性。

# 7.2　DropDownList 数据绑定

## 7.2.1　核心知识

DropDownList 控件在第 5.8 节已经进行了讲解，但是并没有进行数据绑定。本节主要围绕数据绑定进行讲解。DropDownList 控件在客户端被解释成＜select＞＜/select＞这样的 HTML 标记，也就是只能有一个选项处于被选中状态。

DropDownList 控件的常见属性如下。

- AutoPostBack：这个属性的用法在讲述服务器端控件的时候已经讲过，是用来设置当下拉列表项发生变化时是否主动向服务器提交整个表单，默认是 false，即不主动提交。如果设置为 true，就可以编写它的 SelectedIndexChanged 事件处理代码进行相关处理。

**注意**：如果此属性为 false 即使编写了 SelectedIndexChanged 事件处理代码也不会马上起作用。

- DataSource：设置数据源，DropDownList 数据绑定控件从其中检索数据项列表。

- DataTextField：设置列表项的可见部分的文字。
- DataValueField：设置列表项的值部分。
- Items：获取控件的列表项的集合。
- SelectedIndex：获取或设置 DropDownList 控件中的选定项的索引。
- SelectedItem：获取列表控件中的选定项。
- SelectedValue：获取列表控件中选定项的值，或选择列表控件中包含指定值的项。

因为在实际开发中，用户希望直观地看见选中哪个选项，而在操作数据库的时候我们更希望直接以该值对应的编号来操作，利用 DataTextField 属性和 DataValueField 属性就可以很方便地做到这一点，这两个属性通常是数据源中的某个字段名。

以显示 aspnet 数据库中的 course 表为例，对 DropDownList 数据绑定进行讲解。

（1）通过 SqlDataAdapter 对象向 DataSet 对象中填充 DataTable 对象，代码如下所示。

```
SqlConnection myConn=new SqlConnection();
myConn.ConnectionString="server=.\\sqlexpress;database=aspnet;uid=sa;pwd=123456";
SqlCommand cmd=new SqlCommand("select * from course", myConn);
SqlDataAdapter sda=new SqlDataAdapter();
sda.SelectCommand=cmd;
DataSet ds=new DataSet();
sda.Fill(ds, "course");
```

（2）通过设置 DropDownList 控件的 DataSource 属性绑定数据源（上一步在 DataSet 中生成的 DataTable 对象），代码如下所示。

```
ddlCourse.DataSource=ds.Tables["course"];
```

（3）设置 DropDownList 控件的 DataTextField 和 DataValueField 属性为列表项显示的文字和列表项的值，代码如下所示。

```
ddlCourse.DataTextField="cname";
ddlCourse.DataValueField="cno";
```

**注意**：如果缺少了这两句代码，则显示的数据个数虽然是正确的，但因为没有指定列表项显示的文字和列表项的值，所以显示的是 DataRow 对象。

（4）调用 DropDownList 控件的 DataBind 方法执行数据绑定，代码如下所示。

```
ddlCourse.DataBind();
```

## 7.2.2 能力目标

掌握 DropDownList 控件数据绑定的过程。

## 7.2.3 任务驱动

任务的主要内容如下：

- 对 DropDownList 进行数据绑定。
- 实现两个 DropDownList 的联动功能。

（1）创建名为 Example7_2 的 ASP. NET 网站。

（2）在网页中添加 ID 为 ddlStudent 和 ddlSC 的 DropDownList 控件。

（3）为 ddlStudent 控件订阅 SelectedIndexChanged 事件，将 AutoPostBack 属性设置为 True。

（4）任务的代码模板。

将下列 Default. aspx. cs 中的【代码】替换为程序代码。网页运行效果如图 7.2 所示。

**Default2. aspx. cs 代码**

图 7.2  7.2.3 任务的网页运行效果图

```
using System.Data.SqlClient;
public partial class Default2: System.Web.UI.Page
{
    protected void Page_Load(object sender, EventArgs e)
    {
        if (【代码 1】)                    //判断页面是否为首次加载,首次加载才执行 if 语句
        {
            SqlConnection myConn=new SqlConnection();
            myConn.ConnectionString="server=.\\sqlexpress;database=aspnet;uid=
            sa;pwd=123456";
            SqlCommand cmd=【代码 2】; //实例化 SqlCommand 对象,查询 Student 表所有数据
            SqlDataAdapter sda=new SqlDataAdapter();
            sda.SelectCommand=cmd;
            DataSet ds=new DataSet();
            【代码 3】;                    //向 ds 对象中填充名为 student 的 DataTable 对象
            【代码 4】;                    //设置 ddlStudent 的数据源为 ds 对象中 student 表
            【代码 5】;                    //设置 ddlStudent 列表项显示文字为 sname 列
            【代码 6】;                    //设置 ddlStudent 列表项值为 sno 列
            【代码 7】;                    //为 ddlStudent 绑定数据源
        }
    }
    protected void ddlStudent_SelectedIndexChanged(object sender, EventArgs e)
    {
        SqlConnection myConn=new SqlConnection();
        myConn.ConnectionString="server=.\\sqlexpress;database=aspnet;uid=sa;
        pwd=123456";
        SqlCommand cmd=new SqlCommand("select sno+','+cno as scno,grade from sc
                                        where sno=@sno", myConn);
        【代码 8】;
                //向 cmd 的 Parameters 集合中添加名为@sno,值为 ddlStudent 列表选择项的值
        SqlDataAdapter sda=new SqlDataAdapter();
        sda.SelectCommand=cmd;
        DataSet ds=new DataSet();
        sda.Fill(ds, "sc");
        ddlSC.DataSource=ds.Tables["sc"];
        ddlSC.DataTextField="grade";
        ddlSC.DataValueField="scno";
        ddlSC.DataBind();
    }
}
```

（5）任务小结或知识扩展。

- Page_Load 方法中判断是否是首次加载的 if 语句是不可缺少的，否则会导致无法获取用户在 ddlStudent 中的选择项。因为每次访问页面时，Page_Load 方法都会自动执行，如果没有 if 语句则 ddlStudent 控件会重新进行数据绑定，始终是第一条记录被选中，而不是用户刚才选择的记录。

- 为了保证用户选择项的唯一性，DropDownList 控件的 DataValueField 属性通常指定的是主键列。SC 表 sno 和 cno 两列共同起到联合主键的作用，而 DataValueField 属性的值只能是一列，因此在 SQL 语句中将 sno 和 cno 列合并为 scno 列。

- ListBox 控件的数据绑定和 DropDownList 控件非常类似，ListBox 控件也是提供一组选项供用户选择，只不过 DropDownList 控件只能有一个选项处于选中状态，并且每次只能显示一行（一个选项），而 ListBox 控件可以设置为允许多选，并且还可以设置为显示多行。

（6）代码模板的参考答案。

【代码 1】: !IsPostBack
【代码 2】: new SqlCommand("select * from student", myConn)
【代码 3】: sda.Fill(ds, "student")
【代码 4】: ddlStudent.DataSource=ds.Tables["student"]
【代码 5】: ddlStudent.DataTextField="sname"
【代码 6】: ddlStudent.DataValueField="sno"
【代码 7】: ddlStudent.DataBind()
【代码 8】: cmd.Parameters.AddWithValue("@sno", ddlStudent.SelectedItem.Value)

## 7.2.4  实践环节

（1）在任务中添加新网页，在网页中添加 ID 为 ddlCourse 和 ddlSC 的 DropDownList 控件，将 ddlCourse 绑定到 aspnet 数据库的 Course 表中，用户选择 ddlCourse 中的某一门课程，ddlSC 中显示相对应的成绩项。

（2）在网页中添加 ListBox 控件，参照任务将 Student 表中的数据绑定到 ListBox 控件上。

# 7.3  GridView 数据绑定

## 7.3.1  核心知识

### 1. 概述

网格视图（GridView）服务器端控件以表格形式显示数据源内容。每列表示一个字段，而每行表示一条记录。同时还支持数据项的分页、排序、选择、删除和修改等功能。

默认情况下，网格视图为数据源中每一个字段绑定一个列，并且根据数据源中每一个字段数据的出现次序把数据填入 GridView 的每一个列中。数据源的字段名将成为 GridView 的列名，数据源的域值以文本标识形式填入 GridView 中。

网格视图控件的常用属性如下。

- AllowPaging：是否启用分页功能。默认值为 False。
- AllowSorting：是否启用排序功能。默认值为 False。
- AutoGenerateColumns：是否为数据源中的每个字段自动创建绑定字段。默认值为 True。
- DataSource：设置数据源，GridView 数据绑定控件从其中检索数据项列表。
- EditIndex：设置要编辑的行的索引。
- PagerSettings：设置 GridView 控件中的分页导航按钮的属性。
- PageSize：当进行分页时，设置或获取每页上所显示的记录的数目。
- PageIndex：当进行分页时，设置或获取当前显示页的索引。
- SelectedIndex：设置或获取 GridView 控件中的选中行的索引。

网格视图控件的常用事件如下。

- PageIndexChanging：当单击某一页导航按钮时，在 GridView 控件处理分页操作之前发生。
- RowCancelingEdit：单击编辑模式中某一行的"取消"按钮，在该行退出编辑模式之前发生。
- RowCommand：能响应 GridView 控件中发生的所有事件。
- RowDeleting：当单击某一行的"删除"按钮时，在 GridView 控件删除该行之前发生。
- RowEditing：发生在单击某一行的"编辑"按钮之后，GridView 控件进入编辑模式之前。
- RowUpdating：发生在单击某一行的"更新"按钮之后，GridView 控件对该行进行更新之前。
- SelectedIndexChanging：发生在单击某一行的"选择"按钮之后，GridView 控件对相应的选择操作进行处理之前。
- Sorting：单击用于列排序的超链接时，在 GridView 控件对相应的排序操作进行处理之前发生。

**注意**：GridView 控件的很多事件都分为现在进行时 ing 和过去时 ed 两种，分别表示在执行命令前和执行命令后发生，通常使用的都是 ing 结尾的事件。

### 2. 列字段

网格视图的列字段的定义有两种方式：用户自定义列字段和自动产生的列字段。当两种列字段定义方式一起使用时，先使用用户定义列字段产生列的类型定义，接着剩下的再使用自动列定义规则产生出其他的列字段定义。右击网格视图控件，在弹出的菜单中选择"显示智能标记"→"编辑列"命令，如图 7.3 所示。打开"字段"对话框，如图 7.4 所示。在对话

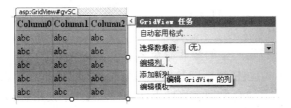

图 7.3　打开 GridView 控件的智能标记对话框

框的左下角有个"自动生成字段"复选框,默认情况下被选中,表示网格视图控件会根据绑定
数据的情况,自动生成列字段。在"可用字段"框中,列出了网格控件的字段类型。

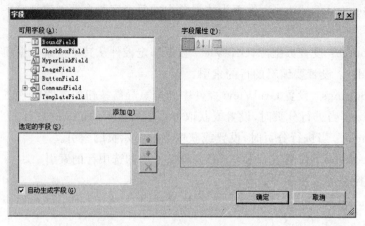

图 7.4　网格视图"字段"对话框

- BoundField:绑定列可以进行排序和填入内容。这是大多数列的默认用法。
  重要的属性为:
  HeaderText 指定列的表头显示。
  DataField 指定对应数据源的域。
  ReadOnly 指定该字段是否允许被编辑。
- CheckBoxField:列以复选框显示的布尔型字段。
  重要的属性为:
  HeaderText 指定列的表头显示。
  DataField 指定对应数据源的域。
- HyperLinkField:列内容以 HyperLink 控件方式表现出来。它主要用于从网格视
  图的一个数据项跳转到另外的一个页面,做出更详尽的解释或显示。
  重要的属性为:
  HeaderText 指定列表头的显示。
  DataNavigateUrlField 指定对应字段跳转时的参数。
  DataNavigateUrlFormatString 指定跳转时的 url 格式。
  DataTextField 指定数据源的域作为显示列的内容来源。
- ButtonField:把一行数据的用户处理交给数据表格所定义的事件处理函数。通常
  用于对某一行数据进行某种操作,例如,加入一行或者是删去一行数据等。
  重要的属性为:
  HeaderText 指定列表头的显示。
  Text 指定按钮上显示的文字。
  CommandName 指定产生的激活命令名。
- CommandField:当网格视图的数据项发生编辑、更新、取消修改时,相应处理函数的
  入口显示。它通常结合数据表格的 EditIndex 属性来使用,当某行数据需要编辑、更
  新、取消操作时,通过它进入相应的处理函数。例如,当需要对某行数据进行更新

(update)时,通过它进入更新的处理步骤中。

- ImageField：用于为所显示的每个记录显示图像。

    重要的属性为：

    HeaderText 指定列表头的显示。

    DataImageUrlField 指定对应数据源的域作为图像的 url。

    DataImageUrlFormatString 指定图像的 url 格式。

- TemplateField：列内容以自定义控件组成的模板方式显示出来。通常用在用户需要自定义显示格式的时候。

### 3. 功能实现

（1）绑定数据源

在 ID 为 gvSC 的 GridView 控件的"字段"对话框中,取消"自动生成字段"选项,添加三个 BoundField 字段。DataFiled 分别设置 SC 表中三个列名：sno、cno 和 grade。HeaderText 分别设置为学生编号、课程编号和成绩。

GridView 控件数据绑定的代码如下所示。

```
protected void Page_Load(object sender, EventArgs e)
{
    if (!IsPostBack)
    {
        gvSC_DB();
    }
}
void gvSC_DB()
{
    SqlConnection myConn=new SqlConnection();
    myConn.ConnectionString="server= .\\sqlexpress;database=aspnet;uid=sa;pwd=
    123456";
    SqlCommand cmd=new SqlCommand("select * from sc", myConn);
    SqlDataAdapter sda=new SqlDataAdapter();
    sda.SelectCommand=cmd;
    DataSet ds=new DataSet();
    sda.Fill(ds, "sc");
    gvSC.DataSource=ds.Tables["sc"];
    gvSC.DataBind();
}
```

网页运行效果如图 7.5 所示。

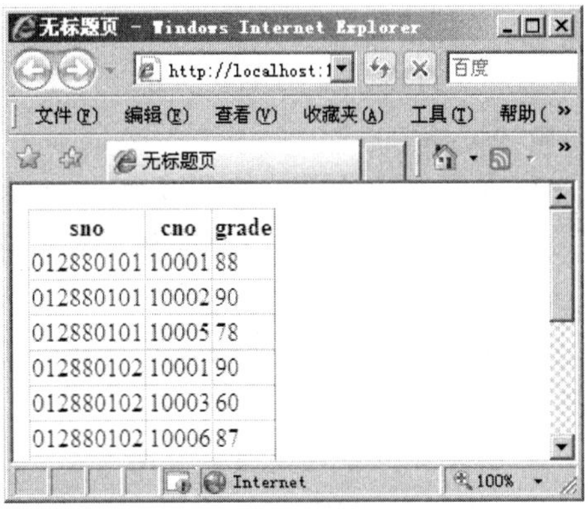

**说明：**

- 将 GridView 控件数据绑定的代码单独写成方法 gvSC_DB。在 Page_Load 和其他方法中进行调用。

- 通过 IsPostBack 属性的判断,实现只在首次加载时执行对 GridView 控件的数据绑定。

图 7.5　数据绑定网页运行图

- gvSC_DB 方法中首先通过 SqlDataAdapter 对象向 DataSet 对象中添加 DataTable 对象,然后将其设置为 GridView 控件的数据源,最后执行 DataBind 方法进行数据绑定。

（2）分页功能（Paging）

当在 GridView 控件中显示数据行数过多时，需要通过分页来减少每一页显示的行数。GridView 控件自带了分页功能。

属性：AllowPaging 属性改为 true。PageSize 属性设置每页显示的行数。

事件：订阅 PageIndexChanging 事件。

代码如下所示。

```
protected void Page_Load(object sender, EventArgs e)
{
    if (!IsPostBack)
    {
        gvSC_DB();
    }
}
void gvSC_DB()
{
    SqlConnection myConn=new SqlConnection();
    myConn.ConnectionString="server=.\\sqlexpress;database=aspnet;uid=sa;pwd=
    123456";
    SqlCommand cmd=new SqlCommand("select * from sc", myConn);
    SqlDataAdapter sda=new SqlDataAdapter();
    sda.SelectCommand=cmd;
    DataSet ds=new DataSet();
    sda.Fill(ds, "sc");
    gvSC.DataSource=ds.Tables["sc"];
    gvSC.DataBind();
}
protected void gvSC_PageIndexChanging(object sender, GridViewPageEventArgs e)
{
    gvSC.PageIndex=e.NewPageIndex;
    gvSC_DB();
}
```

网页运行效果如图 7.6 所示。

说明：

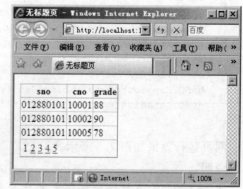

图 7.6 分页网页运行图

- 分页方法的第一个形参 sender 表示事件的发送者，第二个形参 e 表示事件相应的参数信息。第二个形参 e 的 NewPageIndex 属性表示用户点击的页面索引。

- 当用户点击改变当前页的索引时，需要马上为 GridView 重新进行数据绑定。

（3）排序功能（Sorting）

GridView 控件自带了通过点击列标题实现排序的功能。

属性：AllowSorting 属性改为 true。列名将以超链接的形式显示。

事件：订阅 Sorting 事件。

代码如下所示。

```
protected void Page_Load(object sender, EventArgs e)
{
    if (!IsPostBack)
    {
        ViewState["sortExpression"]="sno";
        ViewState["sortRule"]="ASC";
        gvSC_DB();
    }
}
void gvSC_DB()
{
    SqlConnection myConn=new SqlConnection();
    myConn.ConnectionString="server=.\\sqlexpress;database=aspnet;uid=sa;pwd=
    123456";
    SqlCommand cmd=new SqlCommand("select * from sc", myConn);
    SqlDataAdapter sda=new SqlDataAdapter();
    sda.SelectCommand=cmd;
    DataSet ds=new DataSet();
    sda.Fill(ds, "sc");
    DataView myView=ds.Tables["sc"].DefaultView;
    myView.Sort = ViewState [ " sortExpression "]. ToString ( ) +"  " + ViewState
    ["sortRule"].ToString();
    gvSC.DataSource=myView;
    gvSC.DataBind();
}
protected void gvSC_Sorting(object sender, GridViewSortEventArgs e)
{
    ViewState["sortExpression"]=e.SortExpression;
    if (ViewState["sortRule"].ToString()==" DESC")
    {
        ViewState["sortRule"]=" ASC";
        gvSC_DB();
    }
    else
    {
        ViewState["sortRule"]=" DESC";
        gvSC_DB();
    }
}
```

网页运行效果如图 7.7 所示。

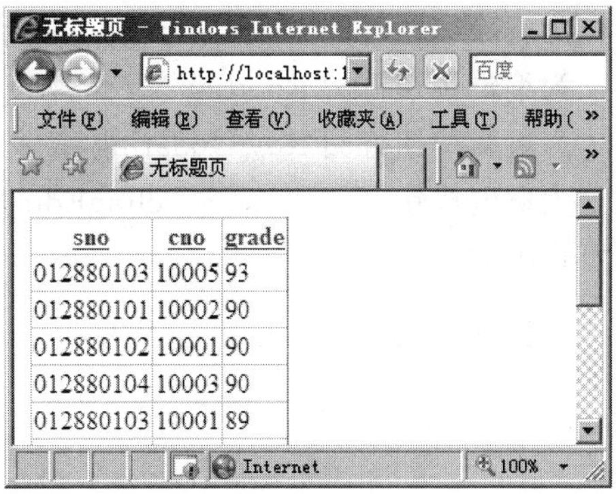

**说明：**

图 7.7 排序网页运行图

- ViewState 视图对象用来实现在页面回
  传时保存值，它的作用域仅是当前页面。例子中定义了两个 ViewState 对象
  ViewState["sortExpression"]和 ViewState ["sortRule"]，分别用来存储排序的表
  达式和规则。
- 在 gvSC_DB 方法中定义了 DataView 对象。DataView 对象的 Sort 属性可以实现
  排序的功能。Sort 属性由两部分组成：列名和排序规则（ASC 和 DESC），两部分用

空格分开即可。当包括多列时,列名用逗号","分开。

- 排序方法中,通过第二个形参 e 的 SortExpression 属性,获取当前点击的列名。
- 当排序规则改变后,需要为 GridView 重新进行数据绑定。

(4) 命令域功能(CommandField)

GridView 控件自带了数据的选择、更新和删除的功能。

首先打开 GridView 控件的"编辑列"对话框,添加三个 BoundFiled 字段,并设置 DataField 和 HeaderText 属性。

再添加 CommandField 下的"选择"、"删除"和"编辑、更新、取消"字段,如图 7.8 所示。

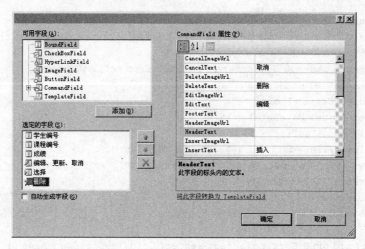

图 7.8　添加 CommandField 字段

事件:

为选择按钮订阅 SelectedIndexChanging 事件。

为删除按钮订阅 RowDeleting 事件。

为编辑按钮订阅 RowEditing 事件。

为更新按钮订阅 RowUpdating 事件。

为取消按钮订阅 RowCancelingEdit 事件

代码如下所示。

```
protected void Page_Load(object sender, EventArgs e)
{
    if (!IsPostBack)
    {
        gvSC_DB();
    }
}
void gvSC_DB()
{
    SqlConnection myConn=new SqlConnection();
    myConn.ConnectionString="server= .\\sqlexpress;database=aspnet;uid=sa;pwd=
    123456";
    SqlCommand cmd=new SqlCommand("select * from sc", myConn);
    SqlDataAdapter sda=new SqlDataAdapter();
```

```
    sda.SelectCommand=cmd;
    DataSet ds=new DataSet();
    sda.Fill(ds, "sc");
    gvSC.DataSource=ds.Tables["sc"];
    gvSC.DataBind();
}
protected void gvSC_RowDeleting(object sender, GridViewDeleteEventArgs e)
{
    SqlConnection myConn=new SqlConnection();
    myConn.ConnectionString="server=.\\sqlexpress;database=aspnet;uid=sa;pwd=
    123456";
    myConn.Open();
    SqlCommand cmd=new SqlCommand("delete from sc where sno=@sno and cno=@cno",
    myConn);
    cmd.Parameters.AddWithValue("@sno", gvSC.Rows[e.RowIndex].Cells[0].Text);
    cmd.Parameters.AddWithValue("@cno", gvSC.Rows[e.RowIndex].Cells[1].Text);
    int i=cmd.ExecuteNonQuery();
    myConn.Close();
    if (i>0)
        ClientScript.RegisterStartupScript(GetType(), null, "<script>alert('删除
        成功');</script>");
    else
        ClientScript.RegisterStartupScript(GetType(), null, "<script>alert('删除
        失败');</script>");
    gvSC_DB();
}
protected void gvSC_RowEditing(object sender, GridViewEditEventArgs e)
{
    gvSC.EditIndex=e.NewEditIndex;
    gvSC_DB();
}
protected void gvSC_RowUpdating(object sender, GridViewUpdateEventArgs e)
{
    SqlConnection myConn=new SqlConnection();
    myConn.ConnectionString="server=.\\sqlexpress;database=aspnet;uid=sa;pwd=
    123456";
    myConn.Open();
    SqlCommand cmd=new SqlCommand("update sc set grade=@grade where sno=@sno and
                                cno=@cno",myConn);
    cmd.Parameters.AddWithValue("@sno", gvSC.Rows[e.RowIndex].Cells[0].Text);
    cmd.Parameters.AddWithValue("@cno", gvSC.Rows[e.RowIndex].Cells[1].Text);
    cmd.Parameters.AddWithValue ("@grade",
                                ((TextBox) gvSC. Rows [e. RowIndex]. Cells [2].
                                Controls[0]).Text);
    int i=cmd.ExecuteNonQuery();
    myConn.Close();
    if(i>0)
        ClientScript.RegisterStartupScript(GetType(), null, "<script>alert('更新
        成功');</script>");
    else
        ClientScript.RegisterStartupScript(GetType(), null, "<script>alert('更新
        失败');</script>");
    gvSC.EditIndex=-1;
```

```
    gvSC_DB();
}
protected void gvSC_SelectedIndexChanging(object sender, GridViewSelectEventArgs e)
{
    ClientScript.RegisterStartupScript(GetType(), null, "<script>alert('"+gvSC.
    Rows[e.NewSelectedIndex].Cells[2].Text+"');</script>");
}
protected void gvSC_RowCancelingEdit(object sender, GridViewCancelEditEventArgs e)
{
    gvSC.EditIndex=-1;
    gvSC_DB();
}
```

**说明：**

- GridView 控件的结构如图 7.9 所示。GridViewRows 属性表示当前显示在页面上所有 GridViewRow 对象的集合。GridViewRow 对象的 Cells 集合代表这一行的所有单元格。

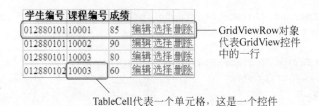

图 7.9　GridView 控件的结构

- 在删除方法中，通过第二个形参 e 的 RowIndex 属性，获得当前用户删除行的索引。在 gvSC 的 Rows 集合中，通过索引获得删除行 GridViewRow 对象。在 Cells 集合中通过索引 0 和 1 分别获取当前行的第一列和第二列文本值。
- 通过执行 ClientScript 对象 RegisterStartupScript 的方法，向网页中注册 JavaScript 脚本。
- 在编辑方法中，通过第二个形参 e 的 NewEditIndex 属性，获得当前用户的编辑行的索引。为了实现学生编号和课程编号的只读，在"字段"对话框中设置这两个 BoundField 的 ReadOnly 属性为 true。当单击"编辑"超链接后，可以看到学生编号和课程编号仍然以 Text 文本形式显示，而成绩显示在 TextBox 控件中，如图 7.10 所示。

| 学生编号 | 课程编号 | 成绩 | | | |
|---|---|---|---|---|---|
| 012880101 | 10001 | 85 | 编辑 | 选择 | 删除 |
| 012880101 | 10002 | 90 | 编辑 | 选择 | 删除 |
| 012880101 | 10003 | 80 | 更新 取消 | | |
| 012880102 | 10003 | 60 | 编辑 | 选择 | 删除 |

图 7.10　GridView 控件编辑模式

- GridView 控件的每个 TableCell 中可以包含若干个控件，组成了 Controls 属性集合。在更新方法中，由图 7.10 可知成绩是放在编辑行的第三个 TableCell 的 TextBox 控件中，通过((TextBox)gvSC. Rows[e. RowIndex]. Cells[2]. Controls[0]). Text 代码，可以获取成绩值。更新成功后，设置 GridView 控件的 EditIndex 值为−1，退出编辑模式。
- 选择方法中，通过第二个形参 e 的 SelectedIndex 属性，获取用户当前选中行。

- 取消编辑方法中,设置 GridView 控件的 EditIndex 值为 −1,退出编辑模式。
- 每一个 GridView 操作完成后,需要为 GridView 重新进行数据绑定。

（5）模板功能（TemplateField）

GridView 控件允许用户通过模板列（TemplateField）,向模板列中添加其他控件。

打开"字段"对话框,添加三个 BoundField 字段, DataField 属性为 sno、cno 和 sc,HeaderText 属性为学生编号、课程编号和成绩;接着添加一个 TemplateField 字段,单击"确定"按钮。

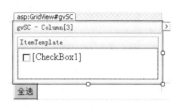

图 7.11　GridView 控件编辑模板

打开 GridView 智能标记,选择"编辑模板"选项,添加 CheckBox 控件,如图 7.11 所示。

在 Web 窗体中添加 Button 控件,ID 为 btnSelect。为 Button 控件订阅单击事件。代码如下所示。

```
protected void Page_Load(object sender, EventArgs e)
{
    if (!IsPostBack)
    {
        gvSC_DB();
    }
}
void gvSC_DB()
{
    SqlConnection myConn=new SqlConnection();
    myConn.ConnectionString="server=.\\sqlexpress;database=aspnet;uid=sa;pwd=
    123456";
    SqlCommand cmd=new SqlCommand("select * from sc ", myConn);
    SqlDataAdapter sda=new SqlDataAdapter();
    sda.SelectCommand=cmd;
    DataSet ds=new DataSet();
    sda.Fill(ds, "sc");
    gvSC.DataSource=ds.Tables["sc"];
    gvSC.DataBind();
}
protected void btnSelect_Click(object sender, EventArgs e)
{
    int count=this.gvSC.Rows.Count;
    if (btnSelect.Text=="全选")
    {
        for (int i=0; i<count; i++)
        {
            ((CheckBox)gvSC.Rows[i].Cells[3].FindControl("CheckBox1")).Checked=
            true;
        }
        btnSelect.Text="取消全选";
    }
    else
    {
```

```
for (int i=0; i<count; i++)
{
    ((CheckBox)gvSC.Rows[i].Cells[3].FindControl("CheckBox1")).Checked=
    false;
}
btnSelect.Text="全选";
    }
}
```

网页运行效果如图 7.12 所示。

图 7.12　使用模板功能的网页运行效果图

**说明:**

- 在 btnSelect 的单击方法中,通过 gvSC 的 Rows 属性集合的 Count 属性,获取当前 GridView 控件中显示的数据行数。
- 通过 btnSelect 的 Text 属性文本值判断是要执行全选,还是取消全选功能。
- 使用 for 循环遍历每一行的第四个 TableCell,通过 FindControl 方法在当前单元格 中根据 ID 名称进行控件查找,返回值类型为 Control,需要根据实际情况进行强制 类型转换。

(6) 行命令(RowCommand)

RowCommand 事件是 GridView 控件中级别最高的事件,GridView 控件中触发的所有 事件,RowCommand 事件都能够接收处理。

首先,打开 GridView 控件的"字段"对话框,添加三个 BoundField 字段,设定 DataField 属性为 sno、cno 和 grade,HeaderText 属性为学生编号、课程编号和成绩,再添加 TemplateField 字段。

其次,打开编辑模板,向项模板中添加两个 LinkButton 控件,第一个 ID 为 lbtnSelect, Text 属性为"选择",命令名称 CommandName 属性为"选择",命令参数 CommandArgument 进行数据绑定为<%♯Eval("sno")+","+Eval("cno")%>;第二个 ID 为 lbtnDelete,Text 属性为"删除",命令名称 CommandName 属性为"删除",命令参数 CommandArgument 进行数据绑定为<%♯Eval("sno")+","+ Eval("cno")%>。

再次,在窗体中添加三个 TextBox 控件,控件 ID 分别为 txtSno、txtCno 和 txtGrade;一 个 Button 控件,ID 为 btnUpdate。为 Button 控件订阅单击事件。

最后,为 GridView 控件订阅 RowCommand 事件。

代码如下所示。

```
protected void Page_Load(object sender, EventArgs e)
{
    if (!IsPostBack)
    {
        gvSC_DB();
    }
}
void gvSC_DB()
{
    SqlConnection myConn=new SqlConnection();
    myConn.ConnectionString="server=.\\sqlexpress;database=aspnet;uid=sa;pwd=
    123456";
    SqlCommand cmd=new SqlCommand("select * from sc", myConn);
    SqlDataAdapter sda=new SqlDataAdapter();
    sda.SelectCommand=cmd;
    DataSet ds=new DataSet();
    sda.Fill(ds, "sc");
    gvSC.DataSource=ds.Tables["sc"];
    gvSC.DataBind();
}
protected void gvSC_RowCommand(object sender, GridViewCommandEventArgs e)
{
    if (e.CommandName=="选择"||e.CommandName=="删除")
    {
        string[] arr=e.CommandArgument.ToString().Split(',');
        string sno=arr[0];
        string cno=arr[1];
        if (e.CommandName=="选择")
        {
            SqlConnection myConn=new SqlConnection();
            myConn.ConnectionString="server=.\\sqlexpress;database=aspnet;uid=
            sa;pwd=123456";
            myConn.Open();
            SqlCommand cmd=new SqlCommand("select * from sc where sno=@sno and cno=@
            cno",myConn);
            cmd.Parameters.AddWithValue("@sno", sno);
            cmd.Parameters.AddWithValue("@cno", cno);
            SqlDataReader sdr=cmd.ExecuteReader();
            while (sdr.Read())
            {
                txtSno.Text=sdr[0].ToString();
                txtCno.Text=sdr["cno"].ToString();
                txtGrade.Text=sdr[2].ToString();
            }
            sdr.Close();
            myConn.Close();
        }
        if (e.CommandName=="删除")
        {
```

```
    SqlConnection myConn=new SqlConnection();
    myConn.ConnectionString="server=.\\sqlexpress;database=aspnet;uid=
    sa;pwd=123456";
    myConn.Open();
    SqlCommand cmd=new SqlCommand("delete from sc where sno=@sno and cno=
    @cno",myConn);
    cmd.Parameters.AddWithValue("@sno", sno);
    cmd.Parameters.AddWithValue("@cno", cno);
    int i=cmd.ExecuteNonQuery();
    myConn.Close();
    if (i>0)
    {
        ClientScript.RegisterStartupScript(GetType(), null,"<script>
        alert('删除成功');</script>");
        gvSC_DB();
    }
    else
    {
        ClientScript.RegisterStartupScript(GetType(), null, "<script>
        alert('删除失败');</script>");
    }
    }
    }
}
protected void btnUpdate_Click(object sender, EventArgs e)
{
    SqlConnection myConn=new SqlConnection();
    myConn.ConnectionString="server=.\\sqlexpress;database=aspnet;uid=sa;pwd=
    123456";
    myConn.Open();
    SqlCommand cmd=new SqlCommand("update sc set grade=@grade where sno=@sno and
    cno=@cno",myConn);
    cmd.Parameters.AddWithValue("@sno", txtSno.Text.Trim());
    cmd.Parameters.AddWithValue("@cno", txtCno.Text.Trim());
    cmd.Parameters.AddWithValue("@grade", txtGrade.Text.Trim());
    int i=cmd.ExecuteNonQuery();
    myConn.Close();
    if (i>0)
    {
        ClientScript.RegisterStartupScript(GetType(), null, "<script>alert('修改
        成功');</script>");
        txtSno.Text="";
        txtCno.Text="";
        txtGrade.Text="";
        gvSC_DB();
    }
    else
        ClientScript.RegisterStartupScript(GetType(), null, "<script>alert('修改
        失败');</script>");
}
```

网页运行效果如图 7.13 所示。

图 7.13　使用行命令的网页运行图

**说明：**

- Button、LinkButton 和 ImageButton 服务器控件有两个重要属性：CommandName 和 CommandArgument。CommandName 可以为按钮起一个名字。Command-Argument 可以传递命令的附加信息。本例中为两个 LinkButton 的 Command-Name 起名为"选择"和"删除"。为 CommandArgument 属性使用 Eval 方法进行了数据绑定。

- 当一个 ASP.NET 控件位于一个数据绑定模板中时，可以使用 Eval 方法将其某个字段与数据源中当前数据对象的某个字段相绑定。Eval 方法提供了一个单向的只读的数据值。这就是说，数据是从"数据源"对象单向传送给模板中的控件，没有办法修改数据源对象中的数据。Eval 语法为：＜％＃ Eval("字段名") ％＞。

- 本例中，使用＜％＃Eval("sno")＋","＋Eval("cno")％＞绑定 SC 表的 sno 和 cno 列。为了能够区分 sno 和 cno 的值，中间使用了逗号","分割。

- gvSC_RowCommand 方法的第二个形参 e 有两个常用的属性：CommandName 和 CommandArgument。它们能够自动接收按钮控件的 CommandName 和 CommandArgument 值。根据 e 的 CommandName 值判断用户单击的是"选择"还是"删除"按钮。

- 在 gvSC_RowCommand 方法中，使用字符串的 split 方法，根据逗号","，将参数 e 的 CommandArgument 值进行分割，分割出为按钮绑定的 sno 和 cno 值。

## 7.3.2　能力目标

掌握 GridView 控件的常用功能的使用方法。

## 7.3.3　任务驱动

任务的主要内容如下：

- 实现 GridView 控件的数据绑定。
- 实现 GridView 控件的分页功能。
- 实现 GridView 控件的排序功能。

- 实现 GridView 控件的用户自定义选择和删除功能。
- 实现选中行数据的修改功能。

(1) 创建名为 Example7_3 的 ASP.NET 网站。

(2) 在网页中添加 ID 为 gvStudent 的 GridView 控件，ID 为 txtSno、txtSname、txtSex、txtAge 和 txtDept 的 TextBox 控件，ID 为 btnUpdate 的 Button 控件。

(3) 为 gvStudent 订阅 PageIndexChanging 事件、Sorting 事件和 RowCommand 事件。AllowPaging 属性设置为 true，AllowSorting 属性设置为 true，AutoGenerateColumns 属性设置为 false。为 btnUpdate 订阅 Click 事件。

(4) 为 gvStudent 添加五个 BoundField 字段，DataField 为 sno、sname、sex、age 和 dept，HeaderText 为学生编号、姓名、性别、年龄和系别。(因为要根据 BoundField 字段做排序，所有设置 SortExpression 为 sno、sname、sex、age 和 dept。)添加一个 TemplateField 字段。

(5) 打开 gvStudent 的模板编辑模式，添加 ID 为 lbtnSelect 和 lbtnDelete 的 LinkButton 控件。设置 CommandName 为"选择"和"删除"，CommandArgument 数据绑定为 student 表中的 sno 字段，代码为<% # Eval("sno") %>。

(6) 任务的代码模板。

将下列"综合练习.aspx.cs"中的【代码】替换为程序代码。网页运行效果如图 7.14 所示。

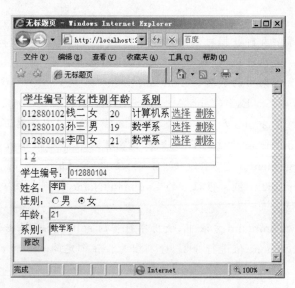

图 7.14  7.3.3 任务的网页运行效果图

**综合练习. aspx. cs 代码**

```
using System.Data.SqlClient;
public partial class 综合练习: System.Web.UI.Page
{
    protected void Page_Load(object sender, EventArgs e)
    {
        if (!IsPostBack)
```

```
    {
        ViewState["sortExpression"]="sno";
        ViewState["sortRule"]=【代码 1】;              //初始化排序规则为升序
        gvSstudent_DB();
    }
}
void gvSstudent_DB()
{
    SqlConnection myConn=new SqlConnection();
    myConn.ConnectionString="server=.\\sqlexpress;database=aspnet;uid=sa;
    pwd=123456";
    SqlCommand cmd=new SqlCommand("select * from student", myConn);
    SqlDataAdapter sda=new SqlDataAdapter();
    sda.SelectCommand=cmd;
    DataSet ds=new DataSet();
    sda.Fill(ds, "student");
    DataView myView=【代码 2】;       //赋值为 ds 对象中名称为 student 的 dt 对象的视图
    myView.Sort=【代码 3】;
            //ViewState["sortExpression"]、ViewState["sortRule"]构建排序规则
    gvStudent.DataSource=myView;
    gvStudent.DataBind();
}
protected void gvSC_Sorting(object sender, GridViewSortEventArgs e)
{
    ViewState["sortExpression"]=【代码 4】;        //获取用户点击的列的排序表达式
    if (ViewState["sortRule"].ToString()==" DESC")
    {
        ViewState["sortRule"]=" ASC";
        gvSstudent_DB();
    }
    else
    {
        ViewState["sortRule"]=" DESC";
        gvSstudent_DB();
    }
}
protected void gvSC_PageIndexChanging(object sender, GridViewPageEventArgs e)
{
    gvStudent.PageIndex=【代码 5】;                  //获取用户点击的新页索引
    【代码 6】;                                       //重新对 gvStudent 进行数据绑定
}
protected void gvSC_RowCommand(object sender, GridViewCommandEventArgs e)
{
    if (e.CommandName=="选择"||e.CommandName=="删除")
    {
        string sno=【代码 7】;              //通过 e 的 CommandArgument 属性获取学生编号
        if (e.CommandName=="选择")
        {
            SqlConnection myConn=new SqlConnection();
            myConn.ConnectionString="server=.\\sqlexpress;database=aspnet;
            uid=sa;pwd=123456";
```

```
        myConn.Open();
        SqlCommand cmd=new SqlCommand("select * from student where sno=@sno",
        myConn);
        cmd.Parameters.AddWithValue("@sno", sno);
        SqlDataReader sdr=【代码 8】;    //执行 cmd 命令对象的 ExecuteReader 方法
        while (sdr.Read())
        {
            txtSno.Text=sdr[0].ToString();
            txtSname.Text=【代码 9】;       //根据字符串型索引器获取当前行的 sname 列
            if (sdr["sex"].ToString()=="男")
            {
                rbtnMale.Checked=true;
                rbtnFemale.Checked=false;
            }
            else
            {
                rbtnFemale.Checked=true;
                rbtnMale.Checked=false;
            }
            txtAge.Text=sdr["age"].ToString();
            txtDept.Text=sdr["dept"].ToString();
        }
        sdr.Close();
        myConn.Close();
    }
    if (e.CommandName=="删除")
    {
        SqlConnection myConn=new SqlConnection();
        myConn.ConnectionString="server=.\\sqlexpress;database=aspnet;
        uid=sa;pwd=123456";
        myConn.Open();
        SqlCommand cmd=new SqlCommand("delete from student where sno=@sno",
        myConn);
        cmd.Parameters.AddWithValue("@sno", sno);
        int i=【代码 10】;                    //执行 delete 语句的 cmd 对象
        myConn.Close();
        if (i>0)
        {
        ClientScript.RegisterStartupScript(GetType(), null,"<script>
        alert('删除成功');</script>");
        gvSstudent_DB();
        }
        else
        {
        ClientScript.RegisterStartupScript(GetType(),null, "<script>
        alert('删除失败');</script>");
        }
    }
}

protected void btnUpdate_Click(object sender, EventArgs e)
```

```
        {
            SqlConnection myConn=new SqlConnection();
            myConn.ConnectionString="server=.\\sqlexpress;database=aspnet;uid=sa;
            pwd=123456";
            myConn.Open();
            SqlCommand cmd=new SqlCommand("update student set
                    sname=@sname,sex=@sex,age=@age,dept=@dept where sno=@sno",
                    myConn);
            cmd.Parameters.AddWithValue("@sname", txtSname.Text.Trim());
            if(rbtnMale.Checked)
                cmd.Parameters.AddWithValue("@sex", "男");
            else
                cmd.Parameters.AddWithValue("@sex", "女");
            cmd.Parameters.AddWithValue("@age", txtAge.Text.Trim());
            cmd.Parameters.AddWithValue("@dept", txtDept.Text.Trim());
            cmd.Parameters.AddWithValue("@sno", txtSno.Text.Trim());
            int i=cmd.ExecuteNonQuery();
            myConn.Close();
            if (i>0)
            {
                ClientScript.RegisterStartupScript(GetType(), null, "<script>alert
                ('修改成功');</script>");
                gvSstudent_DB();
            }
            else
                ClientScript.RegisterStartupScript(GetType(), null, "<script>alert
                ('修改失败');</script>");
        }
}
```

（7）任务小结或知识扩展。

- 在 GridView 控件中触发的所有事件，都最先被 RowCommand 事件捕获。本任务中，当用户在执行分页或排序功能时，都是先执行 gvSC_RowCommand 方法，再去执行 gvSC_PageIndexChanging 和 gvSC_Sorting 方法。
- student 表中的 sno 列被 SC 表的 sno 列所依赖，因此做 student 表删除操作时，如果 SC 表中有数据行依赖于要删除的数据，默认情况下不允许删除。

（8）代码模板的参考答案。

【代码 1】: "ASC"

【代码 2】: ds.Tables["student"].DefaultView

【代码 3】: ViewState["sortExpression"].ToString()+" "+ViewState["sortRule"].ToString()

【代码 4】: e.SortExpression

【代码 5】: e.NewPageIndex

【代码 6】: gvSstudent_DB()

【代码 7】: e.CommandArgument.ToString()

【代码 8】: cmd.ExecuteReader()

【代码 9】: sdr["sname"].ToString()

【代码 10】: cmd.ExecuteNonQuery()

## 7.3.4　实践环节

（1）查找资料，解决做 student 表删除操作时，如果 SC 表中有数据行依赖于要删除的数据，不允许删除的问题。

（2）将 course 表中的数据绑定到一个 GridView 控件中，实现分页、排序、选择和删除等功能。

# 7.4　DataList 数据绑定

## 7.4.1　核心知识

### 1. 概述

DataList 控件可以使用户以自定义的格式显示数据库中的数据信息。和 GridView 控件每行只能显示一条记录不同，DataList 可以在一行显示多条记录。

显示数据的格式在创建的模板中定义。可以为项、交替项、选定项和编辑项创建模板。标头、脚注和分隔符模板用于自定义 DataList 的整体外观。

DataList 控件的常用属性如下。

- RepeatColumns：DataList 中要显示的列数。默认是 0，即按照 RepeatDirection 的设置单行或者单列显示数据。
- RepeatDirection：DataList 的显示方式，这个属性是一个枚举值，有 Horizontal 和 Vertical 两个值，分别代表水平和垂直显示。
- AltermatingItemStyle：编写交替行的样式。
- EditItemStyle：正在编辑的项的样式。
- FooterStyle：列表结尾处的脚注的样式。
- HeaderStyle：列表头部的标头的样式。
- ItemStyle：单个项的样式。
- SelectedItemStyle：选定项的样式。
- SeparatorStyle：各项之间分隔符的样式。

通过属性生成器，同样可以通过勾选相应的项目来生成属性，这些属性能够极大地方便开发人员制作 DataList 控件的界面样式，如图 7.15 所示。

常用事件如下。

- ItemCommand：能够响应 DataList 控件中的所有触发事件。
- SelectedIndexChanged：在数据列表控件中选择了不同的项时发生。

### 2. 应用举例

在网页中添加 DataList 控件，打开项模板，添加三个 Label 控件，对其 Label 的 Text 属性进行数据绑定。源代码如下所示。

```
<asp:DataList ID="dlStudent" runat="server" CellPadding="4" ForeColor="#333333"
    RepeatColumns="3" RepeatDirection="Horizontal">
  <FooterStyle BackColor="#507CD1" Font-Bold="True" ForeColor="White" />
```

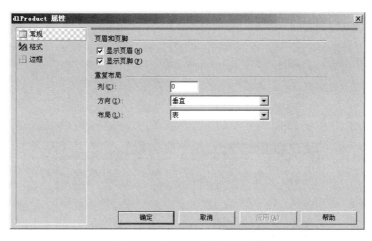

图 7.15 DataList 属性生成器

```
<AlternatingItemStyle BackColor="White" />
<ItemStyle BackColor="#EFF3FB" />
<SelectedItemStyle BackColor="#D1DDF1" Font-Bold="True" ForeColor="#333333" />
<HeaderStyle BackColor="#507CD1" Font-Bold="True" ForeColor="White" />
<ItemTemplate>
    学号：<asp:Label ID="Label1" runat="server" Text='<%#Eval("sno")%>'>
    </asp:Label>
    <br />
    姓名：<asp:Label ID="Label2" runat="server" Text='<%#Eval("sname")%>'>
    </asp:Label>
    <br />
    性别：<asp:Label ID="Label3" runat="server" Text='<%#Eval("sex")%>'>
    </asp:Label>
</ItemTemplate>
</asp:DataList>
```

DataList 控件的数据绑定方式和 GridView 很像，后台 cs 文件代码如下所示。

```
public partial class_Default: System.Web.UI.Page
{
    protected void Page_Load(object sender, EventArgs e)
    {
        if (!IsPostBack)
        {
            dlStudent_DB();
        }
    }
    void dlStudent_DB()
    {
        SqlConnection myConn=new SqlConnection();
        myConn.ConnectionString="server=.\\sqlexpress;database=aspnet;uid=sa;
        pwd=123456";
        SqlCommand cmd=new SqlCommand("select * from student", myConn);
        SqlDataAdapter sda=new SqlDataAdapter();
        sda.SelectCommand=cmd;
```

```
        DataSet ds=new DataSet();
        sda.Fill(ds, "student");
        dlStudent.DataSource=ds.Tables["student"];
        dlStudent.DataBind();
    }
}
```

网页运行效果如图 7.16 所示。

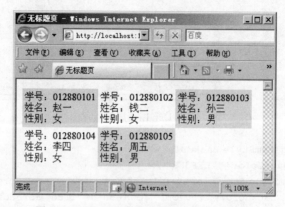

图 7.16　Datalist 数据绑定网页运行效果图

**说明**：对 DataList 进行数据绑定后，不会显示数据，必须再给 DataList 模板添加控件，对子控件进行数据绑定。绑定的方式是＜％＃Eval("列名")％＞。

## 7.4.2　能力目标

掌握 DataList 控件的数据绑定和事件处理。

## 7.4.3　任务驱动

任务的主要内容如下：
- 创建操作数据库公共类。
- 创建商品添加页面。
- 创建商品浏览页面。
- 创建商品详情页面。

（1）创建名为 Example7_4 的 ASP. NET 网站。

（2）创建商品信息表。

打开 SQL Server Management Studio Express，在 aspnet 数据中创建 tb_product 商品信息表。SQL 语句如下所示。

```
CREATE TABLE [dbo].[tb_product](
    [pid] [int] PRIMARY KEY IDENTITY(1,10000),
    [pname] [varchar](50) NOT NULL,
    [price] [money] NOT NULL,
    [quantity] [int] NOT NULL,
    [description] [text] NOT NULL,
    [photo] [varchar](100) NULL
```

）

（3）添加操作数据库公共类。

在项目开发中，操作数据库时经常会有相同的代码出现，比如创建和数据库的连接对象，这时就出现了代码冗余。本任务中会多次访问数据库，因此要在项目中创建操作数据库公共类。

在解决方案资源管理器中，右击网站项目，在弹出的菜单中选择"添加新项"命令。在"模板"列表框中选择"类"，在"名称"文本框中输入 DB.cs，如图 7.17 所示。单击添加按钮，这时会弹出一个提示对话框，如图 7.18 所示，提示要将类放到 App_Code 文件夹下。此时必须单击"是"按钮，否则创建的类无法调用。

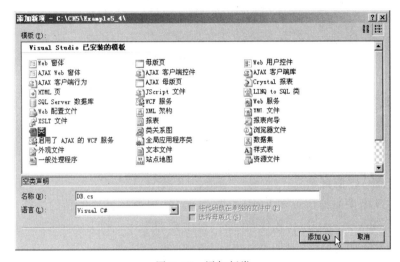

图 7.17　添加新类

图 7.18　提示对话框

（4）添加商品页面。

在网站中新增添加商品页面 AddPro.aspx，实现商品信息的添加。

（5）添加浏览商品页面。

在网站中新增添加浏览页面 ShowPro.aspx，实现商品信息的浏览。在网页中添加 ID 为 dlProduct 的 DataList 控件，在模板中添加 ImageButton、LinkButton 和 Label 控件，对相应的属性进行了数据绑定。为 DataList 控件订阅 ItemCommand 事件。DataList 代码如下所示。

```
<asp:DataList ID="dlProduct" runat="server" RepeatColumns="4"
    OnItemCommand="dlProduct_ItemCommand">
    <ItemTemplate>
    <table style="width: 100%; height: 160px;">
```

```
<tr>
    <td colspan="2">
        <asp:ImageButton ID="ImageButton1" CommandName="照片"
            CommandArgument='<%#Eval("pid")%>'
            runat="server" Height="180px"
            ImageUrl='<%#Eval("photo")%>' Width="150px" />
    </td>
</tr>
<tr>
    <td>
        <asp:LinkButton ID="LinkButton1" runat="server" CommandName="名称"
            CommandArgument='<%#Eval("pid")%>'
            Text='<%#Eval("pname")%>'>LinkButton</asp:LinkButton>
    </td>
    <td>
        <asp:Label ID="Label1" runat="server" Text='<%#Eval("price")%>'>
        </asp:Label>
    </td>
</tr>
    </table>
    </ItemTemplate>
</asp:DataList>
```

(6) 添加商品详情页面。

在网站中新增商品详情页面 ProDetails.aspx,实现商品详情信息的浏览。在网页中添加 ID 为 dlProduct 的 DataList 控件,在项模板中添加 Label 和 Image 控件,并对相应的属性进行数据绑定,DataList 代码如下所示。

```
<asp:DataList ID="dlProduct" runat="server">
    <ItemTemplate>
        <table style="width: 340px">
            <tr>
                <td>
                    编号:
                </td>
                <td>
                    <asp:Label ID="lblPid" runat="server" Text='<%#Eval("pid")%>'>
                    </asp:Label>
                </td>
                <td rowspan="5">
                    <asp:Image ID="Image1" runat="server" Height="121px"
                        ImageUrl='<%#Eval("photo")%>'  Width="104px" />
                </td>
            </tr>
            <tr>
                <td>
                    名称:
                </td>
                <td>
```

```
            <asp:Label ID="lblPname" runat="server" Text='<%#Eval
            ("pname")%>'></asp:Label>
        </td>
    </tr>
    <tr>
        <td>
            单价：
        </td>
        <td class="style2">
            <asp:Label ID="lblPrice" runat="server" Text='<%#Eval
            ("price")%>'>、</asp:Label>
        </td>
    </tr>
    <tr>
        <td>
            库存：
        </td>
        <td>
            <asp:Label ID="lblQuantity" runat="server" Text='<%#Eval
            ("quantity")%>'></asp:Label></td>
    </tr>
    <tr>
        <td>
            描述：
        </td>
        <td>
            <asp:Label ID="lblDescription" runat="server"
                Text='<%#Eval("description")%>'></asp:Label>
        </td>
    </tr>
    </table>
</ItemTemplate>
</asp:DataList>
```

（7）在网站中添加用于存储用户上传图片的文件夹 photo。

（8）任务的代码模板。

将下列【代码】替换为程序代码。网页运行效果如图 7.19 至图 7.21 所示。

**DB. cs 代码**

```
using System.Data.SqlClient;
public class DB
{
    public static SqlConnection CreateConn()
    {
        SqlConnection myConn=new SqlConnection();
        myConn.ConnectionString="server=.\\sqlexpress;database=aspnet;uid=sa;
        pwd=123456";
```

图 7.19　添加商品页面

图 7.20　浏览商品页面图

图 7.21　商品详情页面

```
        【代码 1】;                            //返回数据库连接对象
    }
}
```

## AddPro. aspx. cs 代码

```csharp
using System.Data.SqlClient;
public partial class AddProc: System.Web.UI.Page
{
    protected void btnUpload_Click(object sender, EventArgs e)
    {
        if (【代码 2】)                         //判断用户是否选择了文件
        {
            if (【代码 3】)                     //判断文件大小是否小于 200KB
            {
                string filename=fuPhoto.PostedFile.FileName;
                string[] arr=【代码 4】;            //根据"."对完整文件名进行分割
                string extFilename=arr[arr.Length-1];
                string[] allType={"jpg", "jpeg", "gif"};
                bool flag=false;
                foreach (string str in allType)
                {
                    if (str==extFilename)
                    {
                        flag=true;
                        break;
                    }
                }
                if (flag)
                {
                    string year=DateTime.Now.Year.ToString();
                    string month=DateTime.Now.Month.ToString();
                    string day=DateTime.Now.Day.ToString();
                    string hour=DateTime.Now.Hour.ToString();
                    string minute=DateTime.Now.Minute.ToString();
                    string second=DateTime.Now.Second.ToString();
                    string mil=DateTime.Now.Millisecond.ToString();
                    string newFilename=year+month+day+hour+minute+second+mil+"."+
                    extFilename;
                    string path=Server.MapPath("~ \\photo");
                    fuPhoto.PostedFile.SaveAs(path+"\\"+newFilename);
                    imgPhoto.ImageUrl=【代码 5】;        //赋值为图片的相对路径
                }
                else
                {
                    Response.Write ("< script > window. alert ('文件格式不合法');
                    </script>");
                }
            }
            else
            {
```

```
                    Response.Write("<script>window.alert('文件大小应小于 200KB');
                    </script>");
                }
            }
            else
            {
                Response.Write("<script>window.alert('请选择文件');</script>");
            }
        }
        protected void btnAdd_Click(object sender, EventArgs e)
        {
            SqlConnection myConn=【代码 6】;              //调用 DB 类中的 CreateConn 方法
            myConn.Open();
            SqlCommand cmd=new SqlCommand();
            cmd.Connection=myConn;
            cmd.CommandText="insert into tb_product
                            values(@pname,@price,@quantity,@description,@photo)";
            cmd.Parameters.AddWithValue("@pname", txtPname.Text.Trim());
            cmd.Parameters.AddWithValue("@price", txtPrice.Text.Trim());
            cmd.Parameters.AddWithValue("@quantity", txtQuantity.Text.Trim());
            cmd.Parameters.AddWithValue("@description", txtDescription.Text.Trim());
            cmd.Parameters.AddWithValue("@photo", imgPhoto.ImageUrl);
            int result=【代码 7】;                      //执行 cmd 对象
            myConn.Close();
            if (result>0)
            {
                Response.Write("<script>window.alert('添加成功');</script>");
                txtPname.Text="";
                txtPrice.Text="";
                txtQuantity.Text="";
                txtDescription.Text="";
                imgPhoto.ImageUrl="";
            }
            else
            {
                Response.Write("<script>window.alert('添加失败');</script>");
            }
        }
    }
```

**ShowPro.aspx.cs 代码**

```
using System.Data.SqlClient;
public partial class ShowProc: System.Web.UI.Page
{
    protected void Page_Load(object sender, EventArgs e)
    {
        if (!IsPostBack)
            dlProduct_DB();
    }
    void dlProduct_DB()
```

```
    {
        SqlConnection myConn=DB.CreateConn();
        SqlCommand cmd=new SqlCommand();
        cmd.Connection=myConn;
        cmd.CommandText="select * from tb_product";
        SqlDataAdapter sda=new SqlDataAdapter();
        sda.SelectCommand=cmd;
        DataSet ds=new DataSet();
        sda.Fill(ds, "product");
        dlProduct.DataSource=ds.Tables[0];
        【代码 8】;        //执行 dlProduct 的数据绑定
    }
    protected void dlProduct_ItemCommand(object source, DataListCommandEventArgs e)
    {
        if (【代码 9】)//命令是否是 CommandName 为照片 ImageButton 和为名称 LinkButton 触发
        {
            Response.Redirect("ProDetails.aspx?pid="+e.CommandArgument);
        }
    }
}
```

### ProDetails. aspx. cs 代码

```
using System.Data.SqlClient;
public partial class ProDetails: System.Web.UI.Page
{
    protected void Page_Load(object sender, EventArgs e)
    {
        if (Request.QueryString["pid"] !=null)
        {
            int pid=Convert.ToInt32(Request.QueryString["pid"]);
            【代码 10】;          //调用 dlProduct_DB 方法
        }
        else
        {
            Response.Redirect("ShowPro.aspx");
        }
    }
    void dlProduct_DB(int _pid)
    {
        SqlConnection myConn=DB.CreateConn();
        SqlCommand cmd=new SqlCommand();
        cmd.Connection=myConn;
        cmd.CommandText="select * from tb_product where pid=@pid";
        cmd.Parameters.AddWithValue("@pid",_pid);
        SqlDataAdapter sda=new SqlDataAdapter();
        sda.SelectCommand=cmd;
        DataSet ds=new DataSet();
        sda.Fill(ds, "product");
        dlProduct.DataSource=ds.Tables[0];
        dlProduct.DataBind();
```

```
        }
}
```

（9）任务小结或知识扩展。

- 为了方便用户调用，创建数据库连接的 CreateConn 方法被定义为 static 静态方法。调用时直接使用"类名.方法名"即可。
- DataList 和 GridView 数据绑定方法很像，区别是 GridView 数据绑定成功后能够自动显示数据，而 DataList 数据绑定后，还需要对模板项中的控件进行数据绑定才能显示数据。
- DataList 控件是以 Item 为单位进行事件处理的，而 GridView 控件是以 Row 为对象进行事件处理的。DataList 控件的 ItemCommand 能够响应 Item 中的所有事件，而 GridView 控件的 RowCommand 能够响应 Row 中的所有事件。
- 任务中通过 Response 和 Request 对象进行了页面之间的跳转和传值，将在第 8 章详细讲解。

（10）代码模板的参考答案。

【代码 1】: return myConn
【代码 2】: fuPhoto.HasFile
【代码 3】: fuPhoto.PostedFile.ContentLength<200000
【代码 4】: filename.Split('.')
【代码 5】: "~\\photo\\"+newFilename
【代码 6】: DB.CreateConn()
【代码 7】: cmd.ExecuteNonQuery()
【代码 8】: dlProduct.DataBind()
【代码 9】: e.CommandName=="照片"||e.CommandName=="名称"
【代码 10】: dlProduct_DB(pid)

## 7.4.4 实践环节

参照本任务，将 aspnet 数据库中的 student 表的学号和姓名信息在 DataList 控件中显示，单击某学生时，打开新页面显示该学生的详细信息。

# 7.5 小　结

- 数据绑定表达式可以创建服务器控件的属性和数据源之间的绑定。数据绑定表达式不但可以包含在 Web 窗体页面源中的任何位置，而且可以包含在服务器控件标记中的"属性＝值"的值一侧。声明数据绑定表达式是以"<％＃"开始，以"％>"结束的。
- DropDownList 控件能够绑定多行数据，但只能显示一行一列的数据。常用事件为 SelectedIndexChanged 事件。
- GridView 控件能够显示多行多列数据，并且用户可以自定义 Cell 单元格显示内容。常用事件为 PageIndexChanging 事件、RowCancelingEdit 事件、RowCommand 事件、RowDeleting 事件、RowEditing 事件、RowUpdating 事件、SelectedIndexChanging 事件、

和 Sorting 事件。

- DataList 控件能够在一行显示多项数据，并且用户可以自定义 Item 项的显示内容。常用事件为 ItemCommand 事件和 SelectedIndexChanged 事件。

# 习　题　7

## 一、填空题

1. 数据绑定表达式是以_____开始，以_____结束。

2. 数据绑定表达式包含以下五种类型：_____、_____、_____、_____和_____。

3. DropDownList 控件在客户端被解释成_____ HTML 标记。

4. DropDownList 控件的_____属性获取控件的列表项的集合。

5. GridView 控件的_____属性用来设置分页时每一页显示的行数。

## 二、选择题

1. 数据绑定表达式不能出现的位置是(　　)。

A. HTML 标记的"属性名/属性值"对的值一侧

B. 页面中的任何位置

C. JavaScript 代码中

D. CSS 代码中

2. DropDownList 控件的 AutoPostBack 属性的类型是(　　)。

A. int　　　　　　B. string　　　　　C. bool　　　　　　D. char

3. GridView 控件用来分页的事件是(　　)。

A. PageIndexChanging　　　　　　　B. RowCancelingEdit

C. SelectedIndexChanging　　　　　D. Sorting

## 三、简答题

1. 简述 DropDownList 数据绑定的过程。

2. 简述 DataList 数据绑定的过程。

第 8 章

# ASP.NET 内置对象

主要内容

- Page 对象；
- Response 对象；
- Request 对象；
- Server 对象；
- Application 对象；
- Session 对象；
- 网页之间的跳转；
- 网页之间的数据传递。

　　ASP. NET 提供的内置对象有 Page、Response、Request、Server、Application 和 Session。这些对象使用户更容易收集通过浏览器请求发送的信息、响应浏览器以及存储用户信息，以实现其他特定的状态管理和页面信息的传递。通过本章的学习，使读者掌握 ASP. NET 内置对象的使用方式，包括 Page 对象、Response 对象、Request 对象、Application 对象和 Session 对象。最后介绍页面之间的跳转和页面之间数据传递的方式。

## 8.1　Page 对象

###  8.1.1　核心知识

　　Page 对象是由 System. Web. UI 命名空间中的 Page 类来实现的，每个 aspx 页面都派生自 Page 类，并继承这个类公开的和受保护的所有方法和属性，每个 aspx. cs 后台代码文件中都有如下代码。

```
public partial class 类名：System.Web.UI.Page
```

　　ASPX 网页文件在运行时被编译为 Page 对象，并缓存在服务器内存中。Page 对象提供的常用属性、方法及事件如下。

- IsPostBack 属性：bool 类型，该值表示该页是否正为响应客户端回发而加载。
- IsValid 属性：bool 类型，该值表示页面是否通过验证。
- Title 属性：string 类型，获取或设置网页的标题。

- DataBind 方法：将数据源绑定到被调用的服务器控件及其所有子控件。在 7.1 节中使用过该方法，实现页面中的数据绑定。
- Load 事件：当服务器控件加载到 Page 对象中时发生。在 aspx.cs 文件中自动生成的名为 Page_Load 的方法就是和 Load 事件对应的。只要加载页面，就会执行 Page_Load 方法内的代码。因此该方法中通常写和页面初始化有关的代码。

## 8.1.2 能力目标

掌握 Page 对象的常用属性和 Page_Load 方法的使用。

## 8.1.3 任务驱动

任务的主要内容如下：

- 使用 Page 对象的 Title 属性设置网页标题。
- 使用 Page 对象的 IsPostBack 属性判断页面是否为首次加载。
- 使用 Page 对象的 IsValid 属性判断页面验证是否通过。

（1）创建名为 Example8_1 的 ASP.NET 网站。

（2）在网页中添加 ID 分别为 lblMsg 和 lblValid 的 Label 控件，ID 为 txtUsername 的 TextBox 控件，ID 为 btnSubmit 的 Button 控件和 RequiredFieldValidator 必填控件。如图 8.1 所示。为 btnSubmit 控件订阅单击事件，设置必填控件的 ControlToValidate 属性为 txtUsername，EnableClientScript 属性为 false。

（3）任务的代码模板。

将 Default.aspx.cs 中的【代码】替换为程序代码。网页运行效果如图 8.2 所示。

图 8.1　网页设计图　　　　　　　图 8.2　8.1.3 任务的网页运行效果图

**Default.aspx.cs 代码**

```
public partial class _Default: System.Web.UI.Page
{
    protected void Page_Load(object sender, EventArgs e)
    {
        【代码 1】="Page 对象练习";              //设置网页的标题

        if (【代码 2】)                          //判断网页是否为首次加载
        {
            lblMsg.Text="页面第一次被访问";
```

```
        }
        else
        {
            lblMsg.Text="页面非第一次被访问";
        }
    }
    protected void btnSubmit_Click(object sender, EventArgs e)
    {
        if (【代码 3】)                    //判断客户端验证是否通过
        {
            lblValid.Text="页面验证通过,用户名已经填写";
        }
        else
        {
            lblValid.Text="页面验证没有通过,用户名不能为空";
        }
    }
}
```

（4）任务小结或知识扩展。

- 千万别完全相信客户端验证,就好像 RequiredFieldValidator 控件,客户端可以使用 JavaScript 脚本改变 RequiredFieldValidator 对应的输入控件,这样就很容易绕过客户端验证了,这个时候就需要 Page.IsValid 来判断服务器端是否验证通过了。
- Page 对象的属性和方法的调用可以直接通过属性名和方法名调用,或 Page.方法名、Page.属性名、this.方法名、this.属性名都可以。

（5）代码模板的参考答案。

【代码 1】: `Page.Title`
【代码 2】: `!Page.IsPostBack`
【代码 3】: `Page.IsValid`

## 8.1.4 实践环节

在网页中添加一个 ID 为 lblDate 的 Label 控件,当页面打开时显示当前系统时间。

# 8.2 Response 对象

## 8.2.1 核心知识

Response 对象用来为客户端对服务器的访问创建响应对象,进而输出信息到客户端,它提供了标识服务器和性能的 HTTP 变量,发送给浏览器的信息和在 cookie 中存储的信息。它是 System.Web 命名空间中的 HttpResponse 类的一个实例。

Response 对象的常用属性如下。

- BufferOutput:该值指示是否缓冲输出,并在处理整个页面之后将其发送。如果缓冲了到客户端的输出,则为 true;否则为 false。默认为 true。
- Cache:获取 Web 页面的缓存策略。

Response 对象的常用方法如下。

- Write：向客户端发送指定的 HTTP 流，并呈现给客户端浏览器。
- End：停止页面的执行并输出相应的结果。当希望在 Response 对象运行，能够中途停止时，则可以使用 End 方法对页面的执行过程进行停止。
- Redirect：客户端浏览器的 URL 地址重定向。在 8.7 节详细讲解。
- Clear：用来在不将缓存中的内容输出的前提下，清空当前页的缓存；仅当使用了缓存输出时，才可以利用 Clear 方法。

## 8.2.2 能力目标

使用 Response 对象向网页输出信息。

## 8.2.3 任务驱动

任务的主要内容如下：

- 使用 Response 对象的 BufferOutput 属性取消缓冲输出。
- 使用 Response 对象的 Write 方法向网页输出信息。
- 使用 Response 对象的 End 方法停止向网页输出信息。

（1）创建名为 Example8_2 的 ASP.NET 网站。

（2）在网页中添加 ID 为 txtNum 的 TextBox 控件，ID 为 btnSubmit 的 Button 控件，并为 btnSubmit 订阅单击事件。

（3）任务的代码模板。

将 Default.aspx.cs 中的【代码】替换为程序代码。网页运行效果如图 8.3 所示。

图 8.3　8.2.3 任务的网页运行效果图

**Default.aspx.cs 代码**

```
public partial class_Default: System.Web.UI.Page
{
    protected void Page_Load(object sender, EventArgs e)
    {
        Response.BufferOutput=【代码 1】;        //数据直接输出,不使用缓冲区
        Response.Write("缓存清除前"+"<Br>");
        【代码 2】                              //清空当前页面的缓存
```

```
        Response.Write("现在时间是:"+DateTime.Now+"<hr/>");
    }
    protected void btnSubmit_Click(object sender, EventArgs e)
    {
        int num=【代码 3】;                    //获取用户输入的整数值
        for (int i=0; i<100; i++)
        {
            if (i<num)
            {
                Response.Write("当前输出了第"+(i+1)+"行<hr/>");
            }
            else
            {
                【代码 4】                      //停止向页面输出信息
            }
        }
    }
}
```

（4）任务小结或知识扩展。

本任务如果没有【代码 1】，则"缓存清除前"这句话不会输出到网页中。

（5）代码模板的参考答案。

【代码 1】: false
【代码 2】: Response.Clear();
【代码 3】: Convert.ToInt32(txtNum.Text.Trim())
【代码 4】: Response.End();

## 8.2.4 实践环节

在网页中添加 Label 控件、TextBox 控件和 Button 控件。当用户单击 Button 控件时，根据用户在 TextBox 中输入的 n 的值，在 Label 控件中显示 n!的值。

# 8.3 Request 对象

## 8.3.1 核心知识

Request 对象的作用是从浏览器获取信息。它是 System. Web 命名空间中的 HttpRequest 类的一个实例，Request 对象用于读取客户端在 Web 请求期间发送的 HTTP 值。

Request 对象的常用属性如下。

- Brower：获取有关正在请求的客户端的浏览器的信息。可以判断正在浏览网站的客户端的浏览器的版本，以及浏览器的一些信息。
- Path：获取当前请求的虚拟路径。当在应用程序开发中使用 Request. Path. ToString()时，就能够获取当前正在被请求的文件的虚拟路径的值。
- UserHostAddress：获取远程客户端 IP 主机的地址。在有些系统中，需要对来访的 IP 进行筛选，使用 Request. UserHostAddress 就能够轻松地判断用户 IP 并进行筛选操作。

- QueryString：获取 HTTP 查询字符串变量的集合。通过 QueryString 属性能够获取页面传递的参数。在超链接中，往往需要从一个页面跳转到另一个页面，跳转的页面需要获取 HTTP 的值来进行相应的操作。在8.8节详细讲解。

Request 对象的常用方法如下。

MapPath：将当前请求的 URL 中的虚拟路径映射到服务器上的物理路径。

### 8.3.2　能力目标

掌握 Request 对象常用属性的使用方法。

### 8.3.3　任务驱动

任务的主要内容如下：

- 显示客户端浏览器的信息。
- 显示客户的 IP 地址信息。
- 显示网页的路径信息。

（1）创建名为 Example8_3 的 ASP.NET 网站。

（2）在网页中添加 ID 为 lblIE、lblIP、lblPath 和 lblMapPath 的 Label 控件。

（3）任务的代码模板。

将 Default.aspx.cs 中的【代码】替换为程序代码。网页运行效果如图 8.4 所示。

图 8.4　8.3.3任务的网页运行效果图

**Default.aspx.cs 代码**

```
public partial class_Default: System.Web.UI.Page
{
    protected void Page_Load(object sender, EventArgs e)
    {
        if (Request.Browser.Browser !="IE")
        {
            lblIE.Text="访问者的浏览器不是 Internet Explorer 浏览器";
        }
        else if (Request.Browser.MajorVersion< 6)
        {
            lblIE.Text="请使用 Internet Explorer 浏览器 6.0 以上的版本运行本程序";
```

```
        }
    else
    {
        lblIE.Text="访问者的浏览器是：Internet Explorer 浏览器,版本号为"+【代码 1】;
                                            //获取访问者的 IE 浏览器的版本号
    }
    lblIP.Text="访问者的 IP 地址是："+【代码 2】;      //获取访问者的 IP 地址
    lblPath.Text="访问者的请求页面的虚拟路径是："+;【代码 3】
                                            //获取请求页面的虚拟路径
    lblMapPath.Text="访问者的请求页面的物理路径是："+【代码 4】;
                                            //获取请求页面的物理路径
    }
}
```

（4）任务小结或知识扩展。

通过判断浏览器的信息,可以强制客户端使用指定浏览器,从而提高安全性。

（5）代码模板的参考答案。

【代码 1】：Request.Browser.Version
【代码 2】：Request.UserHostAddress.ToString()
【代码 3】：Request.Path.ToString()
【代码 4】：Request.MapPath(Request.Path.ToString())

### 8.3.4　实践环节

在网页中添加 ID 为 lblPlatform 的 Label 控件显示网页访问者的操作系统平台信息。

# 8.4　Server 对象

### 8.4.1　核心知识

Server 对象用于获取服务器端信息。它是 System. Web 命名空间中的 HttpServer-Utility 类的一个实例。

Server 对象的常用属性如下。

- MachineName：获取服务器的计算机名称。
- ScriptTimeout：获取和设置请求超时值(以秒计)。

Server 对象的常用方法如下。

- Execute：在当前请求的上下文中执行指定资源的处理程序,然后将执行结果返回给调用它的网页。
- HtmlEncode：对要在浏览器中显示的字符串进行编码。
- HtmlDecode：对已被编码以消除无效 HTML 字符的字符串进行解码。
- UrlEncode：对字符串进行 URL 编码,并返回已编码的字符串。
- UrlDecode：对从 URL 中接收的 HTML 字符串进行解码。
- MapPath：返回与 Web 服务器上的指定虚拟路径相对应的物理文件路径。

## 8.4.2 能力目标

掌握 Server 对象的属性和方法的使用。

## 8.4.3 任务驱动

任务的主要内容如下：

- 使用 Server 对象的 MachineName 属性获取服务器名称。
- 使用 Server 对象的 MapPath 方法获取服务器上虚拟路径对应的物理路径。
- 使用 Server 对象的 HtmlEncode、HtmlDecode 方法对字符串编码和解码。
- 使用 Server 对象的 UrlEncode、UrlDecode 方法对 URL 编码和解码。

（1）创建名为 Example8_4 的 ASP.NET 网站。

（2）任务的代码模板。

将 Default.aspx.cs 中的【代码】替换为程序代码。网页运行效果如图 8.5 所示。

图 8.5  8.4.3 任务的网页运行效果图

**Default.aspx.cs 代码**

```
public partial class_Default: System.Web.UI.Page
{
    protected void Page_Load(object sender, EventArgs e)
    {
        Response.Write("计算机名："+【代码 1】+"<br/>");      //获取服务器名称
        Response.Write("访问页面的物理路径："+ Server.MapPath("Default.aspx")+
        "<br/>");
        string s1="<B>HTML 内容</B>";
        Response.Write("字符串编码前："+s1+"<br>");
        s1=【代码 2】;                                      //对 s1 进行编码
        Response.Write("字符串编码后："+s1+"<br>");
        s1=【代码 3】;                                      //对 s1 进行解码
        Response.Write("字符串解码后："+s1+"<br>");
        string s2="http://www.baidu.com";
        Response.Write("url 编码前："+s2+"<br>");
        s2=【代码 4】;                    //对 s2 对应的 url 进行编码
```

```
        Response.Write("url 编码后: "+s2+"<br>");
        s2=【代码 5】;                    //对 s2 对应的 url 进行解码
        Response.Write("url 解码后: "+s2+"<br>");
    }
}
```

（3）任务小结或知识扩展。

- 当想在网页上显示 HTML 标签时，如果在网页中直接输出则会被浏览器解释为 HTML 的内容，所以要通过 Server 对象的 HtmlEncode 方法将它编码再输出；若要将编码后的结果解码回原本的内容，则使用 HtmlDecode 方法。

- Server 对象的 UrlEncode 方法可以根据 URL 规则对字符串进行正确编码。当字符串数据以 URL 的形式传递到服务器时，在字符串中不允许出现空格，也不允许出现特殊字符。如果希望在发送字符串之前进行 URL 编码，则可以使用 UrlEncode 方法。若要将编码后 URL 的结果解码回原本的内容，则使用 UrlDecode 方法。

（4）代码模板的参考答案。

【代码 1】: `Server.MachineName`
【代码 2】: `Server.HtmlEncode(s1)`
【代码 3】: `Server.HtmlDecode(s1)`
【代码 4】: `Server.UrlEncode(s2)`
【代码 5】: `Server.UrlDecode(s2)`

## 8.4.4  实践环节

使用 Server 对象的 ScriptTimeout 属性，设置服务器的请求超时时间为 60 秒。

# 8.5  Application 对象

## 8.5.1  核心知识

Application 对象是为所有用户提供共享信息的手段。它是在 System.Web 命名空间中的 HttpApplication 类的一个实例。将在客户端第一次向某个特定的 ASP.NET 应用程序虚拟目录中请求任何 URL 资源时创建。对于 Web 应用上的每个 ASP.NET 应用程序都要创建一个单独的实例，然后通过内部 Application 对象公开对每个实例进行引用。Application 对象具有如下特性。

- 数据可以在 Application 对象之内进行数据共享，一个 Application 对象可以覆盖多个用户。

- Application 对象可以用 Internet Service Manager 来设置而获得不同的属性。

- 单独的 Application 对象可以隔离出来并运行在内存之中。

- 可以停止一个 Application 对象而不会影响到其他 Application 对象。

Application 对象的常用属性如下。

- AllKeys：获取 HttpApplicationState 集合中的访问键。

- Count：获取 HttpApplicationState 集合中的对象数。

Application 对象的常用方法如下。

- Add：新增一个 Application 对象变量。
- Clear：清除全部的 Application 对象变量。
- Get：通过索引关键字或变量名称得到变量的值。
- GetKey：通过索引关键字获取变量名称。
- Lock：锁定全部的 Application 对象变量。
- UnLock：解锁全部的 Application 对象变量。
- Remove：使用变量名称移除一个 Application 对象变量。
- RemoveAll：移除所有的 Application 对象变量。
- Set：使用变量名更新一个 Application 对象变量。

## 8.5.2 能力目标

掌握 Application 对象属性和方法的使用。

## 8.5.3 任务驱动

任务的主要内容如下：

- 添加 Application 对象。
- 修改 Application 对象值。
- 获取 Application 对象键名和键值。
- 锁定 Application 对象。
- 移出 Application 对象。

（1）创建名为 Example8_5 的 ASP.NET 网站。

（2）任务的代码模板。

将 Default.aspx.cs 中的【代码】替换为程序代码。网页运行效果如图 8.6 所示。

图 8.6　8.5.3 任务的网页运行效果图

**Default.aspx.cs 代码**

```
public partial class_Default: System.Web.UI.Page
{
```

```
protected void Page_Load(object sender, EventArgs e)
{
    int i;
    Application.Add("App1", "第一个对象值");
    Application.Add("App2", "第二个对象值");
    【代码1】;  //添加名为 App3,值为"第三个对象值"的 Application 对象
    string[] key=【代码2】;           //获取 Application 对象所有键值
    for (i=0; i<Application.Count; i++)
    {
        Response.Write("变量名:"+key[i]+"<br>");
    }
    【代码3】;   //使用 Set 方法,修改名为 App1 的 Application 对象值为"修改第一个对象值"
    Application["App2"]="修改第二个对象值";
    for (i=0; i<Application.Count; i++)
    {
        Response.Write("变量名:"+Application.GetKey(i)+";");
        Response.Write("变量值:"+Application.Get(i).ToString()+"<br>");
    }
    【代码4】;                        //锁定所有 Application 对象
    Application["App4"]="第四个对象";
    Application.UnLock();
    【代码5】;                        //移出所有 Application 对象
}
}
```

（3）任务小结或知识扩展。

- Application 对象的 Add 方法能够创建 Application 对象。第一个参数表示名称,第二个参数表示值。
- Lock 方法可以阻止其他客户修改存储在 Application 对象中的变量,以确保在同一时刻仅有一个客户可修改和存取 Application 变量。如果用户没有明确调用 Unlock 方法,则服务器将在页面文件结束或超时后自动解除对 Application 对象的锁定。
- Application 对象成员的生命周期终止于关闭 IIS 或使用 Clear 方法清除。

（4）代码模板的参考答案。

【代码1】: Application.Add("App3", "第三个对象值")
【代码2】: Application.AllKeys
【代码3】: Application.Set("App1", "修改第一个对象值")
【代码4】: Application.Lock()
【代码5】: Application.RemoveAll()

### 8.5.4 实践环节

（1）添加一个 Application 对象,统计当前页面用户的访问次数。
（2）使用 Remove 方法移出指定名称的 Application 对象。

# 8.6  Session 对象

## 8.6.1  核心知识

　　Session 对象是用来将客户端信息保留在服务器端的。它是 System.Web 命名空间中的 HttpSessionState 的一个实例,Session 是用来存储跨网页程序的变量或对象,功能基本同 Application 对象一样。但是 Session 对象的特性与 Application 对象不同。Session 对象变量只针对单一网站的使用者,这也就是说各个机器之间的 Session 的对象不尽相同。

　　例如存在用户 A 和用户 B。当用户 A 访问该 Web 应用时,应用程序显式地为该用户增加一个 Session 值,同时用户 B 访问该 Web 应用时,应用程序同样显式地为用户 B 增加一个 Session 值。用户 A 无法存取用户 B 的 Session 值,用户 B 也无法存取用户 A 的 Session 值。

　　Application 对象终止于 IIS 服务停止,但是 Session 对象变量则终止于联机机器离线时,也就是说当网站使用者关闭浏览器或者网站使用者在页面进行的操作时间超过系统规定时,Session 对象将会自动注销。

　　Session 对象的常用属性如下。

- IsNewSession:如果用户访问页面时是创建新会话,则此属性将返回 true,否则将返回 false。
- TimeOut:传回或设置 Session 对象变量的有效时间,如果在有效时间内没有任何客户端动作,则会自动注销。如果不设置 TimeOut 属性,则系统默认的超时时间为 20 分钟。

　　Session 对象的常用方法如下。

- Add:创建一个 Session 对象。
- Abandon:该方法用来结束当前会话并清除对话中的所有信息,如果用户重新访问页面,则可以创建新会话。
- Clear:此方法将清除全部的 Session 对象变量,但不结束会话。

　　**说明**:Session 对象可以不需要 Add 方法进行创建,直接使用“Session["变量名"]＝变量值;”的语法也可以进行 Session 对象的创建。

## 8.6.2  能力目标

　　掌握 Session 对象的创建、销毁。

## 8.6.3  任务驱动

　　任务的主要内容如下:

- 创建 Session 对象。
- 使用 Session 对象。
- 销毁 Session 对象。

　　(1) 创建名为“Example8_6”的 ASP.NET 网站。

　　(2) 在网页中添加 ID 为 lblUser 的 Label 控件,ID 为 btnLogin、btnLogoff 的 Button

控件。为 Button 控件订阅单击事件。

（3）任务的代码模板。

将 Default.aspx.cs 中的【代码】替换为程序代码。网页运行效果如图 8.7 所示。

图 8.7　8.6.3 任务的网页运行效果图

### Default.aspx.cs 代码

```
public partial class_Default: System.Web.UI.Page
{
    protected void Page_Load(object sender, EventArgs e)
    {
        if (【代码 1】)                                //判断 Session["user"]对象是否为空
        {
            lblUser.Text="当前用户: "+【代码 2】;   //获取 Session["user"]对象的值
            btnLogin.Visible=false;
            btnLogoff.Visible=true;
        }
        else
        {
            lblUser.Text="用户未登录";
        }
    }
    protected void btnLogin_Click(object sender, EventArgs e)
    {
        【代码 3】;                          //定义名为"user"的 Session 对象,值为"admin"
        Response.Redirect("Default.aspx");            //页面跳转
    }
    protected void btnLogoff_Click(object sender, EventArgs e)
    {
        【代码 4】;                                  //删除所有 Session 对象
        Response.Redirect("Default.aspx");
    }
}
```

（4）任务小结或知识扩展。

• Session 对象可以使用于安全性相比之下较高的场合，例如后台登录。在后台登录的制作过程中，用户拥有一定的操作时间，而如果用户在这段时间不进行任何操作的话，为了保证安全性，后台将自动注销，如果用户需要再次进行操作，则需要再次登录。

- 当用户登录时,如果登录成功,则创建一个 Session 对象,示例代码如 btnLogin_Click 方法所示。
- 当用户单击"注销"按钮时,则会注销 Session 对象,示例代码如 btnLogoff_Click 方法所示。
- 在 Page_Load 方法中,可以判断是否已经存在 Session 对象,如果存在 Session 对象,则说明用户当前的权限是正常的;而如果不存在 Session 对象,则说明当前用户的权限可能是错误的,或者是非法用户正在访问该页面。
- 任务代码当用户没有登录时,会出现"登录"按钮;如果登录了,存在 Session 对象,则"登录"按钮被隐藏,只显示"注销"按钮。当再次单击"注销"按钮时则会清空 Session 对象,再次显示"登录"按钮。

(5) 代码模板的参考答案。

【代码 1】: Session["user"] !=null
【代码 2】: Session["user"].ToString()
【代码 3】: Session["user"]="admin"
【代码 4】: Session.Clear()

## 8.6.4　实践环节

将 6.8.3 小节的任务进行修改,登录成功后创建名为 User 的 Session 对象存储当前用户名。

# 8.7　页面之间的跳转

## 8.7.1　核心知识

网页之间的跳转分为静态跳转和动态跳转两种方式。静态跳转可以使用<a>标记的 href 属性,HyperLink 控件的 NavigateUrl 属性,Button 控件、LinkButton 控件和 ImageButton 控件的 PostBackUrl 属性等实现。而网页之间的动态跳转通常使用 Response 对象实现。

### 1. 使用 Response.Redirect 方法

```
Response.Redirect("目标网页路径");
```

- 目标页面和源页面可以在两个服务器上。
- 字符串参数表示目标网页的地址,可输入网址或相对路径。
- 跳转向新的页面,原窗口被代替。
- 浏览器中的 URL 为新网页的路径。

工作原理是:当 Response. Redirect 方法被调用时,服务器会创建一个应答,应答头中指出了状态代码 302(表示目标页面已经改变)以及新的目标页面的 URL。浏览器从服务器收到该应答,利用应答头中的信息发出一个对新 URL 的请求。

使用 Response. Redirect 方法时,重定向操作发生在客户端,总共涉及两次与服务器的通信(两个来回):第一次是对源页面的请求,得到一个 302 应答;第二次是请求 302 应答中声明的新页面,得到重定向之后的页面。

### 2. 使用 Response.Write 方法 + JavaScript 脚本的 window.open 方法

```
Response.Write("< script language= 'javascript'>window.open('目标网页路径');
</script>");
```

- 目标页面和源页面可以在两个服务器上。
- 字符串参数中书写 JavaScript 脚本,使用 window 对象的 open 方法打开新网页。
- 原窗口保留,另外打开一个新窗口显示目标页面。

### 3. 使用 Response.Write 方法 + JavaScript 脚本的 window.location 属性

```
Response.Write("< script language= 'javascript'>window.location='目标网页路径'
</script>");
```

- 目标页面和源页面可以在两个服务器上。
- 字符串参数中书写 JavaScript 脚本,使用 window 对象的 location 属性打开新网页。
- 打开新的页面,原窗口被代替。

### 4. 使用 Response.Write 方法 + JavaScript 脚本的 window. showModalDialog 方法

```
Response.Write("<script>window.showModalDialog('目标网页路径')</script>");
```

- 目标页面和源页面可以在两个服务器上。
- 字符串参数中书写 JavaScript 脚本,使用 window 对象的 showModalDialog 方法打开新网页。
- 原窗口保留,另外打开一个新窗口显示目标页面。

### 5. 使用 Response.Write 方法 + JavaScript 脚本的 window. showModelessDialog 方法

```
Response.Write("<script>window.showModelessDialog('目标网页路径')</script>");
```

- 目标页面和源页面可以在两个服务器上。
- 字符串参数中书写 JavaScript 脚本,使用 window 对象的 showModelessDialog 方法打开新网页。
- 原窗口保留,另外打开一个新窗口显示目标页面。

**说明**:showModalDialog 和 showModelessDialog 的区别。

- showModalDialog:新窗口被打开后就会始终保持输入焦点。除非对话框被关闭,否则用户无法切换到主窗口。类似 alert 的运行效果。
- showModelessDialog:新窗口被打开后,用户可以随机切换输入焦点,对主窗口没有任何影响(最多是被挡住一下而已)。

## 8.7.2 能力目标

掌握使用 Response 对象的不同页面跳转方式。

## 8.7.3　任务驱动

建立用户登录页面,成功后跳转到主页面。

任务的主要内容如下:

- 创建网页 Login.aspx 和 MainView.aspx。
- 在 Login.aspx 网页中添加 txtUsername 和 txtPassword 文本框,接收用户输入的用户名和密码;添加 btnLogin 按钮,进行登录操作。
- 使用 ADO.NET 模型,访问第 6.8.3 小节在 aspnet 数据库中创建的 tb_user 表,判断用户名和密码是否正确;如果正确跳转到 MainView.aspx 页面,否则提示用户名或密码错误。

(1) 创建名为 Example8_7 的 ASP.NET 网站。

(2) 任务的代码模板。

将下列 Login.aspx.cs 中的【代码】替换为程序代码。网页运行效果如图 8.8 所示。

图 8.8　8.7.3 任务的网页运行效果图

**Login.aspx.cs 代码**

```
using System.Data.SqlClient;
public partial class Login: System.Web.UI.Page
{
    protected void btnLogin_Click(object sender, EventArgs e)
    {
        SqlConnection myConn=new SqlConnection();
        myConn.ConnectionString="server=.\\sqlexpress;database=aspnet;uid=sa;
                           pwd=123456";
        myConn.Open();
        SqlCommand cmd=new SqlCommand();
        cmd.Connection=【代码 1】;           //设置命令对象的连接属性为 myConn
        cmd.CommandText=;【代码 2】
                           //在 tb_user 表中判断用户名和密码是否正确的 select 语句,
                           //包含@username 和@password 两个占位符
        cmd.Parameters.AddWithValue("@username", txtUsername.Text.Trim());
        【代码 3】;           //将 txtPassword 的值赋给 cmd 的 parameters 集合的占位符@password
        int i=【代码 4】;           //执行 cmd 命令对象,返回首行首列的值
        myConn.Close();
```

```
if (i>0)
{
    【代码 5】;                      //使用 Response 对象,跳转到 MainView.aspx 页面
}
else
{
    Response.Write("<script>alert('用户名或密码错误');</script>");
}
}
}
```

（3）任务小结或知识扩展。

使用 Response. Redirect 方法进行页面跳转的时候,是在当前浏览器打开新网页的。如果希望在新浏览器中打开新网页时,可以在当前网页的 cs 文件的 Page_Load 方法中,添加语句：form1. Target ＝ "_blank";,其中,form1 是网页中默认表单对象的名称,Target 目标属性是用来设置在哪个窗口打开新网页的,"_blank"值表示在新浏览器中打开,默认值为"_self"表示在当前浏览器打开。

（4）代码模板的参考答案。

【代码 1】: myConn
【代码 2】: "select count(*)from tb_user where username=@username and password=@password"
【代码 3】: cmd.Parameters.AddWithValue("@password", txtPassword.Text.Trim())
【代码 4】: (int)cmd.ExecuteScalar()
【代码 5】: Response.Redirect("MainView.aspx")

## 8.7.4　实践环节

将任务中的【代码 5】改成使用本节讲解的另外四种方式进行页面的跳转。

# 8.8　页面之间的数据传递

## 8.8.1　核心知识

当打开某购物网站浏览商品时,可以看到若干个商品信息的简介,用户点击某个商品后,可以打开该商品信息的详细页面。一般情况下,无论点击的是哪个商品,都是在同一个网址打开商品的详细信息,这时就需要通过网页之间的数据传递来实现此功能。

可以使用 ASP. NET 的内置对象来实现网页之间的数据传递。

### 1. 使用 Response 传递值和 Request 对象接收值

（1）通过 8.7 节的学习可知,通过 Response 对象的 Redirect 方法可以实现两个页面之间的跳转,而 Redirect 方法的字符串参数除了可以表示目标网页路径之外,还可以在路径后面添加参数,进行参数值的传递,语法格式如下所示。

```
Response.Redirect("目标网页路径?参数名="+值);
```

其中：

• Redirect 方法的字符串参数是由字符串和值,通过字符串连接符"＋"拼接而成的。

- "目标网页路径"后面的问号"？"表示传递的参数的开始，问号后面的"参数名"是用户自定义的。
- "参数名"后面的等号"＝"表示为参数赋值的意思。
- 值表示为参数所赋的值，可以是常量、变量或表达式。

例如：在 First.aspx 网页，单击 Button 按钮，跳转到 Second.aspx 网页，并传递参数 id 的值为 1234 给 Second.aspx 网页。

```
protected void btnSubmit_Click(object sender, EventArgs e)
{
    Response.Redirect("Second.aspx?id="+1234);
}
```

此时在浏览器窗口中会打开 Second.aspx 网页，并且在地址栏中除了显示新网页的网址外，还会显示参数 id 和值，如图 8.9 所示。

图 8.9　使用 Response 和 Request 对象实现网页之间的参数传递

（2）在新打开的网页使用 Request 对象的 QueryString 属性的字符串型索引器获取参数的值，语法格式如下所示。

```
Request.QueryString["参数名"];
```

其中：

- Request 对象的 QueryString 属性是 NameValueCollection 类型的，它具有字符串型索引器，能够根据 Response 对象 Redirect 方法传递过来的参数名，获取该参数的值。
- 该索引器的返回值为 string 类型，用户可以根据需要，使用 Convert 类进行类型转换。

例如，接着上面的例子，在 Second.aspx 网页需要做的就是获取传递过来的参数 id 的值，进行相应的处理。因为打开网页时，网页对应的 cs 文件中自带的 Page_Load 会被自动执行，所以通常是在 Page_Load 方法中使用 Request 对象的 QueryString 属性的索引器获取参数值。本例子中在 Second.aspx 网页中添加了 ID 为 lblID 的 Label 控件，代码如下所示。

```
protected void Page_Load(object sender, EventArgs e)
{
    lblID.Text=Request.QueryString["id"];
}
```

这时，在 Second.aspx 网页中就会显示从 First.aspx 网页传递过来的参数 id 的值。

（3）通过 Response 对象和 Request 对象可以实现多个参数的值的传递。

在源网页，使用"＆"进行参数的分割，语法格式如下所示。

```
Response.Redirect("目标网页路径?参数1="+值+"&参数2="+值+"&参数3="+值+…);
```

在目标网页,有多少个参数,就写多少条 Request.QueryString["参数名"]语句接收。

### 2. 使用 Session 对象在多页面之间共享值

使用 Response 对象和 Request 对象进行网页之间的数据传递时,只能在两个页面之间进行,而需要在多个网页之间共享值时,就行不通了。此时,可以把值存在 Session 对象中,然后在其他页面中使用它,以实现不同页面间值传递的目的。语法格式如下所示。

```
Session["变量名"]=值;
```

这时在 Session 对象中,就会存储对应变量名的值。无论值是什么类型,都会自动转换为 object 类型存储在 Session 对象中。如果需要从 Session 对象中获取某变量的值时,则需要进行类型转换。

但是,需要注意的是在 Session 中存储过多的数据会消耗比较多的服务器资源,在使用 Session 时应该慎重。当然了,我们也应该使用一些清理动作来去除一些不需要的 Session 来降低资源的无谓消耗。

### 3. 使用 Application 对象在多用户之间共享值

Session 对象只能在同一个用户的页面之间进行数据传递,而如果希望能够在网站的所有用户之间进行数据传递,Session 对象就不行了。此时可以使用 Application 对象来实现全局的数据传递。

Application 对象的使用方式和 Session 对象基本相似。只不过,因为 Application 对象被网站的所有用户所共享,因此需要使用 Lock 和 UnLock 方法进行排他性的控制。

### 8.8.2 能力目标

掌握使用 ASP.NET 内置对象进行页面之间的数据传递。

### 8.8.3 任务驱动

**任务 1**:使用 Response 对象和 Request 对象传递用户名和密码。

任务的主要内容如下:

- 创建 Login.aspx 和 MainView.aspx 网页。
- 在 Login.aspx 网页中添加 txtUsername 和 txtPassword 文本框,接收用户输入的用户名和密码;添加 btnLogin 按钮,进行登录操作;使用 Response 对象的 Redirect 方法跳转到 MainView.aspx 页面,并传递参数 username 和 password,值为用户在文本框中输入的值。
- 在 MainView.aspx 页面使用 Request 对象的 QueryString 属性的字符串型索引器,获取 Login.aspx 页面传递过来的值。
- 在 MainView.aspx 页面添加 lblUsername 和 lblPassword 标签控件,显示 Login.aspx 传递过来的对应参数值。

(1)创建名为 Example8_8 的 ASP.NET 网站。

(2)任务的代码模板。

将下列 Login. aspx. cs 和 MainView. aspx. cs 中的【代码】替换为程序代码。网页运行效果如图 8.10 所示。

图 8.10  8.8.3 任务 1 的网页运行效果图

### Login. aspx. cs 代码

```
public partial class Login: System.Web.UI.Page
{
    protected void btnLogin_Click(object sender, EventArgs e)
    {
        Response.Redirect(【代码 1】);   //跳转到 MainView.aspx 页面,并通过参数 username
                                        //和 password 将文本框中用户输入的值传递过去
    }
}
```

### MainView. aspx. cs 代码

```
public partial class MainView: System.Web.UI.Page
{
    protected void Page_Load(object sender, EventArgs e)
    {
        lblUsername.Text="用户:"+【代码 2】;
                //使用 Request 对象的 QueryString 属性获取参数 username 的值
        lblPassword.Text="密码:"+【代码 3】;
                //使用 Request 对象的 QueryString 属性获取参数 password 的值
    }
}
```

（3）任务小结或知识扩展。

如果先执行 MainView. aspx 页面,网页会出现"未将对象引用设置到对象的实例。"的错误。这是因为先执行 MainView. aspx 页面时,Login. aspx 页面并没有传递 username 和 password 参数,这时 Request. QueryString["username"]为 null,假若再 ToString,就会产生"未将对象引用设置到对象的实例。"的错误。为了解决这个问题,可以将 MainView. aspx. cs 代码写成如下形式。

```
public partial class MainView: System.Web.UI.Page
{
    protected void Page_Load(object sender, EventArgs e)
    {
        if(Request. QueryString [ " username "] = = null || Request. QueryString
```

```
        ["password"]==null)
        {
            Response.Redirect("Login.aspx");
        }
        else
        {
        if (Request.QueryString["username"].ToString()=="" ||
                Request.QueryString["password"].ToString()=="")
            {
                Response.Write("<script>alert('用户名或密码为空');
                        window.location='Login.aspx'</script>");
            }
            else
            {
                lblUsername.Text ="用户名:" + Request.QueryString [ " username "].
                ToString();
                lblPassword.Text =" 密 码:" + Request. QueryString [ " password "].
                ToString();
            }
        }
    }
}
```

（4）代码模板的参考答案。

【代码 1】："MainView.aspx?username="+txtUsername.Text.Trim()+
            "&password="+txtPassword.Text.Trim()
【代码 2】：Request.QueryString["username"].ToString()
【代码 3】：Request.QueryString["password"].ToString()

**任务 2**：使用 Session 对象实现页面之间共享数据。

任务的主要内容如下：

- 创建 Login. aspx、First. aspx 和 Second. aspx 网页。
- 在 Login. aspx 网页中添加 txtUsername 和 txtPassword 文本框,接收用户输入的用户名和密码;添加 btnLogin 按钮,进行登录操作。
- 使用 ADO. NET 模型,访问第 6.8.3 小节在 aspnet 数据库中创建的 tb_user 表,判断用户名和密码是否正确;如果正确跳转到 First. aspx 页面,否则提示用户名或密码错误。
- 在 First. aspx 页面添加一个 lblUser 的标签控件;添加一个超链接<a>标记,设置 href 属性为 Second. aspx。
- 在 Second. aspx 页面添加一个 lblUser 的标签控件。

（1）创建名为 Example8_9 的 ASP. NET 网站。

（2）任务的代码模板。

将下列 Login. aspx. cs、First. aspx. cs 和 Second. aspx. cs 中的【代码】替换为程序代码。网页运行效果如图 8.11 所示。

图 8.11　8.8.3 任务 2 的网页运行效果图

## Login. aspx. cs 代码

```
using System.Data.SqlClient;
public partial class Login: System.Web.UI.Page
{
    protected void btnLogin_Click(object sender, EventArgs e)
    {
        SqlConnection myConn=new SqlConnection();
        myConn.ConnectionString="server=.\\sqlexpress;database=aspnet;uid=sa;
        pwd=123456";
        【代码 1】;                //打开与数据库的连接
        SqlCommand cmd=new SqlCommand();
        cmd.Connection=myConn;
        cmd.CommandText="select count(*) from tb_user
                where username=@username and password=@password";
        cmd.Parameters.AddWithValue("@username", txtUsername.Text.Trim());
        cmd.Parameters.AddWithValue("@password", txtPassword.Text.Trim());
        int i=(int)cmd.ExecuteScalar();
        myConn.Close();
        if (i>0)
        {
            【代码 2】;            //定义 Session["User"]对象,存储用户名
            【代码 3】;            //使用 Response 对象跳转到 First.aspx 页面
        }
        else
        {
            【代码 4】;            //弹出 alert 警告框,提示"用户名或密码错误"
        }
    }
}
```

## First. aspx. cs 代码

```
public partial class First: System.Web.UI.Page
{
    protected void Page_Load(object sender, EventArgs e)
    {
        lblUser.Text=Session["User"].ToString();
    }
```

```
    }
```

**Second. aspx. cs 代码**

```
public partial class Second: System.Web.UI.Page
{
    protected void Page_Load(object sender, EventArgs e)
    {
        lblUser.Text=【代码 5】;            //获取当前登录的用户名
    }
}
```

（3）任务小结或知识扩展。

如果先执行 First. aspx 或 Second. aspx 页面，网页会出现"未将对象引用设置到对象的实例。"的错误。这是因为先执行这两个页面的话，此时 Login. aspx 页面的 btnLogin 按钮的事件代码并没有执行，也就是说 Session 对象中并没有 User 变量存在，在 First. aspx 和 Second. aspx 页面找不到 Session["User"]，值为 null，再执行 ToString 方法，就会产生"未将对象引用设置到对象的实例。"的错误。为了解决这个问题，可以将 First. aspx. cs 代码写成如下形式。

```
public partial class First: System.Web.UI.Page
{
    protected void Page_Load(object sender, EventArgs e)
    {
        if (Session["User"] !=null)
        {
            lblUser.Text=Session["User"].ToString();
        }
        else
        {
            Response.Redirect("Login.aspx");
        }
    }
}
```

此时如果先执行 First. aspx 页面，发现 Session["User"]不存在，为 null，则会执行 else 块中的代码，跳转到 Login. aspx 页面要求用户登录。Second. aspx. cs 代码也如此修改就可以了。请读者一定要牢记这种方式，通过这种方式可以提高网页的安全性，只有登录的用户才具有操作某些页面的权限。

（4）代码模板的参考答案。

【代码 1】: myConn.Open()
【代码 2】: Session["User"]=txtUsername.Text.Trim()
【代码 3】: Response.Redirect("First.aspx")
【代码 4】: Response.Write("<script>alert('用户名或密码错误');</script>")
【代码 5】: Session["User"].ToString()

## 8.8.4  实践环节

在任务 2 的项目中，添加"全局应用程序类"Global. asax，使用 Application 对象，统计网站的历史访问人数。

提示：当网站运行时，在 Global.asax 的 Application_Start 方法会执行一次；当有一个新用户访问网站时，Session_Start 方法会执行。

# 8.9　小　　结

- 每一个 ASPX 页面都是一个 Page 对象。
- Response 对象用来为客户端对服务器的访问创建响应对象，输出信息到客户端。
- Request 对象用于读取客户端在 Web 请求期间发送的 HTTP 值。
- Server 对象用于获取网站服务器端信息。
- Application 对象是为网站的所有用户提供共享信息的手段。
- Session 对象是用来将客户端信息保留在服务器端，可以在多个网页之间共享数据。
- 使用 Response 对象的 Redirect 方法可以实现页面之间的跳转；使用 Response 对象的 Write 方法＋JavaScript 脚本也可以实现页面之间的跳转。
- 使用 Response 对象和 Request 对象可以实现两个页面之间的数据传递；使用 Session 对象可以实现多个页面之间的数据共享；使用 Application 对象可以实现多个用户之间的数据共享。

# 习　题　8

**一、填空题**

1. Response 对象的功能就是将请求的信息显示在浏览器上，该功能通过＿＿＿＿方法实现。

2. Application 对象的应用最多的方法是＿＿＿＿和＿＿＿＿。

3. ＿＿＿＿对象的功能是用来存储用户的私有数据，保存会话变量的值。

4. Request 对象用于读取客户端在 Web 请求期间发送的 HTTP 值。通过＿＿＿＿属性能够获取页面传递的参数。

**二、选择题**

1. Response 对象的一个功能是实现从当前页面跳转到指定页面，其主要靠（　　）方法完成该功能。

　　A. Redirect　　　　　B. MapPath　　　　　C. End　　　　　D. Flush

2. Request 对象中获取 Get 方式提交的数据的方法是（　　）。

　　A. Cookies　　　　　　　　　　　　　B. ServerVariables

　　C. QueryString　　　　　　　　　　　D. Form

3. 页面的有效期应该使用（　　）对象进行设置。

　　A. Session　　　　B. Application　　　　C. Response　　　　D. Request

**三、判断题**

1. Application 对象是一个公有变量，允许多个用户对它访问。（　　）

2. Session 变量值可以在使用时随时读取。（　　）

**四、简答题**

1. ASP.NET 有哪些常用内置对象？它们的功能都是什么？

2. 简述如何使用 Application 对象实现多用户之间共享数据。

# 第 9 章

# 网上商城系统

- 系统设计和网站架构搭建;
- 母版页和外观文件;
- 公共类和实体类;
- 页面的设计与实现。

近年来,随着 Amazon、eBay、淘宝等电子商务类网站的成功,越来越多的网站不再满足仅靠广告的单一盈利点,而是在其网站中加入了电子商务的功能,使用户能够通过网络购买商品,这样做既方便了用户,又为网站拓展了盈利模式。本章通过一个网上商城系统的设计与实现,讲解 ASP. NET 网站的开发流程。

## 9.1 系 统 设 计

### 9.1.1 核心知识

本网站分为三种用户,分别是游客、会员和系统管理员。游客只能对网站中的商品进行查看、搜索,而不能进行购买。如果想购买商品,必须注册会员并登录;会员可以进行商品的购买、订单查看和信息维护。系统管理员可以实现对网站商品、客户和订单信息的增加、删除、修改与查询。系统流程图如图 9.1 所示。

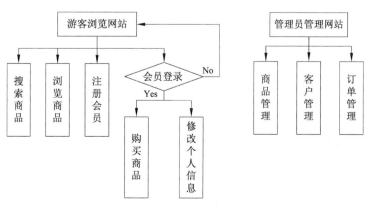

图 9.1 系统流程图

本系统后台 SQL Server 数据库包含四张表：客户表、商品表、订单表和管理员表。

客户表 tb_customers 如表 9.1 所示。

表 9.1　客户表 tb_customers

| 序号 | 物 理 名 | 逻 辑 名 | 数 据 类 型 | 是否主键 |
|------|----------|----------|-------------|----------|
| 1 | 客户编号 | cid | int | 是 |
| 2 | 客户名称 | cname | varchar(20) | |
| 3 | 客户密码 | password | varchar(20) | |

商品表 tb_products 如表 9.2 所示。

表 9.2　商品表 tb_products

| 序号 | 物 理 名 | 逻 辑 名 | 数 据 类 型 | 是否主键 |
|------|----------|----------|-------------|----------|
| 1 | 商品编号 | pid | int | 是 |
| 2 | 商品名称 | pname | varchar(100) | |
| 3 | 价格 | price | decimal(10,2) | |
| 4 | 数量 | quantity | int | |
| 5 | 描述 | description | text | |
| 6 | 照片 | photo | varchar(100) | |
| 7 | 折扣 | discount | decimal(3,2) | |

订单表 tb_orders 如表 9.3 所示。

表 9.3　订单表 tb_orders

| 序号 | 物 理 名 | 逻 辑 名 | 数 据 类 型 | 是否主键 |
|------|----------|----------|-------------|----------|
| 1 | 订单编号 | oid | int | 是 |
| 2 | 商品编号 | pid | int | |
| 3 | 客户编号 | cid | int | |
| 4 | 价格 | price | decimal(10,2) | |
| 5 | 数量 | quantity | int | |
| 6 | 订单日期 | orderDate | datetime | |

管理员表 tb_admin 如表 9.4 所示。

表 9.4　管理员表 tb_admin

| 序号 | 物 理 名 | 逻 辑 名 | 数 据 类 型 | 是否主键 |
|------|----------|----------|-------------|----------|
| 1 | 管理员编号 | uid | int | 是 |
| 2 | 管理员名称 | username | varchar(50) | |
| 3 | 管理员密码 | password | varchar(50) | |

**注**：客户编号 cid、商品编号 pid、订单编号 oid 和管理员编号 uid，都使用 identity 函数定义为种子标识列，SQL Server 数据库自动为该字段分配值，用户不能管理该字段的值。

## 9.1.2　能力目标

掌握网站项目架构的搭建过程和数据库的创建。

## 9.1.3　任务驱动

任务的主要内容如下：

- 使用 Visual Studio 2008 创建项目，并搭建项目架构。
- 使用 SQL 语句创建数据库。

（1）创建名为"网上商城"的 ASP. NET 网站，如图 9.2 所示。

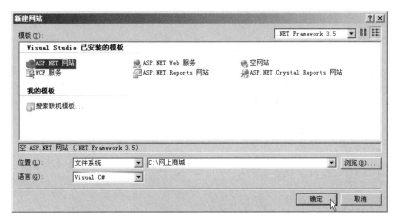

图 9.2　创建名为"网上商城"的 ASP. NET 网站

（2）为了文件的分类管理，打开解决方案资源管理器，右击网站项目，添加五个文件夹，如图 9.3 所示。文件夹的作用如表 9.5 所示。

图 9.3　网站架构图

表 9.5　项目文件夹一览表

| 序号 | 文件夹名称 | 作　　用 |
|---|---|---|
| 1 | admin | 存储管理员的网页文件 |
| 2 | css | 存储 CSS 样式表文件 |
| 3 | js | 存储 JS 文件 |
| 4 | images | 存储网站需要的图片素材文件 |
| 5 | photo | 存储管理员上传的商品图片文件 |

（3）打开 SQL Server Management Studio Express，使用 SQL 语句创建名为 shopping 的数据库，SQL 语句如下：

```
create【代码 1】shopping                    --创建数据库
```

（4）在 shopping 数据库中，使用 SQL 语句创建客户表、商品表、订单表和管理员表，SQL 语句如下：

```
CREATE【代码 2】tb_customers              --创建表
(
    cid int IDENTITY(1000,1)【代码 3】,   --主键约束
    cname varchar(20) NOT NULL,
    password varchar(20) NOT NULL
)
```

```
CREATE TABLE tb_products
(
    pid int IDENTITY(10000,1) PRIMARY KEY,
    pname varchar (100) NOT NULL,
    price decimal(10, 2) NOT NULL,
    quantity int NOT NULL,
    description text NOT NULL,
    photo varchar(100),
    discount decimal(3, 2) DEFAULT 1
)
CREATE TABLE tb_orders
(
    oid int【代码 4】 PRIMARY KEY,          --种子标识列,种子为 100000,增量为 1
    pid int FOREIGN KEY REFERENCES tb_products (pid),
    cid int【代码 5】,                      --外键,依赖于 tb_customers 表的 cid 字段
    price decimal(10, 2) NOT NULL,
    quantity int NOT NULL,
    orderDate datetime NOT NULL
)
CREATE TABLE tb_admin
(
    uid int IDENTITY(1,1) PRIMARY KEY,
    username varchar(50) NOT NULL,
    password varchar(50) NOT NULL
)
```

(5) 任务小结或知识扩展。

• 因为网站里会包含各种类型的文件,如果把这些文件都存储在网站的根目录下,不便于网站的管理。通常都是根据文件的类型,创建若干个文件夹来分类管理不同类型的文件。

• SQL 语句中使用"--"表示单行注释,使用"/ * "和" * /"表示包含多行注释。

(6) 代码模板的参考答案。

【代码 1】: database
【代码 2】: TABLE
【代码 3】: PRIMARY KEY
【代码 4】: IDENTITY(100000,1)
【代码 5】: FOREIGN KEY REFERENCES tb_customers (cid)

## 9.1.4 实践环节

使用 INSERT 语句向四张数据表插入若干行数据。

# 9.2 母版页和外观文件

## 9.2.1 核心知识

### 1. 母版页

ASP.NET 提供了母版页为 Web 应用程序的页面创建一致的布局,实现网站的统一界面风格,然后再创建要显示内容的各个内容页(引用了母版页的 aspx 网页)。

母版页是由前台文件和后台代码文件组成的。前台文件的扩展名为 MASTER,后台代码文件的扩展名为 MASTER. CS。

空白母版页的前台文件的 XHTML 代码如下:

```
<%@ Master Language="C#" AutoEventWireup="true" CodeFile="MasterPage.master.cs"
            Inherits="MasterPage"%>
<!DOCTYPE html PUBLIC "-//W3C//DTD XHTML 1.0 Transitional//EN"
            "http://www.w3.org/TR/xhtml1/DTD/xhtml1-transitional.dtd">
<html xmlns="http://www.w3.org/1999/xhtml">
<head runat="server">
    <title>无标题页</title>
    <asp:ContentPlaceHolder id="head" runat="server">
    </asp:ContentPlaceHolder>
</head>
<body>
    <form id="form1" runat="server">
    <div>
        <asp:ContentPlaceHolder id="ContentPlaceHolder1" runat="server">
        </asp:ContentPlaceHolder>
    </div>
    </form>
</body>
</html>
```

空白母版页的后台代码文件的 C♯代码如下:

```
using System;
using System.Collections;
...
public partial class MasterPage: System.Web.UI.MasterPage
{
    protected void Page_Load(object sender, EventArgs e)
    {
    }
}
```

**说明:**
- 母版页的前台文件中可以包含静态文本、XHTML 标记和服务器控件等。通过使用 @Master 指令识别母版页。
- @Master 指令的 language 属性指明了后台代码文件使用的编程语言为 C♯,CodeFile 属性指明了后台代码文件的相对路径,Inherits 属性指明了后台代码文件中类的名称。
- 母版页包含了一个或若干个 ContentPlaceHolder 内容页占位符控件。
- 后台代码文件的类继承自 System. Web. UI. MasterPage 类。

**2. 外观文件**

通过 4.2 节的学习可知,可以使用层叠样式表文件来设置页面的外观。而 ASP. NET 还提供了扩展名为 SKIN 的外观文件来定义服务器控件的外观。

例如在外观文件中可以使用下面的代码对 Label 控件进行设置。

```
<asp:Label Runat="server" BackColor="Red" ForeColor="Black"/>
```

上述代码的意思为：设置 Label 控件的背景色为红色,前景色为黑色。

## 9.2.2 能力目标

掌握母版页和外观文件的创建与使用。

## 9.2.3 任务驱动

**任务 1**：创建母版页和内容页。

任务的主要内容如下：

- 创建母版页。

- 创建内容页,并引用母版页。

(1) 打开名为"网上商城"的 ASP. NET 网站。

(2) 本网站将为游客和会员创建一个母版页 MasterPage. master,为后台管理员创建一个母版页 AdminMasterPage. master。

(3) 打开解决方案资源管理器,右击网站项目,在弹出的菜单中选择"添加新项"命令,打开"添加新项"对话框,在"模板"列表框中选择"母版页"选项,"名称"输入 MasterPage. master,单击"添加"按钮,如图 9.4 所示。

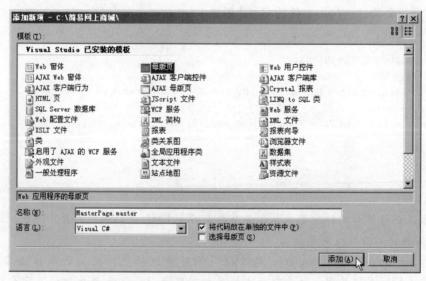

图 9.4　为游客和会员添加母版页 MasterPage. master

(4) 打开解决方案资源管理器,右击 admin 文件夹,在弹出的菜单中选择"添加新项"命令,打开"添加新项"对话框,在"模板"列表框中选择"母版页"选项,"名称"输入 AdminMasterPage. master,单击"添加"按钮,如图 9.5 所示。

(5) 打开解决方案资源管理器,右击网站项目,在弹出的菜单中选择"添加新项",打开"添加新项"对话框,在"模板"列表框中选择"Web 窗体"选项,"名称"输入 MainView. aspx,

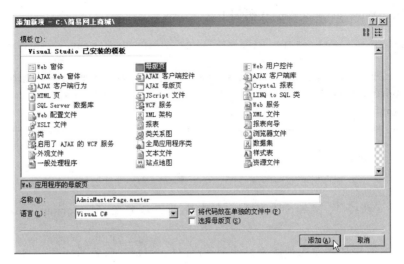

图 9.5 为管理员添加母版页 AdminMasterPage.master

选中"选择母版页"复选框,单击"添加"按钮,会弹出"选择母版页"对话框,选择第(3)步创建的母版页文件 MasterPage.master,单击"确定"按钮,如图 9.6 所示。

图 9.6 添加引用母版页 MasterPage.master 的内容页 MainView.aspx

此时 MainView. aspx 文件的代码如下：

```
<%@ Page Language="C#" MasterPageFile="~ /MasterPage.master" AutoEventWireup="
true"
        CodeFile="MainView.aspx.cs" Inherits="MainView" Title="无标题页"%>
<asp:Content ID="Content1" ContentPlaceHolderID="head" Runat="Server">
</asp:Content>
<asp:Content ID="Content2" ContentPlaceHolderID="ContentPlaceHolder1" Runat="
Server">
</asp:Content>
```

**说明**：

- @ Page 指令的 MasterPageFile 属性指明了母版页 MasterPage. master 的相对路径。
- aspx 网页中只显示从母版页继承的＜asp:Content＞服务器控件。内容页的所有内容都必须在＜asp:Content＞标记中，否则将导致错误。

(6) 重复第(5)步，为网站添加若干个游客和会员的 aspx 内容页，如表 9.6 所示。

**表 9.6 游客和会员 aspx 网页文件一览表**

| 序 号 | 文 件 名 称 | 引用母版页 | 描 述 |
|---|---|---|---|
| 1 | MainView. aspx | MasterPage. master | 主页 |
| 2 | Order. aspx | MasterPage. master | 用户订单页面 |
| 3 | Product. aspx | MasterPage. master | 商品信息页面 |
| 4 | Reg. aspx | MasterPage. master | 会员注册页面 |
| 5 | UpdatePWD. aspx | MasterPage. master | 会员修改密码页面 |

(7) 任务小结或知识扩展。

- 当用户请求内容页时，内容页和母版页自动合并，将母版页的布局和内容页的内容组合在一起输出呈现到客户浏览器。
- 母版页可以进行嵌套使用，让一个母版页引用另外的母版页。
- 母版页不能单独显示执行，只能通过浏览内容页才能查看母版页的显示效果。

**任务 2**：创建外观文件。

任务的主要内容如下：

- 创建外观文件。
- 在外观文件中为服务器控件设置外观。
- 修改 web. config 网站配置文件。

(1) 打开名为"网上商城"的 ASP. NET 网站。

(2) 打开解决方案资源管理器，右击网站项目，在弹出的菜单中选择"添加新项"命令，打开"添加新项"对话框，在"模板"列表框中选择"外观文件"选项，单击"添加"按钮，弹出提示框询问"是否要将该文件放在'App_Themes'文件夹中?"，必须单击"是"按钮，否则外观文件将不起作用。此时会在网站中创建 App_Themes\SkinFile\SkinFile. skin 文件，如图 9.7。

(3) 打开 SkinFile. skin 文件，为 GridView 控件定义外观，代码如下：

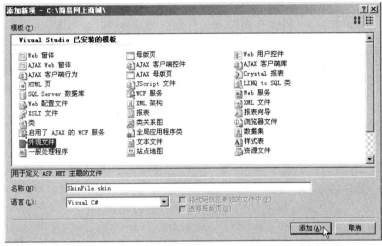

图 9.7 创建外观文件

```
<asp:GridView runat="server" BackColor="White"
        BorderColor="#E7E7FF" BorderStyle="None" BorderWidth="1px" CellPadding="3"
        GridLines="Horizontal" width="500px">
    < RowStyle BackColor = " # E7E7FF" ForeColor = " # 4A3C8C" HorizontalAlign =
    "Center"/>
    <FooterStyle BackColor="#B5C7DE" ForeColor="#4A3C8C" />
    < PagerStyle BackColor="#E7E7FF" ForeColor="#4A3C8C" HorizontalAlign =
    "Right" />
    < SelectedRowStyle BackColor = " # 738A9C" Font - Bold = "True" ForeColor =
    "#F7F7F7" />
    <HeaderStyle BackColor="#4A3C8C" Font-Bold="True" ForeColor="#F7F7F7" />
    <AlternatingRowStyle BackColor="#F7F7F7" />
</asp:GridView>
```

（4）打开网站的 web.config 配置文件，将 SkinFile.skin 外观文件应用于整个网站，代码如下：

```
<configuration>
    <system.web>
        <pages theme="SkinFile">
    </system.web>
</configuration>
```

（5）任务小结或知识扩展。

- CSS 样式表主要用于定义普通的 HTML 标记和页面的样式属性，而服务器控件的样式则可以使用外观文件设置。
- 它与 CSS 文件不同，不需要在页面里指定 CSS 的链接，外观文件能够自动作用于整个网站。

• pages 标记的 theme 属性指明外观文件的名称。

## 9.2.4 实践环节

在项目的 admin 文件夹下，创建若干个引用 AdminMasterPage. master 的后台管理员内容页，如表 9.7 所示。

表 9.7  后台管理员 aspx 网页文件一览表

| 序号 | 文 件 名 称 | 引用母版页 | 描 述 |
|---|---|---|---|
| 1 | admin\AdminLogin. aspx | 无 | 管理员登录页面 |
| 2 | admin\CustomerDetails. aspx | admin\AdminMasterPage. master | 客户信息详情页面 |
| 3 | admin\CustomerManagement. aspx | admin\AdminMasterPage. master | 客户信息管理页面 |
| 4 | admin\OrderManagement. aspx | admin\AdminMasterPage. master | 订单信息管理页面 |
| 5 | admin\ProductDetails. aspx | admin\AdminMasterPage. master | 商品信息详情页面 |
| 6 | admin\ProductManagement. aspx | admin\AdminMasterPage. master | 商品信息管理页面 |

# 9.3  母版页设计

## 9.3.1  核心知识

母版页中的内容会在所有内容页中显示，通常包含网站 Logo、导航栏等。ASP. NET 提供了 Menu 控件实现导航栏的功能，MultiView 和 View 控件实现在网页同一区域显示不同内容的功能。

### 1. Menu 控件

网页中会包含导航栏进行网页之间的跳转，ASP. NET 提供了 Menu 控件能够方便地实现此功能。Menu 服务器控件的代码如下：

```
<asp:Menu ID="Menu1" runat="server" Orientation="Horizontal">
    <Items>
        <asp:MenuItem NavigateUrl=" " Text=" " Value=" "></asp:MenuItem>
        ...
        <asp:MenuItem NavigateUrl=" " Text=" " Value=" "></asp:MenuItem>
    </Items>
</asp:Menu>
```

说明：

• Menu 控件的 Orientation 属性用来设置菜单的呈现方式，是水平方式还是垂直方式，候选值为 Horizontal 和 Vertical。

• <Items>表示菜单项的集合。可以包含若干个<asp:MenuItem>标记。

• <asp:MenuItem>标记表示菜单项。NavigateUrl 表示链接网页的地址，Text 表示菜单项的显示文本，Value 表示菜单项的值。

### 2. MultiView 控件和 View 控件

有时需要把一个页面分成不同块，每次只显示其中一块。ASP. NET 提供了 MultiView 和

View 控件实现此功能。一个 MultiView 控件能够包含若干个 View 控件,而每个 View 控件中又可以包含 HTML 标记和其他服务器控件。MultiView 控件每次只能显示其中一个 View 控件。代码如下:

```
<asp:MultiView ID="MultiView1" runat="server" ActiveViewIndex="0">
    <asp:View ID="View1" runat="server">
    </asp:View>
    <asp:View ID="View2" runat="server">
    </asp:View>
</asp:MultiView>
```

**说明:**

- MultiView 控件的 ActiveViewIndex 属性用来设置默认显示的 View 控件的索引。索引从 0 开始。
- 可以在 cs 文件中通过编程的方式动态设置 MultiView 控件的 ActiveViewIndex 属性来设置显示哪一个索引的 View 控件。

### 9.3.2 能力目标

在母版页中设计网页布局和编写 C♯ 代码。

### 9.3.3 任务驱动

任务的主要内容如下:

- 设计 DIV+CSS 进行母版页布局。
- 在母版页中添加服务器控件并订阅事件。
- 为网站定义公用的数据库连接类。
- 为 tb_customers 表定义实体类 Customer。
- 编写 C♯ 代码进行后台业务处理。

(1) 打开名为"网上商城"的 ASP. NET 网站。

(2) 在 css 文件夹下,创建名为 UserStyle. css 的样式表文件。通过 DIV+CSS 进行母版页布局。在 MasterPage. master 的 HEAD 标记中引入该 css 文件。

```
<link href="css/UserStyle.css" type="text/css" rel="Stylesheet" />
```

**MasterPage. master 的 DIV 分区代码**

```
<div style="width: 1024px; margin: auto;">
    <div id="header">
        <div id="logo"></div>
        <div id="clock"></div>
    </div>
    <div id="nav">
        <div id="menu"></div>
        <div id="user"></div>
    </div>
    <div id="maincontent">
        <asp:ContentPlaceHolder ID="ContentPlaceHolder1" runat="server">
```

```
            </asp:ContentPlaceHolder>
        </div>
        <div id="footer" align="center"></div>
    </div>
```

**UserStyle.css 部分代码**

```
#header{ height: 70px; margin-bottom: 8px;  }
#nav{ height: 40px;    margin: 8px;   }
#user{ float: right; margin-top:0px;  }
#menu{ float: left;    margin-top:10px;  }
#maincontent{ margin-bottom: 8px;   }
#logo{ float: left;    margin-top: 18px;  }
#clock{ float: right;    margin-top: 30px;margin-right:10px;  }
#footer{ margin:auto;  }
```

（3）在 id 为 logo 的 DIV 标记中添加<img>标记，代码如下：

```
<div id="logo"><img src="images/logo.gif" width="181" height="45" /></div>
```

（4）在 id 为 menu 的 DIV 标记中添加 Menu 控件，代码如下：

```
<div id="menu">
    <asp:Menu ID="Menu1" runat="server" Orientation="Horizontal">
        <Items>
            <asp:MenuItem NavigateUrl="~ /MainView.aspx" Text="首页"
                        Value="首页"></asp:MenuItem>
            <asp:MenuItem NavigateUrl="~ /Order.aspx" Text="我的订单"
                        Value="我的订单"></asp:MenuItem>
            <asp:MenuItem NavigateUrl="~ /UpdatePWD.aspx" Text="个人信息"
                        Value="个人信息"></asp:MenuItem>
        </Items>
    </asp:Menu>
</div>
```

（5）在 id 为 user 的 DIV 标记中添加 MultiView 控件和两个 View 控件。在第一个 View 控件中添加两个 TextBox 控件、一个 Button 控件和<a>标记，为 Button 控件订阅单击事件。在第二个 View 控件中添加 Label 控件和 LinkButton 控件，为 LinkButton 控件订阅单击事件。代码如下：

```
<div id="user">
    <asp:MultiView ID="MultiView1" runat="server" ActiveViewIndex="0">
        <asp:View ID="View1" runat="server">
            用户名：<asp:TextBox ID="txtUsername" runat="server"
                        CssClass="txtUsername"></asp:TextBox>
            密码：<asp:TextBox ID="txtPassword" runat="server" TextMode="Password"
                        CssClass="txtPassword"></asp:TextBox>
            <asp:Button ID="btnLogin" runat="server" CssClass="btnLogin"
                        OnClientClick="return check();" />
            <a href="Reg.aspx">注册</a>
        </asp:View>
        <asp:View ID="View2" runat="server">
```

```
            <asp:Label ID="lblUser" runat="server"></asp:Label>
            <asp:LinkButton ID="lbtnLogoff" runat="server" CausesValidation="false"
                    OnClick="lbtnLogoff_Click">注销</asp:LinkButton>
        </asp:View>
    </asp:MultiView>
</div>
```

（6）网站会多次操作数据库中数据，访问数据库的第一步都是使用 SqlConnection 类创建数据库连接对象，代码是一样的，因此笔者在项目中定义了一个公用的数据库连接类。步骤为：打开解决方案资源管理器，右击网站项目，在弹出的菜单中选择"添加新项"命令，打开"添加新项"对话框，在"模板"列表框中选择"类"选项，"名称"输入 DBConn.cs，单击"添加"按钮，弹出提示框询问"是否要将该文件放在'App_Code'文件夹中？"，必须单击"是"按钮，否则 cs 类将无法访问。此时会在网站中创建 App_Code\DBConn.cs 文件，如图 9.8 所示。

图 9.8　添加数据库连接类

### DBConn.cs 代码

```
using System.Data.SqlClient;
public class DBConn
{
    public static SqlConnection CreateConn()
    {
        SqlConnection myConn=new SqlConnection();
        myConn.ConnectionString="server=.\\sqlexpress;database=shopping;uid=
        sa;pwd=123456;";
        return myConn;
    }
```

```
}
```

**说明：**

- CreateConn 方法的返回值类型为 SqlConnection 类型，返回数据库连接对象。
- 因为该方法会被多次调用，因此使用 static 关键字定义为静态方法，直接使用"类名.方法名"调用即可。
- 定义公用数据库连接类的另一个好处是，当与数据库的连接发生变化时，只需要修改此处 ConnectionString 连接字符串属性即可。

（7）为了在 Session 对象中存储登录会员的信息，为 tb_customers 表定义一个实体类 Customer。打开解决方案资源管理器，右击网站项目，在弹出的菜单中选择"添加新项"命令，打开"添加新项"对话框，在"模板"列表框中选择"类"选项，"名称"输入 Customer.cs，单击"添加"按钮，弹出提示框询问"是否要将该文件放在'App_Code'文件夹中？"，必须单击"是"按钮，否则 cs 类将无法访问。此时会在网站中创建 App_Code\Customer.cs 文件，如图 9.9 所示。

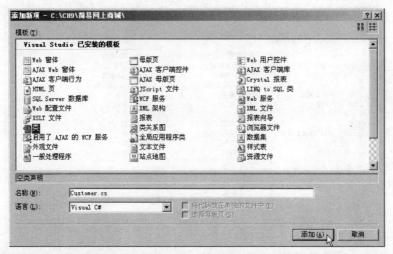

图 9.9　添加 Customer 类

**Customer.cs 代码**

```
public class Customer
{
    int cid;
    public int Cid
    {
        get {return cid;}
        set {cid=value;}
    }
    string cname;
    public string Cname
```

```
    {
        get {return cname;}
        set {cname=value;}
    }
    string password;
    public string Password
    {
        get {return password;}
        set {password=value;}
    }
}
```

**说明：**

- 表 tb_customers 包含三个字段（cid int, cname varchar(20), password varchar (20)），所以 Customer 类中定义三个私有的成员变量对应，并且定义公有的读写属性。

- 与数据表对应的类被称为实体类，作用是实现关系型数据表的面向对象化。

（8）任务的代码模板。

将 MasterPage. master. cs 中的【代码】替换为程序代码。通过其他内容页运行的母版页效果如图 9.10 所示。

图 9.10　母版页运行效果截图

**MasterPage. master. cs 代码**

【代码 1】；　　　　　　　　　　　　//引用操作 SQL Server 数据库相关类的命名空间
```
public partial class MasterPage: System.Web.UI.MasterPage
{
    protected void Page_Load(object sender, EventArgs e)
    {
        if (Session["User"]==null)
        {
            MultiView1.ActiveViewIndex=0;
        }
        else
        {
            【代码 2】；                    //显示索引为 1 的 View 控件
            lblUser.Text="欢迎  < font color= 'red'>"+((Customer) Session
["User"]).Cname+"</font> 用户";
        }
    }
```

```
protected void btnLogin_Click(object sender, EventArgs e)
{
    SqlConnection myConn=【代码 3】;        //使用 DBConn 类创建数据库连接对象
    myConn.Open();
    SqlCommand cmd=new SqlCommand();
    cmd.Connection=myConn;
    cmd.CommandText="select count(*) from tb_customers where Cname=@Cname
                    and Password=@Password";
    cmd.Parameters.AddWithValue("@Cname", txtUsername.Text.Trim());
    cmd.Parameters.AddWithValue("@Password", txtPassword.Text.Trim());
    int i=【代码 4】;                       //执行 cmd 命令对象,返回一行一列的值
    if (i>0)
    {
        cmd.CommandText="select * from tb_customers where cname=@cname";
        cmd.Parameters.Clear();            //清空 cmd 对象的 Parameters 集合
        cmd.Parameters.AddWithValue("@cname", txtUsername.Text.Trim());
        SqlDataReader sdr=【代码 5】;       //执行 cmd 命令对象,返回多行多列的值
        【代码 6】;                          //实例化 Customer 对象 cust
        while (sdr.Read())
        {
            cust.Cid=Convert.ToInt32(sdr[0]);
            cust.Cname=sdr[1].ToString();
            cust.Password=sdr[2].ToString();
        }
        sdr.Close();
        myConn.Close();
        Page.ClientScript.RegisterStartupScript(GetType(), null,"<script>
        alert('登录成功!');</script>");
        【代码 7】;                          //定义名为 User 的 Session 对象存储登录会员对象
        lblUser.Text="欢迎  <font color='red'>"+txtUsername.Text.Trim()+
        "</font> 用户";
        MultiView1.ActiveViewIndex=1;
    }
    else
    {
        Page.ClientScript.RegisterStartupScript(GetType(), null,
                    "<script>alert('用户名或密码错误!');</script>");
    }
    myConn.Close();
}
protected void lbtnLogoff_Click(object sender, EventArgs e)
{
    【代码 8】;                              //清空 Session 对象
    MultiView1.ActiveViewIndex=0;
    Response.Redirect("MainView.aspx");
}
}
```

(9) 任务小结或知识扩展。

- 在 Page_Load 方法中,判断 Session["User"]是否存在。如果不存在则表示用户没有登录,显示第一个 View 控件的内容;如果存在则表示用户已经登录,显示第二个 View 控件的内容。

- 在 btnLogin_Click 方法中,首先,通过调用 DBConn 类的静态方法 CreateConn 来创建数据库连接对象;接着,判断用户和密码是否正确,如果不正确则提示脚本信息,否则查询该用户的所有信息,并将用户信息赋给 Customer 对象 cust;最后,将 cust 对象存储在名为 User 的 Session 对象中。
- btnLogoff_Click 方法的作用是用户注销。
- 当 SqlCommand 对象 cmd 被重复使用时,一定要使用 cmd.Parameters.Clear();语句清空上一次 cmd 对象的参数,否则可能会出现"变量名'@***'已声明。变量名在查询批次或存储过程内部必须唯一"的错误提示。

(10) 代码模板的参考答案。

【代码 1】: using System.Data.SqlClient
【代码 2】: MultiView1.ActiveViewIndex=1
【代码 3】: DBConn.CreateConn()
【代码 4】: (int)cmd.ExecuteScalar()
【代码 5】: cmd.ExecuteReader()
【代码 6】: Customer cust=new Customer()
【代码 7】: Session["User"]=cust
【代码 8】: Session.Clear()

### 9.3.4 实践环节

(1) 设计管理员的母版页 AdminMasterPage.master,在内容页的运行效果如图 9.11 所示。

(2) 仿照会员用户的登录功能,实现管理员的后台登录页面 AdminLogin.aspx。网页运行效果如图 9.12 所示。登录成功后,跳转到 ProductManagement.aspx 页面。

图 9.11 AdminMasterPage.master 运行效果截图

图 9.12 管理员登录页面 AdminLogin.aspx

# 9.4 MainView.aspx 页面

### 9.4.1 核心知识

购物网站都会有一个供用户浏览商品的页面,并提供商品信息的查询功能。本网站创建 MainView.aspx 页面来实现。

## 9.4.2 能力目标

使用 DataList 控件显示数据。

## 9.4.3 任务驱动

任务的主要内容如下：

- 显示所有商品信息。
- 商品信息的模糊查询功能。

（1）打开 MainView. aspx 页面。

（2）在页面中添加 ID 为 txtQuery 的 TextBox 控件；添加 ID 为 btnQuery 的 Button 控件，并订阅单击事件；添加 ID 为 dlProduct 的 DataList 控件。

（3）编辑 dlProduct 模板，添加 Label 控件、ImageButton 控件和 LinkButton 控件并进行数据绑定，订阅 ItemCommand 事件。MainView. aspx 文件代码如下：

```
<%@ Page Language="C#" MasterPageFile="~ /MasterPage.master" AutoEventWireup="true"
    CodeFile="MainView.aspx.cs" Inherits="MainView" Title="首页"%>
<asp:Content ID="Content1" ContentPlaceHolderID="head" runat="Server">
</asp:Content>
<asp:Content ID="Content2" ContentPlaceHolderID="ContentPlaceHolder1" runat=
"Server">
    <div style="margin-left: 10px">搜索商品  
        <asp:TextBox ID="txtQuery" runat="server" CssClass="txtSearch"></asp:
        TextBox>
        <asp:Button ID="btnQuery" runat="server" CssClass="btnSearch" OnClick=
"btnQuery_Click" />
        <br /><br />
        <asp:DataList ID ="dlProduct" runat ="server" RepeatColumns =" 4"
        RepeatDirection="Horizontal"
            OnItemCommand="dlProduct_ItemCommand" BackColor="White"
            BorderColor="#E7E7FF"
             BorderStyle="None" BorderWidth="1px" CellPadding="3" GridLines=
             "Horizontal">
        <FooterStyle BackColor="#B5C7DE" ForeColor="#4A3C8C" />
        <AlternatingItemStyle BackColor="#F7F7F7" />
        <ItemStyle BackColor="#E7E7FF" ForeColor="#4A3C8C" />
        <SelectedItemStyle BackColor="#738A9C" Font-Bold="True" ForeColor=
"#F7F7F7" />
          <HeaderStyle BackColor="#4A3C8C" Font-Bold="True" ForeColor=
          "#F7F7F7" />
        <ItemTemplate>
            <table style="width: 100%;">
                <tr>
                    <td>
                        <asp:ImageButton ID="ImageButton1" runat="server"
                        Height="200px"
                         Width="235px" ImageUrl='<%#Eval("photo")%>'
                        CommandArgument='<%#Eval("pid")%>'CommandName="图片"/>
                    </td>
```

```
          </tr>
          <tr>
               <td>名称：<asp:LinkButton ID="LinkButton1" runat="server"
                    CommandName="名称"CommandArgument='<%#Eval("pid")%>'>
                    <%#Eval("pname")%></asp:LinkButton>
               </td>
          </tr>
          <tr>
               <td>价格：
                    <asp:Label ID="Label2" runat="server" Text='<%#Eval
                    ("price")%>'></asp:Label>
               </td>
          </tr>
        </table>
      </ItemTemplate>
    </asp:DataList>
  </div>
</asp:Content>
```

（4）任务的代码模板。

将 MainView.aspx.cs 中的【代码】替换为程序代码。网页运行效果如图 9.13 所示。

图 9.13 9.4.3 任务的网页运行效果图

**MainView. aspx. cs 代码**

```
using System.Data.SqlClient;
public partial class MainView: System.Web.UI.Page
{
    protected void Page_Load(object sender, EventArgs e)
    {
        if (【代码 1】)                        //判断页面是否是首次加载,如果是则执行 if 语句
        {
            dlProduct_DB();
        }
    }
    void dlProduct_DB()
    {
        SqlConnection myConn=【代码 2】;         //使用 DBConn 类创建数据库连接对象
        SqlCommand cmd=new SqlCommand();
        cmd.Connection=myConn;
        cmd.CommandText="select * from tb_products";
        【代码 3】;                              //实例化 SqlDataAdapter 对象 sda
        【代码 4】;                              //设置 sda 的命令属性为 cmd
        DataSet ds=new DataSet();
        【代码 5】;               //使用 sda 对象向 ds 对象填充名为 product 的 DataTable 对象
        dlProduct.DataSource=ds.Tables["product"];
        dlProduct.DataBind();
    }
    protected void dlProduct_ItemCommand(object source, DataListCommandEventArgs e)
    {
        if (e.CommandName=="图片"||e.CommandName=="名称")
        {
            【代码 6】;
            //跳转到 Product.aspx 页面,并传递参数 pid,值为方法形参 e 的 CommandArgument
                属性
        }
    }
    protected void btnQuery_Click(object sender, EventArgs e)
    {
        SqlConnection myConn=DBConn.CreateConn();
        SqlCommand cmd=new SqlCommand();
        cmd.Connection=myConn;
        cmd.CommandText="select * from tb_products where pname like@pname";
        cmd.Parameters.AddWithValue("@pname",【代码 7】);   //在用户输入值两边拼接"%"
        SqlDataAdapter sda=new SqlDataAdapter();
        sda.SelectCommand=cmd;
        DataSet ds=new DataSet();
        sda.Fill(ds, "product");
        dlProduct.DataSource=ds.Tables["product"];
        dlProduct.DataBind();
    }
}
```

(5) 任务小结或知识扩展。

• 在 Page_Load 方法中,通过 IsPostBack 属性实现只在页面首次加载对 dlProduct 进

行数据绑定。

- 对 dlProduct 项中的 ImageButton 控件的 ImageUrl 属性使用 '＜％ ♯ Eval ("photo")％＞'数据绑定,显示商品照片;设置 CommandArgument＝'＜％ ♯ Eval ("pid")％＞',绑定商品编号;设置 CommandName＝"图片",设置命令名称。
- 对 dlProduct 项中的 LinkButton 控件的 Text 属性使用 '＜％ ♯ Eval("pname")％＞ '数据绑定,显示商品名称;设置 CommandArgument＝'＜％ ♯ Eval("pid")％＞', 绑定商品编号;设置 CommandName＝"名称",设置命令名称。
- 对 dlProduct 项中的 Label 控件的 Text 属性使用 '＜％ ♯ Eval("price")％＞'数据 绑定,显示商品价格。
- dlProduct 订阅的 ItemCommand 事件能够接收 Item 项中触发的所有事件。用户点 击图片或商品名称,都会传递参数 pid,跳转到 Product.aspx 页面显示商品的详细 信息。
- 在 SELECT 语句中使用 like,商品名称的两侧使用"％",实现模糊查询。

(6) 代码模板的参考答案。

【代码 1】: !IsPostBack
【代码 2】: DBConn.CreateConn()
【代码 3】: SqlDataAdapter sda=new SqlDataAdapter()
【代码 4】: sda.SelectCommand=cmd
【代码 5】: sda.Fill(ds, "product")
【代码 6】: Response.Redirect("Product.aspx?pid="+e.CommandArgument.ToString())
【代码 7】: "%"+txtQuery.Text.Trim()+"%"

## 9.4.4  实践环节

当商品数量较多时,应该对商品信息进行分页显示。请读者查阅资料,实现任务中 dlProduct 的分页功能。

# 9.5  Product.aspx 页面

## 9.5.1  核心知识

在 MainView.aspx 页面选中商品后,在 Product.aspx 页面显示详细信息,并能够购买 商品。

## 9.5.2  能力目标

实现商品详情信息的显示和购买功能。

## 9.5.3  任务驱动

任务的主要内容如下:
- 显示商品的详细信息。
- 实现商品的购买功能。

（1）打开 Product. aspx 页面。

（2）在页面中添加服务器控件，如表 9.8 所示。

表 9.8　网页中控件一览表（一）

| 序号 | 控 件 类 型 | ID | 作　用 |
|---|---|---|---|
| 1 | Label | lblPname | 商品名称 |
| 2 | Image | imgPhoto | 商品照片 |
| 3 | Label | lblPrice | 商品原价 |
| 4 | Label | lblNewPrice | 商品现价 |
| 5 | Label | lblDiscount | 商品折扣 |
| 6 | Label | lblQuantity | 库存数量 |
| 7 | Label | lblDescription | 商品描述 |
| 8 | TextBox | txtQuantity | 购买数量 |
| 9 | Button | btnBuy | 购买商品 |
| 10 | RequiredFieldValidator | RequiredFieldValidator1 | 验证 txtQuantity 必填 |
| 11 | RangeValidator | RangeValidator1 | 验证 txtQuantity 数量范围 |

（3）任务的代码模板。

将 Product. aspx. cs 中的【代码】替换为程序代码。网页运行效果如图 9.14 所示。

图 9.14　9.5.3 任务的网页运行效果图

**Product. aspx. cs 代码**

```
using System.Data.SqlClient;
public partial class Product: System.Web.UI.Page
{
```

```
protected void Page_Load(object sender, EventArgs e)
{
    if (!IsPostBack)
    {
        if (Request.QueryString["pid"] !=null)
        {
            int pid=【代码 1】;                    //获取 MainView.aspx 传递过来的 pid 的值
            ViewState["pid"]=pid;
            SqlConnection myConn=DBConn.CreateConn();
            myConn.Open();
            SqlCommand cmd=new SqlCommand();
            cmd.Connection=myConn;
            cmd.CommandText="select * ,cast(price * discount as decimal(10,2))
            newpricefrom tb_products where pid=@pid";
            cmd.Parameters.AddWithValue("@pid", pid);
            SqlDataReader sdr=cmd.ExecuteReader();
            while (【代码 2】)                    //读取 sdr 对象下一行数据
            {
                ViewState["pid"]=sdr[0].ToString();
                lblPname.Text=sdr[1].ToString();
                lblPrice.Text=sdr[2].ToString();
                lblQuantity.Text=sdr[3].ToString();
                lblDescription.Text=sdr[4].ToString();
                imgPhoto.ImageUrl=sdr[5].ToString();
                if (Convert.ToDouble(sdr[6])==1)
                {
                    lblDiscount.Text="无折扣";
                }
                else
                {
                    lblDiscount.Text=Convert.ToDouble(sdr[6]) * 10+"折";
                }
                lblNewPrice.Text=sdr[7].ToString();
                RangeValidator1.MaximumValue=sdr[3].ToString();
            }
            【代码 3】;                           //关闭 sdr 对象
            myConn.Close();
        }
        else
        {
            Response.Redirect("MainView.aspx");
        }
    }
}
protected void btnBuy_Click(object sender, EventArgs e)
{
    if (【代码 4】)                              //判断用户是否已经登录
    {
        if (【代码 5】)                          //判断购买数量是否大于库存数量
        {
            Page.ClientScript.RegisterStartupScript(GetType(), null,
```

```
        "<script>alert('购买数量不能大于库存量!请修改购买数量');</script>");
}
else if (【代码 6】)                          //判断商品是否有库存
{
    Page.ClientScript.RegisterStartupScript(GetType(), null,
    "<script>alert('该商品已经售罄,请等待');</script>");
}
else
{
    SqlConnection myConn=DBConn.CreateConn();
    myConn.Open();
    SqlTransaction myTrans=myConn.BeginTransaction();
                                //①创建 SqlTransaction 对象
    SqlCommand cmd=new SqlCommand();
    cmd.Connection=myConn;
    cmd.Transaction=myTrans;        //②设置 cmd 对象的 Transaction 属性
    cmd.CommandText="insert into tb_orders
            values(@pid,@cid,@price,@quantity,@orderdate)";
    cmd.Parameters.AddWithValue("@pid", ViewState["pid"].ToString());
    cmd.Parameters.AddWithValue("@cid", ((Customer)Session["User"]).
    Cid);
    cmd.Parameters.AddWithValue("@price", lblNewPrice.Text);
    cmd.Parameters.AddWithValue("@quantity", txtQuantity.Text);
    cmd.Parameters.AddWithValue("@orderdate", DateTime.Now.ToString());
    int i=cmd.ExecuteNonQuery();
    if (i>0)
    {
        cmd.CommandText="update tb_products set quantity=@quantity
                    where pid=@pid";
        【代码 7】;                          //清空 cmd 对象的 Parameters 集合
        cmd.Parameters.AddWithValue("@quantity",
            Convert.ToInt32(lblQuantity.Text) - Convert.ToInt32
            (txtQuantity.Text));
        cmd.Parameters.AddWithValue("@pid",ViewState["pid"].ToString());
        i=0;
        i=cmd.ExecuteNonQuery();
        if (i>0)
        {
            myTrans.Commit();        //③提交事务
            Page.ClientScript.RegisterStartupScript(GetType(), null,
            "<script>alert('购买成功');window.location='Order.aspx'
            </script>");
        }
        else
        {
            myTrans.Rollback();     //④回滚事务
            Page.ClientScript.RegisterStartupScript(GetType(), null,
            "<script>alert('购买失败');</script>");
        }
    }
    else
```

```
            {
                myTrans.Rollback();         //⑤回滚事务
                Page.ClientScript.RegisterStartupScript(GetType(), null,
                    "<script>alert('购买失败');</script>");
            }
            myConn.Close();
        }
    }
    else
    {
        Page.ClientScript.RegisterStartupScript(GetType(), null,
            "<script>alert('请先登录,再购买!');</script>");
    }
}
```

（4）任务小结或知识扩展。

- 在 Page_Load 方法中通过 ViewState["pid"]存储商品编号,实现网页内共享 pid。
- 在 btnBuy_Click 方法中通过 SqlTransaction 创建事务对象。使用 BeginTransaction 启动事务,使用 Commit 提交事务,使用 Rollback 回滚事务。ADO. NET 中事务的使用,如代码中①②③④⑤所示。通过事务可以保证一次业务的多条 SQL 语句的执行,或者都成功,或者都失败。
- 单击购买 Button 按钮时,如果用户没有登录则不允许购买,提示先登录。

（5）代码模板的参考答案。

【代码 1】：`Convert.ToInt32(Request.QueryString["pid"].ToString())`
【代码 2】：`sdr.Read()`
【代码 3】：`sdr.Close()`
【代码 4】：`Session["User"] !=null`
【代码 5】：`Convert.ToInt32(txtQuantity.Text)>Convert.ToInt32(lblQuantity.Text)`
【代码 6】：`Convert.ToInt32(lblQuantity.Text)==0`
【代码 7】：`cmd.Parameters.Clear()`

## 9.5.4　实践环节

查阅资料,详细学习 ADO. NET 事务的使用过程。

# 9.6　Order. aspx 页面

## 9.6.1　核心知识

在 Order. aspx 页面显示当前用户的订单信息。

## 9.6.2　能力目标

实现 Order. aspx 页面。

## 9.6.3 任务驱动

任务的主要内容如下：

- 判断用户是否登录。
- 显示登录用户的订单信息。

(1) 打开 Order.aspx 页面。

(2) 在页面中添加 ID 为 gvOrder 的 GridView 控件。

(3) 任务的代码模板。

将 Order.aspx.cs 中的【代码】替换为程序代码。网页运行效果如图 9.15 所示。

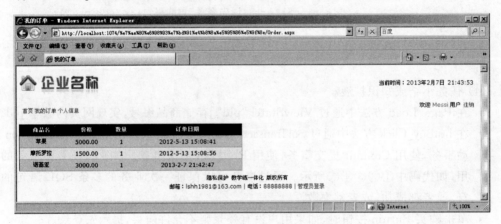

图 9.15　9.6.3 任务的网页运行效果图

**Order.aspx.cs 代码**

```
using System.Data.SqlClient;
public partial class Order: System.Web.UI.Page
{
    protected void Page_Load(object sender, EventArgs e)
    {
        if (【代码1】)                //判断用户是否登录
        {
            ClientScript.RegisterStartupScript(GetType(), null,
            "<script>alert('您还没有登录,请先登录!');window.location='MainView.
            aspx';</script>");
        }
        else
        {
            if (!IsPostBack)
            {
                gvOrder_DB();
            }
        }
    }
    void gvOrder_DB()
    {
```

```
SqlConnection myConn=DBConn.CreateConn();
SqlCommand cmd=new SqlCommand();
cmd.Connection=myConn;
cmd.CommandText="select pname,o.price,o.quantity,orderdate
            from tb_orders o,tb_products p where o.cid=@cid and o.pid=p.pid";
cmd.Parameters.AddWithValue("@cid",【代码 2】);
                                    //从 Session["User"]中获取客户编号
SqlDataAdapter sda=new SqlDataAdapter();
sda.SelectCommand=cmd;
DataSet ds=new DataSet();
sda.Fill(ds, "cust");
gvOrder.DataSource=【代码 3】;    //ds 对象的 Tables 集合中名为 cust 的 DataTable 对象
【代码 4】;                      //gvOrder 进行数据绑定
    }
}
```

（4）任务小结或知识扩展。

- 在 Page_Load 方法中通过 Session["User"]判断用户是否登录。
- SELECT 语句实现了 tb_orders 和 tb_products 的两表联合查询。
- 因为在 9.2 节的任务 2 中创建了名为 SkinFile.skin 的外观文件。在外观文件中设置了 GridView 控件的外观，所以本页面的 GridView 控件体现了外观效果。

（5）代码模板的参考答案。

【代码 1】: Session["User"]==null
【代码 2】: ((Customer)Session["User"]).Cid
【代码 3】: ds.Tables["cust"]
【代码 4】: gvOrder.DataBind()

## 9.6.4　实践环节

打开 gvOrder 的字段对话框，添加 CommandField 下的"编辑、更新、取消"和"删除"字段，实现修改和删除功能。

# 9.7　Reg.aspx 页面

## 9.7.1　核心知识

在 Reg.aspx 页面实现用户注册功能。

## 9.7.2　能力目标

实现 Reg.aspx 页面。

## 9.7.3　任务驱动

任务的主要内容如下：

- 判断用户名是否可用。

• 向数据库添加用户信息。

（1）打开 Reg.aspx 页面。

（2）在页面中添加服务器控件，如表 9.9 所示。

表 9.9　网页中控件一览表（二）

| 序号 | 控件类型 | ID | 作　用 |
|---|---|---|---|
| 1 | TextBox | txtUsername | 用户名 |
| 2 | TextBox | txtPassword | 密码 |
| 3 | TextBox | txtConfirmPWD | 确认密码 |
| 4 | Button | btnReg | 注册按钮 |
| 5 | RequiredFieldValidator | RequiredFieldValidator1 | 验证 txtUsername 必填 |
| 6 | RequiredFieldValidator | RequiredFieldValidator2 | 验证 txtPassword 必填 |
| 7 | RequiredFieldValidator | RequiredFieldValidator3 | 验证 txtConfirmPWD 必填 |
| 8 | CompareValidator | CompareValidator1 | 验证 txtConfirmPWD 和 txtPassword 是否相等 |

（3）任务的代码模板。

将 Reg.aspx.cs 中的【代码】替换为程序代码。网页运行效果如图 9.16 所示。

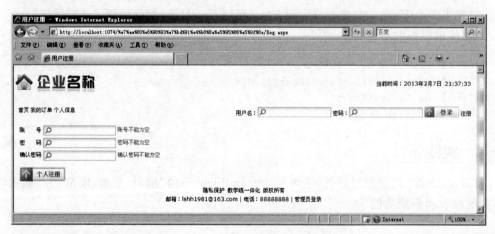

图 9.16　9.7.3 任务的网页运行效果图

**Reg.aspx.cs 代码**

```
using System.Data.SqlClient;
public partial class Reg: System.Web.UI.Page
{
    protected void btnReg_Click(object sender, EventArgs e)
    {
        SqlConnection myConn=DBConn.CreateConn();
        myConn.Open();
        SqlCommand cmd=new SqlCommand();
        cmd.Connection=myConn;
        cmd.CommandText="【代码 1】";          //判断用户名是否被使用的 SELECT 语句
        cmd.Parameters.AddWithValue("@cname", txtUsername.Text.Trim());
```

```
    int i=【代码 2】;                    //执行 cmd 对象,返回一行一列的值
    if (i==0)
    {
        cmd.CommandText="【代码 3】";
                        //向 tb_customers 表插入用户名和密码的 INSERT 语句
        cmd.Parameters.Clear();
        cmd.Parameters.AddWithValue("@cname", txtUsername.Text.Trim());
        cmd.Parameters.AddWithValue("@password", txtPassword.Text.Trim());
        i=【代码 4】;                      //执行 cmd 对象,返回影响行数
        if (i>0)
        {
            Response.Write("<script>alert('注册成功!');</script>");
            txtUsername.Text="";
        }
        else
        {
            ClientScript.RegisterStartupScript(GetType(), null,
                "<script>alert('注册失败!');</script>");
        }
    }
    else
    {
        Response.Write("<script>alert('该账号已经存在,请重新输入!');
                    document.location=document.location;</script>");
    }
    【代码 5】;                          //关闭数据库连接
    }
}
```

（4）任务小结或知识扩展。

注册页面一定要保证用户名的唯一性,所以先判断用户名是否可用。如果用户名可用再执行插入,否则提示输入新的用户名。

（5）代码模板的参考答案。

【代码 1】：select count(*) from tb_customers where cname=@cname
【代码 2】：(int)cmd.ExecuteScalar()
【代码 3】：insert into tb_customers values(@cname,@password)
【代码 4】：cmd.ExecuteNonQuery()
【代码 5】：myConn.Close()

## 9.7.4　实践环节

仿照本页面,实现客户个人信息修改页面 UpdatePWD.aspx。网页运行效果如图 9.17所示。如果用户没有登录,则无权访问此页面。页面打开后,在姓名文本框中显示用户的名称。

图 9.17　个人信息修改页面 UpdatePWD.aspx

# 9.8　ProductManagement.aspx 页面

### 9.8.1　核心知识

在 ProductManagement.aspx 页面实现管理员对商品信息的浏览、删除和选择。

### 9.8.2　能力目标

实现 ProductManagement.aspx 页面。

### 9.8.3　任务驱动

任务的主要内容如下：

- 显示所有商品摘要信息。
- 实现删除商品信息的功能。
- 实现选中商品跳转到新页面显示商品详情信息的功能。

（1）打开 ProductManagement.aspx 页面。

（2）在页面中添加 ID 为 gvProduct 的 GridView 控件。GridView 控件代码如下：

```
<asp:GridView ID="gvProduct" runat="server" AutoGenerateColumns="False"
    onrowcommand="gvProduct_RowCommand">
    <Columns>
        <asp:BoundField HeaderText="商品名" DataField="pname" />
        <asp:BoundField HeaderText="价格" DataField="price" />
        <asp:BoundField HeaderText="数量" DataField="quantity" />
        <asp:TemplateField HeaderText="操作">
            <ItemTemplate>
                <asp:LinkButton ID="LinkButton1" runat="server" CommandName="修改"
```

```
              CommandArgument='<%#Eval("pid")%>'>修改</asp:LinkButton>
              <asp:LinkButton ID="LinkButton2" runat="server"
                  OnClientClick="if(!confirm('确认要删除吗?')) return false;"
                  CommandName="删除" CommandArgument='<%#Eval("pid")%>'>删除
                  </asp:LinkButton>
          </ItemTemplate>
      </asp:TemplateField>
    </Columns>
</asp:GridView>
```

（3）任务的代码模板。

将 ProductManagement.aspx.cs 中的【代码】替换为程序代码。网页运行效果如图 9.18 所示。

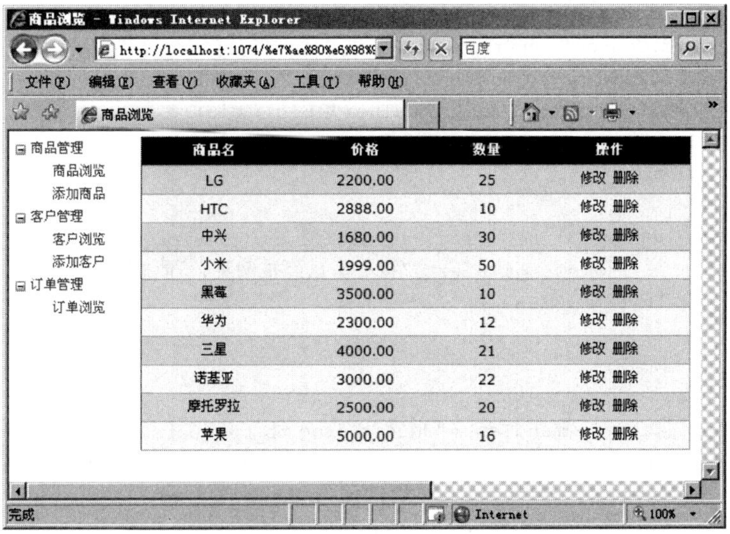

图 9.18　9.8.3 任务的网页运行效果图

**ProductManagement.aspx.cs 代码**

```
using System.Data.SqlClient;
public partial class admin_ProductManagement: System.Web.UI.Page
{
    protected void Page_Load(object sender, EventArgs e)
    {
        if (!IsPostBack)
        {
            gvProduct_DB();
        }
    }
    void gvProduct_DB()
    {
        SqlConnection myConn=DBConn.CreateConn();
        SqlCommand cmd=new SqlCommand();
        cmd.Connection=myConn;
        cmd.CommandText="【代码 1】";     //查询 tb_products 中所有数据,按编号降序排列
```

```
        SqlDataAdapter sda=new SqlDataAdapter();
        sda.SelectCommand=cmd;
        DataSet ds=new DataSet();
        sda.Fill(ds, "product");
        gvProduct.DataSource=ds.Tables["product"];
        【代码 2】    ;                           //gvProduct 进行数据绑定
    }
    protected void gvProduct_RowCommand(object sender, GridViewCommandEventArgs e)
    {
        int pid=【代码 3】;                         //获取选中行的商品编号
        if (e.CommandName=="删除")
        {
            SqlConnection myConn=DBConn.CreateConn();
            myConn.Open();
            SqlCommand cmd=new SqlCommand();
            cmd.Connection=myConn;
            cmd.CommandText="select count(*) from tb_orders where pid=@pid";
            cmd.Parameters.AddWithValue("@pid", pid);
            int i=(int)cmd.ExecuteScalar();
            if (i>0)
            {
                Page.ClientScript.RegisterStartupScript(GetType(), "",
                    "<script>alert('该商品已经被购买,不能删除!');</script>");
                myConn.Close();
            }
            else
            {
                cmd.CommandText="delete from tb_products where pid=@pid";
                【代码 4】;                          //清空 cmd 对象 Parameters 集合
                cmd.Parameters.AddWithValue("@pid", pid);
                i=cmd.ExecuteNonQuery();
                if (i>0)
                {
                    Page.ClientScript.RegisterStartupScript(GetType(), "",
                        "<script>alert('删除成功');</script>");
                    gvProduct_DB();
                }
                else
                {
                    Page.ClientScript.RegisterStartupScript(GetType(), "",
                        "<script>alert('删除失败');</script>");
                }
                myConn.Close();
            }
        }
        if (e.CommandName=="修改")
        {
            【代码 5】;        //跳转到 ProductDetails.aspx 页面,传递参数 pid,值为商品编号
        }
    }
}
```

（4）任务小结或知识扩展。

- 在 ProductManagement. aspx 的源中设置 LinkButton1 的 CommandName 属性为
"修改"；CommandArgument 属性为＜％♯Eval("pid")％＞进行数据绑定。
- 在 ProductManagement. aspx 的源中设置 LinkButton2 的 CommandName 属性为
"删除"；CommandArgument 属性为＜％♯Eval（"pid"）％＞进行数据绑定；
OnClientClick 属性为 JavaScript 脚本：if（! confirm（'确认要删除吗？'））return
false;,让用户确认是否进行删除,防止误删除操作的发生。
- gvProduct 控件的 RowCommand 事件能够接收 gvProduct 发生的所有事件,本任务
中的删除和修改事件都在 gvProduct_RowCommand 方法中进行处理。根据参数 e
的 CommandName 属性判断是修改还是删除操作触发的事件,进而进行相应
处理。
- 因为 tb_products 表的 pid 字段被 tb_orders 表的 pid 字段所依赖,所以代码中先判
断该商品是否已经被购买,如果被购买了则不能进行删除。

（5）代码模板的参考答案。

【代码 1】: select * from tb_products order by pid desc
【代码 2】: gvProduct.DataBind()
【代码 3】: Convert.ToInt32(e.CommandArgument.ToString())
【代码 4】: cmd.Parameters.Clear()
【代码 5】: Response.Redirect("ProductDetails.aspx?pid="+pid)

## 9.8.4　实践环节

（1）仿照本页面,实现管理员的客户管理页面 CustomerManagement. aspx。网页运行
效果如图 9.19 所示。单击"修改"链接时,跳转到 CustomerDetails. aspx 页面,并传递参
数 cid。

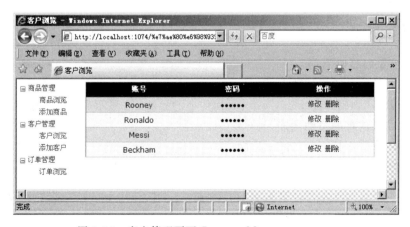

图 9.19　客户管理页面 CustomerManagement. aspx

（2）仿照本页面,实现管理员的订单管理页面 OrderManagement. aspx。网页运行效果
如图 9.20 所示。

图 9.20　订单管理页面 OrderManagement. aspx

# 9.9　ProductDetails. aspx 页面

## 9.9.1　核心知识

在 ProductDetails. aspx 页面实现修改和添加商品信息的功能。

## 9.9.2　能力目标

实现 ProductDetails. aspx 页面。

## 9.9.3　任务驱动

任务的主要内容如下:

- 实现商品信息的添加功能。
- 根据 ProductManagement. aspx 页面传递的参数 cid 显示商品详细信息。
- 实现商品信息的添加功能。

(1) 打开 ProductDetails. aspx 页面。

(2) 在页面中添加服务器控件,如表 9.10 所示。

表 9.10　网页中控件一览表(三)

| 序号 | 控 件 类 型 | ID | 作　　用 |
|---|---|---|---|
| 1 | TextBox | txtPname | 商品名称 |
| 2 | RequiredFieldValidator | RequiredFieldValidator1 | 验证 txtPname 必填 |
| 3 | Image | imgPhoto | 商品图片 |
| 4 | FileUpload | fuPhoto | 选择图片 |
| 5 | Button | btnUpload | 上传图片 |

续表

| 序号 | 控件类型 | ID | 作 用 |
|---|---|---|---|
| 6 | TextBox | txtPrice | 商品价格 |
| 7 | RequiredFieldValidator | RequiredFieldValidator2 | 验证 txtPrice 必填 |
| 8 | RangeValidator | RangeValidator1 | 验证 txtPrice 取值范围 |
| 9 | TextBox | txtDiscount | 商品折扣 |
| 10 | RequiredFieldValidator | RequiredFieldValidator3 | 验证 txtDiscount 必填 |
| 11 | TextBox | txtQuantity | 商品库存 |
| 12 | RequiredFieldValidator | RequiredFieldValidator4 | 验证 txtQuantity 必填 |
| 13 | TextBox | txtDescription | 商品描述 |
| 14 | RequiredFieldValidator | RequiredFieldValidator5 | 验证 txtDescription 必填 |
| 15 | Button | btnAdd | 添加或修改商品信息 |
| 16 | Button | btnReset | 重置商品信息 |
| 17 | ValidationSummary | ValidationSummary1 | 验证信息摘要总结 |

（3）任务的代码模板。

将 ProductDetails.aspx.cs 中的【代码】替换为程序代码。网页运行效果如图 9.21 所示。

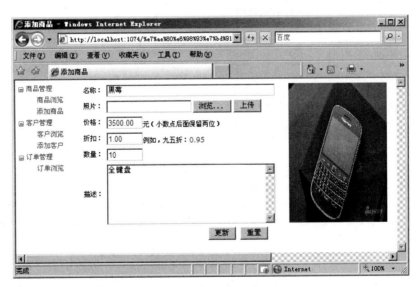

图 9.21　9.9.3 任务的网页运行效果图

**ProductDetail.aspx.cs 代码**

```
using System.Data.SqlClient;
public partial class admin_ProductDetails: System.Web.UI.Page
{
    protected void Page_Load(object sender, EventArgs e)
    {
        if (!IsPostBack)
        {
            if (Request.QueryString["pid"] !=null)
```

```
        {
            int pid=【代码 1】;        //获取 ProductManagement.aspx 页面传递的参数 pid
            ViewState["pid"]=pid;
            SqlConnection myConn=DBConn.CreateConn();
            myConn.Open();
            SqlCommand cmd=new SqlCommand();
            cmd.Connection=myConn;
            cmd.CommandText="select * from tb_products where pid=@pid";
            cmd.Parameters.AddWithValue("@pid", pid);
            【代码 2】;                  //使用 cmd 对象创建 SqlDataReader 对象 sdr
            while (sdr.Read())
            {
                txtPname.Text=sdr[1].ToString();
                txtPrice.Text=sdr[2].ToString();
                txtQuantity.Text=sdr[3].ToString();
                txtDescription.Text=sdr[4].ToString();
                imgPhoto.ImageUrl=sdr[5].ToString();
                txtDiscount.Text=sdr[6].ToString();
            }
            sdr.Close();
            myConn.Close();
            btnAdd.Text="更新";
        }
    }
}
protected void btnAdd_Click(object sender, EventArgs e)
{
    if (btnAdd.Text=="更新")
    {
        SqlConnection myConn=DBConn.CreateConn();
        myConn.Open();
        SqlCommand cmd=new SqlCommand();
        cmd.Connection=myConn;
        cmd.CommandText="update tb_products set pname=@pname,price=@price,
            quantity=@quantity,description=@description,photo=@photo,
                        discount=@discount where pid=@pid";
        cmd.Parameters.AddWithValue("@pid",【代码 3】);
                                                //获取 ViewState["pid"]的值
        cmd.Parameters.AddWithValue("@pname", txtPname.Text.Trim());
        cmd.Parameters.AddWithValue("@price", Convert.ToDouble(txtPrice.
        Text.Trim()));
        cmd.Parameters.AddWithValue("@quantity", Convert.ToInt32(txtQuantity.
        Text.Trim()));
        cmd.Parameters.AddWithValue("@description", txtDescription.Text.Trim
        ());
        cmd.Parameters.AddWithValue("@photo", imgPhoto.ImageUrl);
        cmd.Parameters.AddWithValue("@discount", Convert.ToDouble(txtDiscount.
        Text.Trim()));
        int i=cmd.ExecuteNonQuery();
        myConn.Close();
        if (i>0)
```

```
        {
            Page.ClientScript.RegisterStartupScript(GetType(), null,
            "<script>alert('更新成功!');window.location='ProductManagement.
            aspx'</script>");
        }
        else
        {
            Page.ClientScript.RegisterStartupScript(GetType(), null,
                    "<script>alert('更新失败!');</script>");
        }
    }
    else
    {
        SqlConnection myConn=DBConn.CreateConn();
        myConn.Open();
        SqlCommand cmd=new SqlCommand();
        cmd.Connection=myConn;
        cmd.CommandText="insert into tb_products values(
                @pname,@price,@quantity,@description,@photo,@discount)";
        cmd.Parameters.AddWithValue("@pname", txtPname.Text.Trim());
        cmd.Parameters.AddWithValue("@price", Convert.ToDouble(txtPrice.
        Text.Trim()));
        cmd.Parameters.AddWithValue("@quantity", Convert.ToInt32(txtQuantity.
        Text.Trim()));
        cmd.Parameters.AddWithValue("@description", txtDescription.Text.Trim
        ());
        cmd.Parameters.AddWithValue("@photo", imgPhoto.ImageUrl);
        cmd.Parameters.AddWithValue("@discount", Convert.ToDouble(txtDiscount.
        Text.Trim()));
        int i=【代码 4】;            //执行 cmd 对象,返回影响的行数
        myConn.Close();
        if (i>0)
        {
            Page.ClientScript.RegisterStartupScript(GetType(), null,
            "<script>alert('插入成功!');
                    window.location='ProductManagement.aspx'</script>");
        }
        else
        {
            Page.ClientScript.RegisterStartupScript(GetType(), null,
                    "<script>alert('插入失败!');</script>");
        }
    }
}
protected void btnReset_Click(object sender, EventArgs e)
{
    txtPname.Text="";
    txtPrice.Text="";
    txtQuantity.Text="";
    txtDescription.Text="";
    txtDiscount.Text="";
```

```
        imgPhoto.ImageUrl="";
    }
    protected void btnUpload_Click(object sender, EventArgs e)
    {
        if (【代码 5】)                          //判断用户是否选择了文件
        {
            if (【代码 6】)                      //判断文件大小是否小于 4000000KB
            {
                string filename=fuPhoto.PostedFile.FileName;
                string[] fs=【代码 7】;          //对上传文件的绝对路径根据"."分割
                string extFilename=fs[fs.Length-1];
                string[] AlloExt={"jpg","jpeg","png"};
                bool flag=false;
                foreach (string s in AlloExt)
                {
                    if (extFilename==s)
                    {
                        flag=true;
                        break;
                    }
                }
                if (【代码 8】)                  //判断文件类型是否合法
                {
                    string year=DateTime.Now.Year.ToString();
                    string month=DateTime.Now.Month.ToString();
                    string day=DateTime.Now.Day.ToString();
                    string hour=DateTime.Now.Hour.ToString();
                    string min=DateTime.Now.Minute.ToString();
                    string second=DateTime.Now.Second.ToString();
                    string mil=DateTime.Now.Millisecond.ToString();
                    string newFilename=year+month+day+hour+min
                                +second+min+"."+extFilename;
                    string path=【代码 9】;      //获取 photo 文件夹的绝对路径
                    try
                    {
                        【代码 10】; //上传用户文件到 photo 文件夹,使用 newFilename 命名
                        imgPhoto.ImageUrl="~ \\photo\\"+newFilename;
                        ClientScript.RegisterStartupScript(GetType(), null,
                            "<script>alert('文件上传成功!');</script>");
                    }
                    catch
                    {
                        ClientScript.RegisterStartupScript(GetType(), null,
                            "<script>alert('文件上传失败!');</script>");
                    }
                }
                else
                {
                    ClientScript.RegisterStartupScript(GetType(), null,
                        "<script>alert('文件格式不正确!');</script>");
                }
```

```
        }
        else
        {
            ClientScript.RegisterStartupScript(GetType(), null,
                    "<script>alert('文件请小于 1MB!');</script>");
        }
    }
    else
    {
        ClientScript.RegisterStartupScript(GetType(), null, "<script>alert
        ('请选择文件!');</script>");
    }
    }
}
```

（4）任务小结或知识扩展。

- 因为商品的"修改"和"删除"页面的外观是相似的，所以本页面同时提供了"修改"和"添加"两种功能，进而减少了代码的冗余性。
- 在 Page_Load 方法中，通过判断 Request 对象中是否存在商品编号 pid 参数，来判断当前页面是要执行"修改"操作，还是"添加"操作。如果 pid 参数不为空，则表示当前页面是从 ProductManagement.aspx 页面跳转过来的，进行修改操作；如果 pid 参数为空，则表示当前页面是用户直接打开的，进行添加操作。
- 执行修改操作时，首先在 Page_Load 方法中根据商品编号 pid，查询该商品信息，将商品的各项信息显示在对应的控件中。同时设置 btnAdd 按钮的 Text 属性为"更新"。
- 使用 ViewState 对象在当前页面的方法中共享商品编号 pid。
- 在 btnAdd_Click 方法中，根据 btnAdd 按钮的 Text 属性来判断是执行"修改"还是"添加"操作。
- 在 btnUpload_Click 方法中，进行了文件是否选择、大小和类型的验证；为了避免多用户上传文件重名的问题，使用当前系统时间为用户上传文件重新命名。

（5）代码模板的参考答案。

【代码1】: Convert.ToInt32(Request.QueryString["pid"].ToString())
【代码2】: SqlDataReader sdr=cmd.ExecuteReader()
【代码3】: Convert.ToInt32(ViewState["pid"])
【代码4】: cmd.ExecuteNonQuery()
【代码5】: fuPhoto.HasFile
【代码6】: fuPhoto.PostedFile.ContentLength<4000000
【代码7】: filename.Split('.')
【代码8】: flag
【代码9】: Server.MapPath("~ \\photo")
【代码10】: fuPhoto.PostedFile.SaveAs(path+"\\"+newFilename)

## 9.9.4　实践环节

仿照本页面，实现管理员的客户信息页面 CustomerDetails.aspx。网页运行效果如图 9.22 所示。直接打开页面，实现添加客户信息功能。从 CustomerManagement.aspx 页面跳转过来,根据传递过来的参数 cid,在账号文本框显示该用户的名称,实现修改客户信息功能。

图 9.22　客户信息页面 CustomerDetails. aspx

# 9.10　小　　结

- 母版页可以使网站的页面风格一致,减少代码冗余。
- 外观文件可以设置服务器控件的外观。
- 网站的不同模块应该存放在不同的物理文件夹下,便于管理。
- 当一次数据库操作需要执行多条 SQL 语句时,要引入事务处理。
- 为了网站的安全性,用户登录后要使用 Session 对象存储用户信息。访问其他页面时,通过 Session 判断是否为合法用户。
- 通过实体类实现关系型数据表的面向对象化。

# 习　题　9

**项目设计综合题**

本章的网上商城系统的卖家和买家之间是一对多的关系,请读者对网站重新进行设计,实现卖家和买家之间多对多的关系。

1. tb_customers 表增加 type 字段,判断登录用户是买家还是卖家。0 表示买家,1 表示卖家。

2. tb_orders 表增加 sid 字段,表示卖家的编号,依赖于 tb_customers 表的 cid 字段。

3. tb_products 表增加 sid 字段,表示卖家的编号,依赖于 tb_customers 表的 cid 字段。

4. 添加卖家模块,实现对自己所卖的商品信息和订单信息进行管理。

5. 商品信息页面需要增加卖家信息。

6. 订单信息页面需要增加卖家信息。